W0268673

Schriftenreihe der
Technischen Universität Wien

Gesamtschriftleitung:
o. Univ.-Prof. Dr. E. Bancher

Band 18

Herausgegeben von der Universitätsdirektion
Technische Universität Wien

Stochastische Verfahren in den technischen Wissenschaften und in der amtlichen Statistik

Herausgegeben von
Präsident Prof. Dr. L. Bosse
o. Univ.-Prof. Dr. W. Eberl

In Kommission bei Springer-Verlag Wien/New York

Gefördert durch:
Bundesministerium für Wissenschaft und Forschung,
Zentralsparkasse und Kommerzialbank, Wien
Verband der Freunde der Technischen Universität Wien.

Gestaltung: H. Susan-Gfatter, Dipl.-Ing. K. Semsroth,
Karlsplatz 13, A-1040 Wien
Offsetschnelldruck: A. Riegelnik, Piaristengasse 19, A-1080 Wien

ISBN-13: 978-3-211-81639-4   e-ISBN-13: 978-3-7091-5507-3
DOI: 10.1007/978-3-7091-5507-3

Inhaltsverzeichniss

1. Teil

2. Teil

BEGRÜSSUNG UND EINLEITUNG

Walther Eberl *)

Meine sehr verehrten Damen und Herren, im Namen der Veranstalter dieses Symposiums begrüße ich Sie herzlich. Aufrichtig danke ich dem Präsidenten des Österreichischen Statistischen Zentralamtes, Herrn Prof. Dr. L. Bosse, für seine verständnisvolle Hilfe bei der Vorbereitung der Tagung. Die Vortragsreihe soll Sie auf eine Entwicklung aufmerksam machen, die uns alle angeht.

Wahrscheinlichkeitstheorie, angewandte und mathematische Statistik bezeichnet man zusammenfassend mit Stochastik. Stochastische Verfahren bieten sich daher überall dort an, wo mathematische Modelle für zufallsbeeinflußte Erscheinungen oder Vorgänge zu entwickeln sind. Das ist in den Naturwissenschaften, in den Sozial- und Wirtschaftswissenschaften und auf einigen anderen Gebieten der Fall.

In diesem Symposium sollen Beispiele für die Anwendung stochastischer Verfahren in den technischen Wissenschaften und in der amtlichen Statistik geboten werden. Die Bezeichnung "technische Wissenschaften" wird dabei etwas großzügig verwendet, sodaß auch Physik und Chemie wegen ihrer eminenten technischen Bedeutung darunter fallen.

In die klassischen Ingenieurfächer Bauingenieurwesen, Elektrotechnik und Maschinenbau hat die Stochastik durch die statistische Planung und Auswertung von Versuchen, die statistische Qualitätskontrolle und einige andere Teilgebiete ihren Einzug gehalten. Es gibt bereits zahlreiche Lehrbücher mit dem Titel "Technische Statistik" oder "Ingenieurstatistik", die das für jeden Diplomingenieur erforderliche stochastische Rüstzeug enthalten. Die Geodäsie, in der die Ausgleichsrechnung seit C.F. Gauß (1977-1855) eine zentrale Stellung einnimmt, verwendet heute auch moderne stochastische Verfahren. Klassische Ergebnisse der Physik auf stochastischer Grundlage sind etwa das Boltzmannsche Entropiegesetz (1865) und das Maxwellsche Gesetz für die Geschwindigkeitsverteilung der Molekeln eines Gases (1860). Heute gibt es

----

*) Univ.-Prof. Dr. phil. Walther EBERL, Vorstand des Institutes für Statistik und Wahrscheinlichkeitstheorie der TU Wien

eine umfangreiche statistische Physik, und gleich der erste Vortrag
wird Einblicke in eines ihrer technisch interessanten Teilgebiete
eröffnen. Der Informationsbegriff spielt in der Nachrichtentechnik
und in der Informatik eine große Rolle. Er entwickelte sich im
Rahmen der Wahrscheinlichkeitstheorie aus dem Entropiebegriff der
Thermodynamik. Von den Fächern der angewandten Mathematik machen
u.a. Biomathematik, Ökonometrie, Unternehmensforschung und Ver-
sicherungsmathematik ausgiebigen Gebrauch von stochastischen Methoden.

Besonderes Interesse verdienen in diesem Zusammenhang Gebiete, in
denen technische und wirtschaftliche Aspekte eng miteinander verflochten sind: Bauwirtschaft, Energiewirtschaft, Raumplanung, Umweltschutz und Verkehrswirtschaft. Mit Forschung und Lehre auf
diesen Gebieten leisten technische Universitäten einen Beitrag zur
Überwindung von Schwierigkeiten, wie sie etwa bei der Sanierung und
Modernisierung alter Wohnviertel, der ökonomischen Beschaffung von
Energie, der Bestimmung optimaler Standorte von Produktionsstätten,
der Erhaltung oder Wiederherstellung einer gesunden Umwelt und bei
der Bewältigung des modernen Massenverkehrs auftreten oder auftreten
können. Die zuständigen Fachleute sind dabei mitunter auf die Bildung
stochastischer Modelle, z.B. von Prognosemodellen, angewiesen, um
Vorschläge für eine "optimale" Gestaltung solcher Abläufe erarbeiten
und den verantwortlichen Stellen anbieten zu können. Solche Modelle
erfordern die Beschaffung statistischer Daten durch Zusammenarbeit
mit den statistischen Ämtern oder durch selbstständige statistische
Erhebungen, und die elektronische Auswertung dieser Daten.

Da die statistischen Zentralstellen sich heute ebenfalls stochastischer Verfahren und der EDV bedienen, gibt es eine solide Basis
für eine fruchtbare Zusammenarbeit der technischen Universitäten mit
den statistischen Ämtern. Eine solche Kooperation kann bei der Lösung
regionaler Probleme, deren Dringlichkeit sich bereits in der Tages-
politik bemerkbar macht, gute Hilfe leisten. In dem Maße, als hier
konkrete Fortschritte erzielt werden, verbessern sich auch die Aus-
sichten, globale Aufgaben, auf die der Club of Rome hinweist, einer
Lösung zuführen zu können.

In klarer Erkenntnis dieser Entwicklungen und Möglichkeiten unter-
stützt und fördert das Bundesministerium für Wissenschaft und Forschung den Ausbau entsprechender Studiengänge und die Zusammenarbeit
der Universitäten mit den statistischen Zentralstellen.

EINIGE ANWENDUNGEN STOCHASTISCHER METHODEN IN DER VIELTEILCHENPHYSIK

Otto J. Eder[+]

Abstract

Nach einer kurzen Betrachtung der Voraussetzungen und der Gründe
für die Anwendung statistischer Konzepte in technisch-physikali-
schen Fragestellungen wird an Hand von zwei Beispielen - Untersuchung von radioaktiven Zerfallsprozessen in Kernbrennelementen und
Bewegung von einzelnen Teilchen in Vielteilchensystemen - die Anwendung statistischer Konzepte beschrieben.

Einleitung

Die statistische Betrachtungsweise einer technisch-wissenschaftli-
chen Fragestellung kommt überall dort zur Anwendung, wo "first
principle" Berechnungen entweder nicht möglich und/oder nicht
zweckmässig sind. Beispiele dafür sind die Behandlung der Bewegung
einer Zahl von Teilchen, die miteinander in Wechselwirkung stehen,
oder die Bestimmung der Temperatur eines Gases aus der Energie der
Teilchen, aus denen das Gas besteht. Die statistische Mechanik und
ihre Anwendung in der Thermodynamik durch Maxwell und Boltzmann
stellen die ersten Beispiele für die Anwendung von statistischen
Konzepten in der Physik dar.

Welche Voraussetzungen müssen für die Anwendung von statistischen
Konzepten erfüllt sein?

i) Es liegt eine grosse Zahl von gleichartigen Gebilden (technische Produkte, Bakterien, Moleküle, Atome, Elementarteilchen)
und/oder eine grosse Zahl von gleichartigen Vorgängen vor
(Stösse in einem Gas, radioaktiver Zerfall).

[+] Univ.Doz. Dipl.Ing. Dr.techn. Otto J. EDER, Leiter des Instituts
für Physik, Forschungszentrum Seibersdorf, Österreichische Stu-
diengesellschaft für Atomenergie, A-2444 Seibersdorf.

ii)   Die bestimmenden Einflussfaktoren können festgelegt und von
      den Störfaktoren isoliert werden.

Die Grundlagen für die zwei Prozesse, die im folgenden betrachtet
werden (radioaktiver Zerfall, Bewegung von Atomen in einem Gas), ist
die Gültigkeit der Beziehung für die Wahrscheinlichkeit W(t),

$$W(t+dt) = W(t) \left[1 - P\,dt \right]$$

$$\dot{W}(t) = -P\,W(t)$$

$$W(t) = W(0)\,\exp\{-Pt\}$$

die das Eintreten eines bestimmten Ereignisses im Zeitintervall
beschreibt.

Beim radioaktiven Zerfall bedeutet das, dass der Zerfall eines
Kerns von den vorgegangenen Zerfällen der anderen Kerne unabhängig
ist.

Bei der Bewegung von Atomen muss analog dazu gefordert werden,
dass die Bewegung des einzelnen Atoms nur von seiner momentanen
Geschwindigkeit, nicht aber von der Geschichte seiner Bewegung abhängt.

Aus der Tatsache, dass z.B. die geforderten Bedingungen bei der
Bewegung von Atomen oder auch anderen Gebilden, wie z.B. Bakterien
erfüllt oder nicht erfüllt sind, kann man zu Folgerungen über die
betrachteten Teilchen führen, die das Verständnis der Vorgänge beträchtlich erweitern.

Gamma-spektrometrische Messungen an abgebrannten Kernbrennelementen

Die α-, ß- und γ-Zerfälle von Kernen stellen Beispiele für Poisson-
prozesse dar, die besonders genau untersucht wurden. Jeder einzelne Zerfallsprozess kann nur mit Hilfe genauer Kenntnisse über Aufbau und Natur der Kräfte im Kern quantenmechanisch beschrieben werden. Als statistisches Ereignis in einer sehr grossen Anzahl von
Kernen kann der Vorgang jedoch sehr genau durch die Zerfallsglei-

chung über mehrere Grössenordnungen von N(t)/N(0) charakterisiert
werden.

$$N(t) = N(0)\, exp\{-\lambda t\}$$

N(t) ... Zahl der Kerne, die zum Zeitpunkt t vorhanden sind
λ ...... Zerfallkonstante (empirisch bestimmt)
E ...... Zerfallsenergie (empirisch bestimmt)

Da die Strahlung, die ein Kern aussendet, wenn er durch Einfang
eines Neutrons angeregt wird, charakteristisch für das jeweilige
Isotop eines Elements ist, kann man diese Methode benützen, um che-
mische Analysen durchzuführen. Dabei setzt man eine Probe dem Neutronenfluss eines Reaktors aus, aktiviert die Probe und analysiert
danach die ausgesandte Strahlung, z.B. die γ -Strahlung, nach der
Häufigkeit, mit der bestimmte Energien auftreten.

Im folgenden wird kurz beschrieben, wie gammaspektroskopische Messungen an abgebrannten Kernbrennstoffen Aufschluss über verschiedene Parameter des Brennelements geben (1, 2).

Bei einem Brennelement, das sich in einem Leistungsreaktor befindet, treten während und nach Betrieb des Reaktors Veränderungen
der Zusammensetzung auf, die einerseits durch den Neutronenfluss
und die induzierten Spaltungen während des Reaktorbetriebs und an-
dereseits durch die radioaktiven Zerfälle auch nach Abschalten des
Rekators bedingt sind.

Durch Bestimmung von ausgewählten Aktivitätsverhältnissen bestimmter Isotope aus gammaspektrometrischen Messungen (Fig.1) kann z.B.
Aufschluss über den Abbrand (Fig.2) (Mass für die Anzahl der ge-
spaltenen Kerne während des Betriebs), die Abkühlzeit (Zeit, die
seit dem Abschalten des Reaktors vergangen ist), den integrierten
Neutronenfluss (Mass für die Zahl der Neutronen, die im Reaktor
während des Betriebs entstanden sind), Plutoniumspaltungen (Mass
für die aus Uran entstandenen Plutoniumkerne, die nach ihrer Entstehung wieder gespalten wurden) und Brutraten (Mass für das während des Reaktorbetriebs entstehenden neuen spaltbaren Materials).

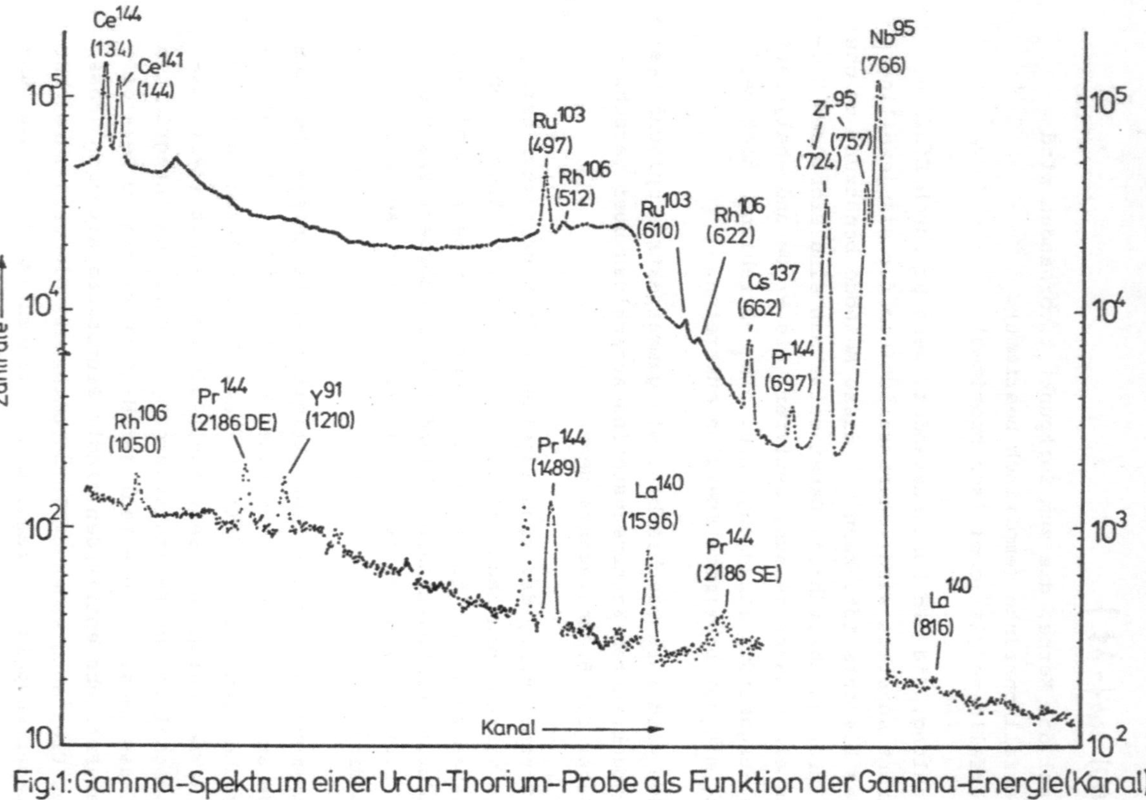

Fig.1: Gamma-Spektrum einer Uran-Thorium-Probe als Funktion der Gamma-Energie(Kanal)

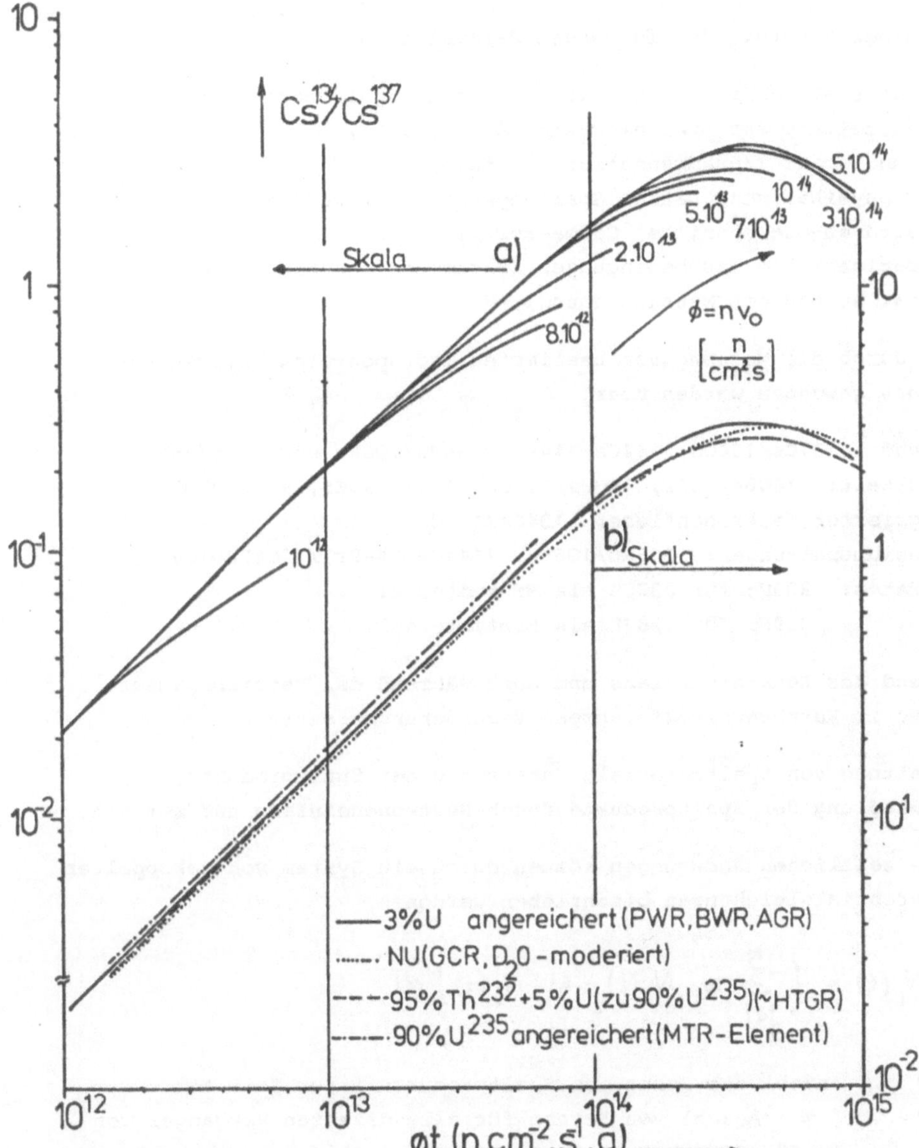

Fig.2: Aktivitätsverhältnis Cs-134 / Cs-137 als Funktion des integrierten Flusses ϕ.t
a) für verschiedene Werte von ϕ,
b) für verschiedene Brennstoffzusammesetzungen

Aus einer Kenntnis der folgenden Parameter

- Reaktorbetriebsgeschichte (Flussverteilung,integrierter Fluss, Umverteilung der Brennelemente, Abkühlzeit),
- Brennelement (Zusammensetzung, Aufbau),
- Kernphysikalische Daten (Spaltungsrate, Halbwertzeiten, Einfang-Spaltungs-Querschnitte, Gamma-Energien),
- Experimentelle Messbedingungen (Parameter des Gamma-Spektrometers, Aufbau der Messanordnung),

kann durch die Messung von bestimmten Isotopenverhältnissen Aufschluss gewonnen werden über

Abbrand: 137Cs/134Cs, 144Ce-144Pr, 106Ru/106Rh und 95Zr/95Nb
Abkühlzeit: 140Ba/95Zr, 140Ba/141Ce, 141Ce/95Zr, 95Zr/95Nb
Integrierter Neutronenfluss: 134Cs/137Cs
Plutoniumspaltungen: 106Ru/106Rh, (144Ce-144Pr)/(106Ru-106Rh)
Brutraten: 233Pa für 232Th als Brutmaterial
             239Np für 238 U als Brutmaterial

Während des Reaktorbetriebs und auch während der Betriebspausen finden im Kernbrennstoff laufend Veränderungen statt:

- Spaltung von Spaltmaterial, Entstehung der Spaltprodukte,
- Umwandlung der Spaltprodukte durch Neutroneneinfang und Zerfall.

Diese zeitlichen Änderungen können durch ein System von gekoppelten Differentialgleichungen beschrieben werden

$$dN_i(t) = \left[\sum_{j \neq i}^{N} w_{ji} N_j(t) - w_{ii} N_i(t) \right] dt$$

$N_i(t)$ ... Anzahl der Kerne des Spaltprodukts i zur Zeit t
$N_j(t)$ ... j $\neq$ i Anzahl von Kernen für alle direkten Vorgänger von i, für die ebensolche Gleichungen gelten
w_{ii} ..... Umwandlungsraten je Kern von Isotop i
w_{jj} ..... Produktionsrate von Isotop i aus Isotop j

$$G_s(\underline{r}, t) = \int_V G_s(\underline{r}', \tau) \cdot G_s(\underline{r}-\underline{r}', t-\tau) \, d\underline{r}'$$

Fouriertransformation $\hat{F}_{\underline{r}}$ dieser Gleichung in $\underline{r}$ liefert

$$\hat{F}_{\underline{r}} \{G_s(\underline{r}, t)\} = F_s(\underline{Q}, t) = F_s(\underline{Q}, \tau) \cdot F_s(\underline{Q}, t-\tau) = exp\{-f(Q)t\}$$

Die Smoluchowski'sche Gleichung liefert zwar eine allgemeine Form
für die Zeitabhängigkeit von $G_s(\underline{r},t)$, sagt aber über die Gestalt
von $f(Q)$ nichts aus. Erst spezielle Einschränkungen der Smoluchowski'schen Gleichung auf Grund von physikalischen Annahmen (z.B. auf
kontinuierliche oder sprunghafte Diffusion) liefern Aussagen über
$f(Q)$ und damit Lösungen für $G_s(\underline{r},t)$.

Kontinuierliche Diffusion

$$f(Q) = DQ^2$$

D ..... Diffusionskoeffizient

Hat $f(Q)$ diese Gestalt, so folgt für $G_s(\underline{r},t)$

$$G_s(\underline{r}, t) = \{2\pi \langle r^2(t) \rangle\}^{-3/2} \, exp\{-\frac{r^2}{2\langle r^2(t)\rangle}\}$$

$$\langle r^2(t) \rangle = 6Dt \qquad \ldots\ldots \text{ mittleres quadratisches Dis-}$$
$$\text{placement eines Teilchens}$$

$G_s(\underline{r},t)$ löst die Fick sche Diffusionsgleichung für kontinuierliche
Diffusion.

$$\frac{\partial G_s(\underline{r},t)}{\partial t} = D \Delta G_s(\underline{r},t)$$

Sprungdiffusion

Wählt man hingegen

$$f(Q) = \frac{1}{\tau_o} \left\{ \frac{Q^2 \ell_o^2}{1+Q^2\ell_o^2} \right\} = \frac{DQ^2}{1+\tau_o DQ^2}$$

so erfüllt die zugehörige Funktion $G_s(\underline{r}, t)$ die "Ratengleichung"

$$\frac{\partial G_s(\underline{r}, t)}{\partial t} = \frac{1}{\tau_0 \cdot n} \sum_{\underline{\ell}} \left[G_s(\underline{r} + \underline{\ell}) - G_s(\underline{r}, t) \right]$$

$$\frac{\partial F_s(\underline{Q}, t)}{\partial t} = \frac{1}{\tau_0 \cdot n} \sum_{\underline{\ell}} \left[\exp\{-i\underline{Q}\underline{\ell}\} - 1 \right] F_s(\underline{Q}, t)$$

$$f(Q) = \frac{1}{\tau_0} \frac{\int \alpha(\ell) \left[\exp\{-i\underline{Q}\underline{\ell}\} - 1 \right] d\underline{\ell}}{\int a(\ell) \, d\underline{\ell}} = \frac{1}{\tau_0} \frac{Q^2 \ell_0^2}{1 + Q^2 \ell_0^2}$$

wobei wir eine Poisson-Verteilung a(1) für die Sprungpositionen
angenommen haben

$$a(\ell) = \ell \exp\left\{-\frac{\ell}{\ell_0}\right\}$$

$$\langle \ell^2 \rangle = 6 \langle \ell_0^2 \rangle = 6 D \tau_0$$

$$f(Q) = \frac{1}{\tau_0} \frac{Q^2 \ell_0^2}{1 + Q^2 \ell_0^2} = \frac{D Q^2}{1 + \tau_0 D Q^2} = \begin{cases} D Q^2 & Q^2 \ell_0^2 < 1 \\[2mm] \dfrac{1}{\tau_0} & Q^2 \ell_0^2 > 1 \end{cases}$$

Sowohl die kontinuierliche wie auch die Sprung-Diffusion sind mit
der Smoluchowski-Gleichung verträglich. Wobei die Sprungdiffusion
für $Q^2 l_0^2 < 1$ die kontinuieriche Diffusion beinhaltet.

Wie unterscheidet man nun, welcher Diffusionsmechanismus in einer
konkreten experimentellen Situation, z.B. bei der Diffusion von
Wasserstoff in einem metallischen Speicher, vorliegt?

Man kann zeigen, dass bei der Streuung von monochromatischen ther-
mischen Neutronen an einzelnen Kernen (inkohärente Streuung) der
doppelt-differentielle Streu-Wirkungsquerschnitt gegeben ist durch

$$\frac{\partial^2 \sigma}{\partial \Omega \, \partial \omega} = a_{inc}^2 \, \frac{k'}{k_0} \, S_s(\underline{Q}, \omega)$$

$$\hbar \underline{Q} = \hbar (\underline{k}_0 - \underline{k}') \qquad \text{... Neutronen-Impulsübertrag im Streuprozeß}$$

$$\hbar \omega = \frac{\hbar^2}{2m}(k_0^2 - k'^2) \qquad \text{... Neutronen-Energieübertrag im Streuprozeß}$$

Für die obigen Betrachtungen der Diffusion ist wesentlich, dass $S_s(Q,\omega)$ aus $F_s(Q,t)$ bzw. $G_s(\underline{r},t)$ durch Fouriertransformation gewonnen werden kann.

$$S_s(\underline{Q},\omega) = \frac{1}{2\pi}\,\hat{F}_t\,F_s(\underline{Q},t) = \frac{1}{2\pi}\,\hat{F}_t\,\hat{F}_r\,G_s(\underline{r},t)$$

$\hat{F}_t$, $\hat{F}_{\underline{r}}$ ... Fouriertransformation in t bzw. $\underline{r}$

Für die Lösung der Smoluchowskigleichung hat $F_s(Q,t)$ bzw. $S_s(\underline{Q},\omega)$ die allgemeine Gestalt

$$F_s(\underline{Q},t) = \exp\{-f(Q)t\}$$

$$S_s(Q,\omega) = \frac{1}{\pi}\,\frac{f(Q)}{\omega^2 + f(Q)}$$

Durch Auswertung der experimentell ermittelten Halbwertsbreite FWHH (full width half height) der Funktion $S_s(\underline{Q},\omega)$ in Abhängigkeit von Q^2 kann man entscheiden, welche Form der Diffusion vorliegt.

$$FWHH = f(Q) = \begin{cases} DQ^2 & \text{Kontinuierliche Diffusion} \\[2ex] \dfrac{DQ^2}{1+\tau_0 DQ^2} & \text{Sprungdiffusion} \end{cases}$$

Einen zweiten Ausgangspunkt bei der Beschreibung von N-Teilchensystemen stellen die Newton'schen Bewegungsgleichungen dar, die durch spezielle Annahmen über die Kräfte, die zwischen den Teilchen wirken, in die Langevin'sche Gleichung übergeführt werden (3).

$$m\,\frac{d\underline{v}_i(t)}{dt} = \sum_{j \neq i} \underline{F}_{ij}$$

$\underline{v}_i$ Geschwindigkeit des i-ten Teilchens

$\underline{F}_{ij}$ Kraft, die das Teilchen j auf das Teilchen i ausübt.

Um die mittlere Bewegung eines Teilchens im Kraftfeld der anderen Teilchen zu beschreiben, zerlegt man nun phänomenologisch diese Kraft in zwei Teile

$$\sum_{j \neq i} \underline{F}_{ij} \rightarrow -m\gamma\,\underline{v}(t) + \underline{R}(t)$$

Der erste Term der Kraft $-m\gamma\underline{v}(t)$ ist eine Reibungskraft, die der Bewegung des Teilchens entgegenwirkt und die zur Dissipation von Impuls und Energie im System führt. Der zweite Term der Kraft $\underline{R}(t)$ beschreibt eine stochastische Kraft, die die Fluktuationen im System beschreibt.

$$\langle \underline{R}(t) \rangle = 0 \qquad \text{fluktuierende Kraft verschwindet im Mittel}$$

$$\langle \underline{R}(t+\tau)\,\underline{v}(t) \rangle = 0 \quad \tau > 0 \qquad \text{folgt aus Kausalität}$$

$$\langle \underline{R}(t+\tau)\,\underline{R}(t) \rangle = 2\frac{m\gamma}{kT}\,\delta(\tau) \qquad \text{Annahme von Markoff-Verhalten}$$

Die Lösung der Langevin schen Gleichung lautet für die Geschwindigkeitsautokorrelationsfunktion $\langle \underline{v}(t)\underline{v}(0) \rangle$

$$\underline{v}(t) = \underline{v}(0)\,\exp\{-\gamma t\} + \frac{1}{m}\,\exp\{-\gamma t\}\int_0^t \exp\{\gamma s\}\,\underline{R}(s)\,ds$$

$$\phi(t) = \langle \underline{v}(t).\underline{v}(0) \rangle = \langle v^2(0) \rangle\,\exp\{-\gamma t\}$$

$\langle ... \rangle$ ..... Mittelung über eine Maxwell-Boltzmann Verteilung.

Das mittlere quadratische Displacement kann entweder direkt aus der Langevin schen Gleichung oder aus der Geschwindigkeitsautokorrelationsfunktion berechnet werden.

$$\langle r^2(t) \rangle = \frac{6kT}{m\gamma}\left[t - \frac{1}{\gamma} + \frac{1}{\gamma}\,\exp\{-\gamma t\} \right]$$

Dieses Ergebnis kann entweder direkt aus der Langevin'schen Gleichung oder aus einer Beziehung zwischen $<r^2(t)>$ und $\phi(t)$ abgeleitet werden

$$<r^2(t)> = \int_0^t (t-t') <\underline{v}(t') \underline{v}(0)> dt'$$

für $\int t > 1$

$$<r^2(t)> \sim 6Dt \sim \frac{6kT}{m\int} t$$

$$D = \lim_{t\to\infty} \frac{<r^2(t)>}{6t} = \frac{1}{3}\int_0^\infty <\underline{v}(t) \underline{v}(0)> dt$$

Die bekannte Stoke sche Beziehung zwischen D und der Reibungskonstante, deren Form aus hydrodynamischen Überlegungen abgeleitet werden kann, ermöglicht der eingeführten Konstante eine physikalische Bedeutung zu geben.

Der Inhalt der Langevin'schen Gleichung kann für die Geschwindigkeitsautokorrelationsfunktion einfacher als Sonderfall der verallgemeinerten Langevin-Gleichung dargestellt werden.

$$\dot{\underline{v}}(t) + \int_0^t M(t') \underline{v}(t-t') dt' = \underline{R}(t)$$

Wobei M(t) eine "memory" Funktion für das System darstellt.

Die einfache Langevin'sche Gleichung erhält man für

$$M(t) = \int \delta(t)$$

$$\int = \int_0^\infty M(t) dt$$

Für die Geschwindigkeitsautokorrelation erhält man

$$\dot{\phi}(t) + \int_0^t M(t') \phi(t-t') dt' = 0$$

und deren Lösung nach Laplace-Transformation

$$\phi(s) = \{ s + M(s) \}^{-1}$$

Nimmt man z.B. für M(t) eine exponentielle Gestalt an, so folgt für $\phi(t)$

$$M(t) = \omega_E^2 \, \exp\{-Pt\}$$

$$\phi(t) = \frac{z_2 \exp\{-z_1 t\} - z_1 \exp\{-z_2 t\}}{z_2 - z_1} \, \langle V^2(0) \rangle$$

$$z_1 \cdot z_2 = \omega_E^2 = \frac{S}{3m} \int \nabla^2 V(r) \, g(r) \, d\underline{r}$$

$$z_1 + z_2 = 3D \, \omega_E^2 \, V^2(0) = P$$

ω_E Einsteinfrequenz des betrachteten Teilchens in einem Zweiteilchen-Potential $V(r)$ gemittelt über die Verteilung $g(r)$ der anderen Teilchen mit der mittleren Teilchendichte S.

Als dritten und letzten Ausgangspunkt für die Beschreibung der Bewegung eines Teilchens (wir denken uns ein Gas, bestehend aus harten Kugeln) betrachten wir das freie Strömen von Teilchen und statistischen Zweierstössen, ein Vorgang, der auch von der Boltzmann-Gleichung beschrieben wird.

Die Wahrscheinlichkeit, dass ein Teilchen n Stösse in der Zeit t hat, ergibt sich zu

$$P_n(t) = \frac{(Pt)^n}{n!} \, \exp\{-Pt\}$$

P ... mittlere Stosswahrscheinlichkeit

Zur Berechnung von $\underline{v}_n \cdot \underline{v}_0$ nehmen wir an, dass

$$\underline{V}(0) \cdot \underline{V}_n = V_0^2 \, \zeta^n$$

ζ ... mittlere Persistenz der Geschwindigkeit

Für $\phi(t)$ erhalten wir damit

$$\phi(t) = \langle \underline{V}(t) \cdot \underline{V}(0) \rangle = \langle V_0^2 \rangle \sum_n p_n(t) \, \zeta^n = \langle V_0^2 \rangle \, \exp\{-P(1-\zeta)t\}$$

Der Unterschied zwischen den ersten beiden Methoden und der zuletzt angeführten besteht darin, dass bei der Smoluchowski'schen Glei-

chung bzw. der Langevin schen Gleichung Parameter von Experimenten
oder anderen theoretischen Überlegungen zur Festlegung der Dynamik
herangezogen werden müssen, während das binäre Stossmodell alle
Parameter liefert. Für die exakte Durchführung dieser Überlegungen
wird der Leser auf die Originalarbeiten verwiesen (4, 5). Hier
wird nur kurz auf die Ableitung der Wahrscheinlichkeit für das Auftreten von n binären Stössen und der Persistenz der Geschwindigkeit
eingegangen.

Die Berechnung der Wahrscheinlichkeit, dass ein ausgewähltes Teilchen genau n Stösse im Zeitintervall $[t_o, t]$ zu den Zeiten
$(t_1, t_2, \ldots t_n)$ macht, wobei $t_o < t_j < t_{j+1} < t_n < t$ ist, benötigen wir
eine physikalische Grösse, die für ein Gas aus harten Kugeln be-
kannt ist, nämlich die Übergangswahrscheinlichkeit $w(\underline{v}_j \to v_{j+1})$ der
Geschwindigkeit des Teilchens von $\underline{v}_j \to \underline{v}_{j+1}$ im $(j+1)$-ten Stoss. Die
Stosswahrscheinlichkeit $P(\underline{v}_j)$ eines Teilchens mit der Geschwindigkeit $\underline{v}_i$ ergibt sich daraus bereits zu

$$P(\underline{v}_i) = \int w(\underline{v}_i \to \underline{v}_{i+1}) \, d\underline{v}_{i+1} = P_i$$

Die Wahrscheinlichkeit für 0-Stösse in $[t_o, t]$ ist dann

$$P_o(\underline{v}_o; t-t_o) = exp\{-P_o(t-t_o)\} = [P_o](t-t_o)$$

Die Wahrscheinlichkeit für 1-Stoss in $[t_o, t]$ ergibt sich aus

$$P_1(\underline{v}_o, \underline{v}_1; t-t_o) \, d\underline{v}_1 = \int_{t_o}^{t} exp\{-P_o t_1\} \, w(\underline{v}_o \to \underline{v}_1) \, exp\{-P_1(t-t_1)\} \, dt_1 \, d\underline{v}_1 =$$

$$= \frac{exp\{-P_o(t-t_o)\} - exp\{-P_1(t-t_o)\}}{P_1 - P_o} \, w(\underline{v}_o \to \underline{v}_1) \, d\underline{v}_1 =$$

$$= [P_o, P_1](t-t_o) \, w(\underline{v}_o \to \underline{v}_1) \, d\underline{v}_1$$

und schliesslich für n-Stösse

$$p_n(\underline{v}_0, \underline{v}_1, \ldots \underline{v}_n; t-t_0) = [P_0, P_1, \ldots P_n](t-t_0) \prod_{j=0}^{n-1} \omega(\underline{v}_j \cdot \underline{v}_{j+1}) \, d\underline{v}_{j+1}$$

$[P_0, P_1, \ldots P_n](t - t_0)$ bedeuten dividierte Differenzen der Exponentialfunktion. Aus den Eigenschaften dieser Ausdrücke folgt sofort die Poisson'sche Form für $p_n(t)$, wenn alle $P_i = P$ geschwindigkeitsunabhängig sind

$$p_n(t) \sim \frac{(Pt)^n}{n!} \exp\{-Pt\}$$

Für den exakten Ausdruck der Geschwindigkeitsautokorrelationsfunktion erhält man

$$\langle \underline{v}(t)\, \underline{v}(0) \rangle = \langle \underline{v}_0 \sum_{n=0}^{\infty} \underline{v}_n [P_0, P_1, \ldots P_n](t-t_0) \prod_{j=0}^{n-1} \omega(\underline{v}_j \cdot \underline{v}_{j+1}) \, d\underline{v}_j \rangle$$

wobei die innere Summe alle möglichen Stossfolgen und die äussere Mitteilung alle möglichen Anfangszustände berücksichtigt.

Für die Persistenz berechnet man z.B.

$$v_0^2 P_0 \, \xi_0 = \int \underline{v}_0 \cdot \underline{v}_1 \, \omega(\underline{v}_0 \to \underline{v}_1) \, d\underline{v}_1$$

Nähert man diesen Ausdruck wieder durch seinen Mittelwert an, so erhält man

$$\langle \underline{v}(t)\, \underline{v}(0) \rangle \sim \langle v_0^2 \rangle \exp\left\{ - \frac{\langle v_0^2 P_0 (1-\xi_0) \rangle}{\langle v_0^2 \rangle} \, t \right\}$$

$$D = \frac{\langle v_0^2 \rangle^2}{\langle v_0^2 P_0 (1-\xi_0) \rangle}$$

Dieses Modell liefert alle Transportkoeffizienten für verdünnte Gase und bewährt sich besonders bei der Behandlung von Gasgemischen. Es ist interessant zu vermerken, dass die abgeleitete Gestalt der Geschwindigkeitskorrelation auch bei der Bewegung von Bakterien auftritt (6).

<u>Literatur</u>

(1) O.J.Eder and M.Lammer, Nuclear Data in Science and Technology.
     IAEA, Vienna (1973)

(2) M.Lammer, Interpretation Gamma-spektrometrischer Messungen an
     abgebrannten Brennelementen. Dissertation Univ. Wien (1978)

(3) J.P.Hansen and I.R.McDonald, Theory of Simple Liquids.
     Academic Press, London, New York, San Francisco (1976)

(4) O.J.Eder, J. Chem. Phys., $\underline{66}$, 3866 (1977)

(5) O.J.Eder, B.Kunsch and T.Lackner, J.Chem. Phys., to be
     published (1979)

(6) Michael Holz and Sow-Hsin Chen, Biophys. J., $\underline{26}$,243 (1979)

STOCHASTISCHE VERFAHREN
IN DER VERKEHRSTECHNIK UND VERKEHRSPLANUNG

Josef R. Dorfwirth *)

1. STATISTIK UND WAHRSCHEINLICHKEITSTHEORIE IM VERKEHRSWESEN

1.1 Die mathematische Abbildung als Modell

Statistik und Wahrscheinlichkeitstheorie liefern die Grundlage der über-
wiegenden Verfahren in der Verkehrstechnik und Verkehrsplanung; dies gilt
sowohl für die Entwicklung anspruchsvoller Theorien wie auch deren Umsetzung
in die Praxis durch den Ingenieur und Planer.

Die Arbeitsweise der technischen Wissenschaften läßt sich in Kürze wie
folgt umreißen: Es wird versucht, die Realität einer Erscheinung mit Hilfe
eines Modells abzubilden, um in der Folge mit den aus diesem Modell gewonnenen Erkenntnissen auf die Realität rückzuschließen. Das heißt, ein Objekt M
(Gegenstand, materielles oder ideelles System, Prozeß) ist dann für ein
anderes Objekt R ein Modell, wenn zwischen den Objekten M und R Analogien
bestehen, die bestimmte Rückschlüsse auf das Objekt R gestatten.

$$R \Longleftarrow \!\!\!\!\! \Longrightarrow M$$

Anspruchsvollere Modelle M in der Verkehrstechnik und Verkehrsplanung werden nicht nur durch die Merkmale des Objektes R (der derzeit gegebenen
Realität) bestimmt, sondern auch wesentlich durch die Ziele, die das Sub-
jekt S mit der Modellbildung verfolgt. Es entsteht dadurch ein kybernetisches
Modell, indem neben den Analogieschlüssen auch ein Informationsaustausch
durchgeführt wird.

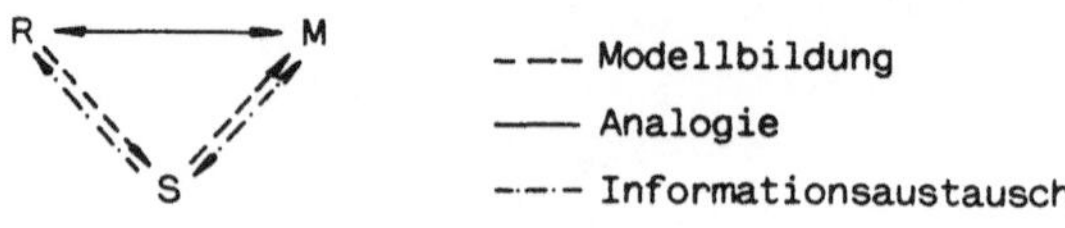

----

*) o.Univ.-Prof. Dipl.-Ing. Dr. techn. Josef R. DORFWIRTH, Institut für
Straßenbau und Verkehrswesen an der TU Wien

Gegenstand der Planung sind zukünftige Handlungsalternativen und Abschätzen ihrer Wirkungen. Daher wird von den Modellen, welche bei der Planung verwendet werden, ihre Prognostizierbarkeit verlangt.

Das mathematische Modell besteht aus:

(1) Gleichungen und/oder Ungleichungen, also den mathematischen Beziehungen,
(2) Variablen und
(3) Konstanten, das sind Koeffizienten und Parameter.

Die Art der mathematischen Beziehungen und die der in ihnen enthaltenen Variablen bestimmt die jeweilige Modellart. Der Ausdruck für die veränderlichen Größen sind die Variablen, die unterteilt werden können in diskrete und stetige Variablen oder in endogene, exogene und latente Variablen.

Die Unterteilung in diskrete und stetige Variablen entspricht derjenigen in diskrete und stetige Zufallsgrößen.

Endogene Variablen sind jene, die durch das Modell erklärt werden sollen. Im Modell haben sie den Charakter von abhängigen Variablen. Exogene Variablen sind vorgegebene Variablen, durch die endogene Variablen mittels des Modells erklärt werden. Im Modell haben sie den Charakter von unabhängigen Variablen.

Latente Variablen sind ihrer Natur nach Zufallsvariablen oder Zufallsglieder in den Struktur- oder Modellgleichungen. Sie vertreten die große Zahl der sonstigen Einflüsse, denen die endogenen Variablen unterliegen, da durch die exogenen Variablen nur die wichtigsten dieser Einflüsse angegeben werden. Latente Variablen entziehen sich oft der Beobachtung.

1.2 Modellarten

Die mathematischen Modelle können nach ihrer Art unterschieden werden:
Statische oder dynamische Modelle,
deterministische oder stochastische Modelle,
rekursive oder interdependente Modelle und
normative und positivistische Modelle.

Bei den <u>statischen</u> Modellen gehören die zu betrachtenden Zusammenhänge, deren Beziehungen gesucht werden, gleichen Zeitpunkten oder Zeiträumen an, die Untersuchung ist statisch. Werden Beziehungen zwischen Sachverhalten dargestellt, die verschiedenen Zeitpunkten oder Zeiträumen angehören, so wird von einem <u>dynamischen</u> Modell gesprochen. Bei statischen Modellen können aber durchaus mehrere Zeitmomente auftreten. Sofern die in Beziehung stehenden Größen jeweils dem gleichen Zeitmoment zugeordnet sind, bleibt das Modell statisch. Im Gegensatz zu den statischen Modellen wird bei den dynamischen Modellen der Einfluß der Zeit berücksichtigt, was auf die verschiedenste Art erfolgen kann:

(a) Eine Variable ist eine Funktion der Zeit in der Form
$$y_t = y_t(t)$$

(b) Eine Variable hängt von ihren in den Vorperioden angenommenen eigenen Werten ab, etwa nach der Beziehung
$$y_t = y_t(y_{t-1}, y_{t-2}, \ldots)$$

(c) Eine Variable hängt von den Werten einer anderen Variablen in der Vorperiode oder in den Vorperioden ab, z.B. in dem Ansatz
$$y_t = y_t(x_{t-1})$$

(d) Eine Variable hängt von der Geschwindigkeit der zeitlichen Veränderung einer anderen Variablen ab. Wird diese zeitliche Veränderung durch Δx ausgedrückt, so ist
$$y_t = y_t(\Delta x).$$

(e) Eine Variable hängt von der zeitlichen Kumulation einer anderen Variablen, also von der Summe der Werte dieser anderen Variablen in den Vorperioden ab
$$y_t = y_t\left(\sum_{u=t-n}^{t} x_u\right)$$

Die Gesamtheit aller Zeitpunkte (Zeitperioden), die in einem Modell zu einem Zeitpunkt (Zeitperiode t) zu berücksichtigen sind, nennt man den <u>zeitlichen Horizont</u> des Modells, dieser umfaßt z.B. bei statischen Modellen eben nur einen einzigen Zeitpunkt (Periode), nämlich t selbst, für den auch das Modell gilt.

Zweifellos passen sich dynamische Modelle den tatsächlichen Verhältnissen besser an als statische. Die Schwierigkeiten ihrer Aufstellung, insbesondere auch der zutreffenden Bestimmung der zeitlichen Veränderung, haben jedoch dazu geführt, daß zunächst mit der Aufstellung statischer Modelle begonnen wurde, die später schrittweise zu dynamischen Modellen entwickelt wurden und werden.

Die Unterscheidung nach deterministischen und stochastischen Modellen wird
von der Art der Berücksichtigung der Verteilung der Variablen in den Modellen abhängig gemacht. Demnach wird von einem deterministischen Modell gesprochen, wenn dieses Modell nur deterministische Größen und Beziehungen enthält. Eine einzige scharfe Größe, in der Regel der Erwartungswert, vertritt
die exogene Variable (rein kausal abhängig im Sinne eines Naturgesetzes).
Solche Modelle entsprechen der Wirklichkeit nur annähernd, da bei modellhaf-
ten Abbildungen nicht alle Beziehungen erfaßt werden können, es treten
auch sonstige Einflußfaktoren auf, wie latente Variablen, die damit nicht
berücksichtigt werden.

In stochastischen Modellen wird die Verteilung der exogenen Variablen durch
mehr Größen als nur den Erwartungswert berücksichtigt. Für die Modellresul-
tate werden dann Schätzintervalle angegeben, die die zu erwartenden Werte
der endogenen Variablen mit einer bestimmten Wahrscheinlichkeit einschlie-
ßen, oder jene Modellparameter der statistischen Eingangsgrößen werden
geschätzt, denen die größte Wahrscheinlichkeit zukommt. Zum Beispiel: Anzahl der Personenfahrten pro Haushaltsgröße ist eine Zufallsgröße. Im stochastischen Modell geht der Erwartungswert (Mittelwert) als Konstante und
die Verteilung dieser Zufallsgröße als latente Variable ein.

Bisher sind überwiegend deterministische Modelle aufgestellt worden. Die
Entwicklung stochastischer Modelle ist recht schwierig, weil sie bestimmte
Annahmen über die Verteilungsfunktion der Variablen voraussetzt, die bei
ungenügender Kenntnis der statistischen Meßwerte schwer zu formulieren
sind, und benötigen u.U. einen größeren Rechenaufwand bei der praktischen
Anwendung.

Die Unterscheidung nach rekursiven und interdependenten Modellen richtet
sich nach der Art der Abhängigkeit zwischen den Variablen während einer
Zeitperiode. Sie kann deshalb sowohl an statischen wie auch an dynamischen
Modellen demonstriert werden.

Von einem rekursiven Modell sprechen wir, wenn innerhalb einer Zeitperiode
nur einseitig gerichtete Abhängigkeiten zwischen den Variablen auftreten.
Dieser Fall tritt beispielsweise bei Korrelationsmodellen in der Regel
auf.

Ein <u>interdependentes</u> Modell liegt vor, wenn innerhalb eines Zeitpunktes
(Zeitperiode) gegenseitig (entgegengesetzt) gerichtete Beziehungen (Abhängigkeiten) zwischen den Modellvariablen auftreten. Dieser Fall tritt beispielsweise beim kapazitätsabhängigen Verkehrsumlegungsmodell auf.

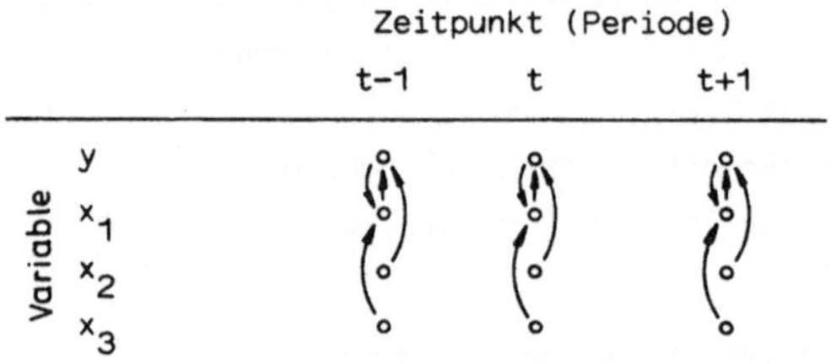

Abb. 1   : Pfeilschema eines statischen und interdependenten Modells.

Die Unterteilung nach positivistischen und normativen Modellen wird durch
die Planungsziele bestimmt. Mit dem <u>positivistischen Modell</u> wird die wirk-
lichkeitstreue Abbildung der tatsächlichen Verhältnisse angestrebt. Es
ist egal, ob es sich um ein statisches oder ein dynamisches Modell handelt,
maßgebend ist nur, daß das Modell nur vom momentanen Zustand bzw. von der
bisherigen (wirklichen) Entwicklung bestimmt wird. Die endogenen Variablen
des Modells werden nur durch wirklich auftretende Werte bestimmt; es werden bei der Durchführung der Planung die Variablen nicht verändert. Es
treten keine Rückkoppelungen auf. Eine positivistisch durchgeführte Prognose
kann theoretisch nur zu <u>einem</u> Ergebnis führen; es sei denn, daß die bishe-
rige Entwicklung so schwer faßbar ist, daß einschränkende Annahmen getroffen werden müssen. Es entsteht ein stochastisches positivistisches Modell,
wenn die Störvariable (latente Variable) ermittelbar ist, oder ein deter-
ministisches positivistisches Modell mit Maxima-Minima-Annahmen, also zwei
Varianten, die das zu erwartende Ergebnis umgrenzen.

Mit dem <u>normativen Modell</u> werden bestimmte Lösungen gesucht, die sich aus
der Wirklichkeit herleiten, aber den in den Planungszielen festgelegten
Zielen bzw. Bedingungen entsprechen. Dies ist in einem Rechengang nicht
möglich, daher werden mehrere Varianten untersucht, von denen angenommen
wird, daß sie den gestellten Bedingungen (z.B. sozio-ökonomische Ziele)

möglichst nahekommen (Optimierungsmodelle). Die Varianten werden nach der
Übereinstimmung mit gestellten Bedingungen gereiht. In diesen Modellen
können, bei nur einer Variante müssen Rückkoppelungen auftreten.

Ein einfaches Beispiel für ein positivistisches Modell ist eine Motorisie-
rungsprognose mit freier Sättigungsgrenze. Wird diese Sättigungsgrenze
rational dirigistisch festgelegt und z.B. durch eine entsprechende Besteue-
rung erzwungen, so muß schon von einem normativen Modell gesprochen werden.

1.3 Modellbildung

Da mit Modellen nur wesentliche Zusammenhänge beschrieben werden können,
wird ein mathematisches Modell nur eine einfache Abbildung (Abstraktion)
eines wirklichen Systems sein. Die mathematische Abbildung eines komplizier-
ten Sachverhaltes, also die Modellbildung (Modellierung), vollzieht sich
in der Regel dann in mehreren Schritten:

(1) Formulierung des Problems, des Lösungszieles und aller zu beachtenden
    Bedingungen (Problem- und Systemanalyse).

(2) Aussonderung aller unwesentlichen Einflüsse aus der Gesamtheit der
    Einflüsse und Bedingungen, die auf das untersuchte System einwirken;
    es verbleibt die Teilmenge der wesentlichen Einflüsse und Bedingungen.
    (Abstraktion).

(3) Entwicklung eines mathematischen Modells, welches in der Lage ist,
    das im zweiten Schritt verbal entstandene Modell zu beschreiben (Mo-
    dellbildung im engeren Sinne).

(4) Prüfen der Hypothese, ob die Realität hinreichend genau abgebildet
    wird, und Entwickeln eines Effektivitätsmaßes zur Beurteilung der Modell-
    resultate.

Beim ersten Schritt wird das Problem möglichst vollständig formuliert,
das Lösungsziel angegeben und eine Zusammenstellung aller Bedingungen vorgenommen, die bei der Lösung des Problems beachtet werden müssen (Problem-
analyse, Systemanalyse). Es kommt hiebei vor allem darauf an, möglichst
alle Informationen zusammenzutragen und auszuschöpfen, die mit dem zu lösenden Problem in Beziehung stehen. Ungenauigkeiten, Unachtsamkeiten oder
Vernachlässigungen bei diesem ersten Schritt wirken sich auf das erstrebte
Ergebnis, das Modell, aus. Damit beeinträchtigen sie aber auch die Resultate, die durch dieses Modell gewonnen werden können, und die Entscheidungen, die aufgrund dieser Resultate getroffen werden.

Während aber beim ersten Schritt Vollständigkeit der Informationen angestrebt wird, besteht im zweiten Schritt das Ziel, das Problem auf seine
wesentlichen Zusammenhänge zu reduzieren (Abstrahierung). Nimmt man an,
daß das bestehende System einer Gesamtmenge G von Einflüssen unterliegt,
so ist jetzt durch gründliche Aussonderung jene Teilmenge M von Einflüssen
(und Bedingungen) zu bestimmen, die die wesentlichen Einflüsse enthält.
Je geringer der Umfang dieser Teilmenge ist, um so einfacher wird es sein,
ein adäquates mathematisches Modell zu entwerfen. Diese Tatsache darf allerdings nicht dazu führen, daß wesentliche Seiten des Problems unterdrückt
werden und dadurch eine Problemverzerrung eintritt. Sie kann ebenso zu
falschen Resultaten führen wie eine unvollständige Zusammenstellung der
Information beim ersten Schritt. Die Aussonderung der unwesentlichen Einflüsse und Bedingungen aus der Gesamtmenge G ist eine spezielle Bewertungs-
aufgabe.

Beim dritten Schritt erfolgt die mathematische Modellbildung des Sachverhaltes im engeren Sinne. Das zunächst vollständig beschriebene (erster Schritt)
und danach wesentlich reduzierte, aber immer noch verbal beschriebene Problem (zweiter Schritt) wird nun mathematisch isomorph abgebildet; das mathematische Modell wird aufgestellt. Diese Modellierung im engeren Sinne ist
im allgemeinen nicht möglich, ohne bestimmte und möglichst weitgehend ge-
sicherte Hypothesen aus den beiden ersten Schritten abzuleiten. Diese Hypothesen müssen den Sachverhalt in eine solche Form kleiden, die eine mathematische Umsetzung zuläßt.

Das Effektivitätsmaß der Modellbildung wird beim vierten Schritt festgelegt. Dabei können bereits Entscheidungs- und somit Bewertungs- sowie Opera-
tionsprobleme auftreten. Das Effektivitätsmaß muß so festgelegt werden,
daß die Effektivität e einer gewählten Strategie an dem Zustand z gemessen
wird, den das System nach der Wahl der Strategie s unter den Bedingungen
b angenommen hat. Demnach können wir schreiben:

$$e = g(z) = g\left[f(s,b)\right]$$

Wenn mehrere Strategien unter verschiedenen Bedingungen zur Verfügung stehen, können davon abhängig verschiedene Strategien bzw. Entscheidungsregeln
angewandt werden. Dabei tritt erneut ein Bewertungsproblem auf.

2. STOCHASTISCHE MODELLE IN DER VERKEHRSTECHNIK

2.1 Der ungestörte Verkehrsstrom

Betrachten wir die zeitliche Reihenfolge gleichartiger zufälliger Ereignisse, z.B. die an einem Straßenquerschnitt vorbeifahrenden Fahrzeuge, so ist die Zahl der in einem Zeitintervall beliebiger Länge vorbeifahrender Fahrzeuge eine Zufallsvariable, die einerseits durch das zufällige Auftreten einer bestimmten Anzahl von Fahrzeugen und andererseits von der Länge des Beobachtungsintervalls abhängt. Es liegt also ein zufälliger diskreter Prozeß (mit stetiger Zeit) vor /1,2/. Soll dieser ein Poisson-Prozeß sein, so müssen folgende Voraussetzungen erfüllt sein:

(a) Der Prozeß ist stationär, d.h. mit derselben Wahrscheinlichkeit tritt in beliebig gleichlangen Zeitintervallen i eine gleiche Anzahl von Ereignissen auf. Es ist dann $\lambda_i = \lambda$ für alle Intervalle i (z.B. λ ... Anzahl der Fz/sec), d.h. daß der ungestörte Verkehrsstrom über eine längere Periode mit gleicher Verkehrsstärke fließt. In der Beobachtungsperiode kommen die tageszeitlich bedingten Schwankungen in der Verkehrsstärke – wir nennen das Tagesganglinie – nicht zum Ausdruck.

(b) Der Prozeß ist homogen, d.h. die Ereignisfolge hat keine Nachwirkungen. Die Anzahl der eingetroffenen Ereignisse in gleichlangen, sich nicht überschneidenden Intervallen ist voneinander unabhängig. Die Anfangsbedingung lautet $P(x = 0, t = 0) = 1$, d.h. es gilt als sicheres Ereignis, daß zum Startpunkt $t = 0$ noch kein Ereignis eingetroffen ist. Diese Voraussetzung trifft beim ungestörten Verkehrsstrom zu, wenn mindestens zwei Fahrstreifen für eine Fahrtrichtung zur Verfügung stehen und die Verkehrsmenge nicht so groß ist, daß die einzelnen Fahrzeuglenker an der freien Wahl ihrer Fahrgeschwindigkeit behindert werden. Praktisch herrschen diese Verhältnisse z.B. auf einer Richtungsfahrbahn der Autobahn bei mäßigem Verkehr.

(c) Der Prozeß ist ordinär, d.h. die Wahrscheinlichkeit, daß in einem beliebigen Zeitintervall zwei oder mehr Ereignisse auftreten, strebt von höherer als 1.Ordnung gegen Null, wenn die Intervallänge selbst beliebig klein wird.

$$\sum_{i=2}^{\infty} P(x=i, \, dt) = 0(dt) \text{ für } dt \longrightarrow 0$$

Aus den Eigenschaften (a), (b) und (c) läßt sich mathematisch die Wahrscheinlichkeit für das Ereignis, daß in einem Intervall von der Länge dt ein Ereignis eintritt, ableiten, wobei man zu folgendem Resultat kommt:

$$P(x=1, dt) = \lambda . dt + O(dt)$$

Zur Herleitung des Differentialgleichungssystems für die Zustandswahrscheinlichkeiten wird der Poissonsche Strom zum Zeitpunkt (t + dt) betrachtet. Hierbei wird das Intervall von der Länge (t + dt) in zwei Teile geteilt, in t und dt. Wenn $x \geq 1$ ist, gibt es drei Möglichkeiten für das Eintreten der x Ereignisse im Intervall (t + dt).

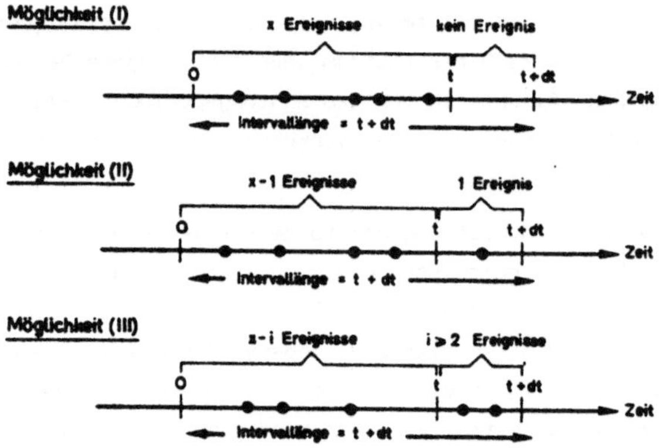

Abb. 2: Die drei Möglichkeiten für das Eintreten von x Ereignissen im Zeitintervall von der Länge (t + dt).

Bei der ersten Möglichkeit treten x Ereignisse im Teil (t) auf, und im nachfolgenden Teil (dt) tritt kein Ereignis ein. Bei der zweiten Möglichkeit treten im ersten Teil (t) des Intervalles x-1 Ereignisse ein, und im zweiten Teil (dt) tritt ein Ereignis ein. Die dritte Möglichkeit besteht darin, daß im Intervall (t) x-i Ereignisse eintreten und im Intervall (dt) i Ereignisse, wobei $2 \leqslant i \leqslant x$ ist. Unter der Voraussetzung, daß der Prozeß ordinär ist, läßt sich beweisen, daß die dritte Möglichkeit von einer höheren als erster Ordnung klein ist.

Die Wahrscheinlichkeit, daß x Ereignisse im Intervall (t+dt) eintreten, ergibt sich nun aus der Summe der Wahrscheinlichkeiten aller drei Möglichkeiten (Additionssatz der Wahrscheinlichkeit):

$$P(x,\, t+dt) = P(x,\, t) \cdot \left[1 - \lambda\, dt - O(dt) \right] + P(x-1,t) \cdot \left[\lambda\, dt + O(dt) \right] + O(dt)$$

$$\lim_{dt \to 0} \frac{P(x,\, t+dt) - P(x,t)}{dt} = P_t'(x,t) = -\lambda P(x,t) + \lambda P(x-1,t)$$

Damit erhalten wir ein System von Differentialgleichungen, das sich sukzessiv lösen läßt. Für $x = 0$ fällt der zweite Teil in obigem Ausdruck fort:

$$P_t'(0,t) = - \lambda \cdot P(0,t)$$

Mit der Randbedingung $P(0,0) = 1$ und $P(1,0) = 0$ erhalten wir als geschlossene Lösung des Systems der Differentialgleichungen in Übereinstimmung mit der Poisson-Verteilung

$$P(x,t) = e^{-\lambda \cdot t} \cdot \frac{(\lambda \cdot t)^x}{x!} \, ,$$

dabei ist bei der Beschreibung des ungestörten Verkehrsstromes

λ ..... Erwartungswert der Anzahl der Fahrzeuge in der Zeiteinheit (Fz/sec)
t ..... Intervallänge in Zeiteinheiten (sec)
x ..... Anzahl der eintreffenden Fahrzeuge
$P(x,t)$ Wahrscheinlichkeit, daß im Zeitintervall von der Länge t eine Anzahl von x Fahrzeugen eintrifft.

Die exponentielle Verteilung der Zeitlücken zwischen den Fahrzeugen kann aus der Poisson-Verteilung abgeleitet werden. Die Wahrscheinlichkeit, daß in einem Zeitintervall von der Länge t kein Fahrzeug ankommt, errechnet sich aus

$$P(x=0,t) = e^{-\lambda t} \, .$$

Dieser Ausdruck gibt aber auch die Wahrscheinlichkeit an, daß die Zwischen-
abstandszeit z (Zeitlücke) innerhalb des Fahrzeugstromes größer als t ist.
Die Zeit t ist nun die Variable. Damit ist aber auch die stetige Verteilungsfunktion der Zeitlücken sofort zu erhalten. Sie ist mit der Wahrscheinlichkeit, daß eine Zeitlücke $z \ll t$ ist, definiert

$$F(t) = P(z \ll t) = 1 - e^{-\lambda t}$$

Die Dichtefunktion folgt mit

$$f(t) = \frac{dF(t)}{dt} = \lambda e^{-\lambda t}$$

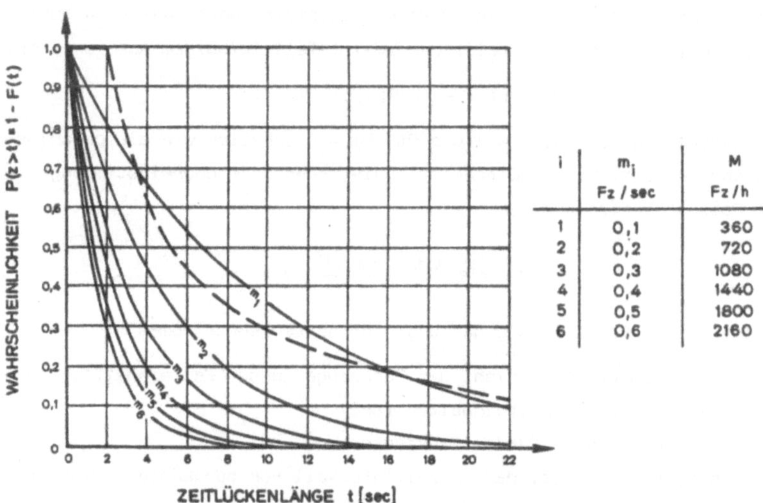

i	m_i Fz / sec	M Fz / h
1	0,1	360
2	0,2	720
3	0,3	1080
4	0,4	1440
5	0,5	1800
6	0,6	2160

Abb. 3: **Wahrscheinlichkeit des Eintreffens einer Zeitlücke mit der Länge > t
im ungestörten Strom in Abhängigkeit von der Verkehrsmenge m .**

Da in der Verkehrstechnik in der Regel nach den Zeitlücken gefragt wird,
die größer als eine bestimmte Zeitlücke (z.B. Grenzzeitlücke) sind, wird
häufig die komplementäre Verteilungsfunktion

$$F^*(t) = 1 - F(t) = e^{-\lambda t}$$

in Diagrammen dargestellt.

2.2 Der gestörte Verkehrsstrom

Bewegen sich Fahrzeuge auf einer zweispurigen Straße mit Gegenverkehr,
so wird für jede Fahrtrichtung ein kleinster Zeitabstand a nicht unter-
schritten. Einzelne Fahrzeuge werden voneinander abhängig, und es bilden
sich begrenzte Kolonnen innerhalb des Verkehrsstromes. Beobachtungen zeigen,
daß die kleinsten Zeitabstände a von Kolonnenfahrzeugen auf der freien
Strecke zwischen 1,8 und 2,0 Sekunden liegen, d.h. die Zeitlücken sind
in diesem Bereich geschwindigkeitsunabhängig. Im Bereich darunter zwischen
40 und 0 km/h nehmen sie progressiv zu.

Die Fahrbahn- und Verkehrsbedingungen - im besonderen die Überholsichtweite
und der LKW-Anteil - sind neben der Stärke des Gegenverkehrs von Einfluß
auf die Kolonnenbildung. Da das Aufschließen zu einer Kolonne bzw. Teilko-
lonne auf einer zweispurigen Straße mit Gegenverkehr stets leichter erfolgen
kann als das Loslösen durch Überholen, hat der Verkehrsstrom die Tendenz,
Teilkolonnen zu bilden.

Auch für einen solcherart gestörten Verkehrsstrom kann die Zeitlückenverteilung unter Heranziehung der exponentiellen Zeitlückenverteilung des ungestörten Stromes abgeleitet werden.

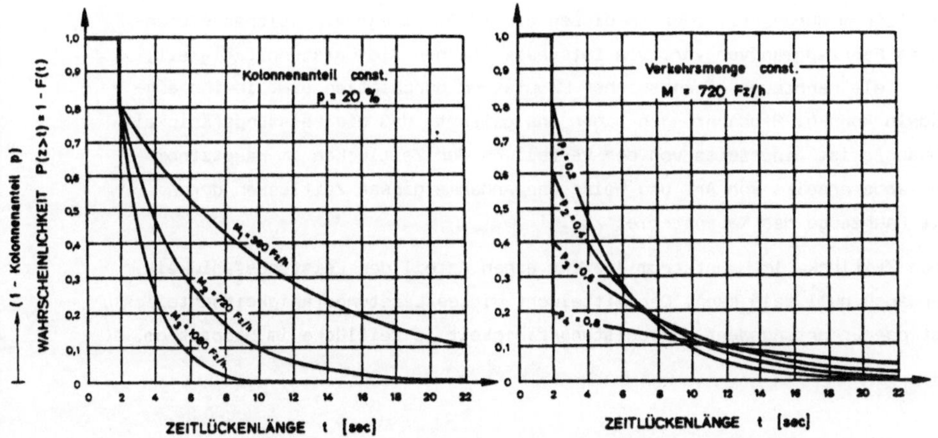

Abb. 4: Wahrscheinlichkeit des Eintreffens einer Zeitlücke mit der Länge > t
im gestörten Strom in Abhängigkeit vom Kolonnenanteil p und der
Verkehrsmenge M.

Für die Verteilung der Zeitlücken $z \geq t$ im gestörten Strom gilt:

$$P(z \geq t) = 1,0 \qquad \text{für } t < a$$
$$P(z \geq t) = 1-p \qquad \text{für } t = a$$
$$P(z \geq t) = (1-p)e^{-m_f(t-a)} \qquad \text{für } t > a$$

hiebei ist $\quad p = \dfrac{M_g}{M} \quad$ das Verhältnis der in Kolonnen gebundenen Verkehrsmenge zum Gesamtverkehr und

$$m_f = \dfrac{M_f}{T - Ma} \qquad$$ wobei M_f die freie oder ungebundene Verkehrsmenge ist.

Theoretische Grenzfälle dieser Verteilung, die kaum eine Realität abbilden, erhalten wir für $p = 0$, das wäre der ungestörte Verkehrsstrom, in dem jedoch keine Zeitlücke kleiner a vorkommt; und für $p = 1$, das wäre der gesamte .Verkehr einer längeren Zeitperiode (1 Stunde) in einer Kolonne, und der Rest der Zeit wäre eine einzige Zeitlücke.

2.3 Nicht signalgeregelte Verkehrsknoten

Der Verkehrsablauf auf nicht lichtsignalgeregelten Verkehrsknoten kann in elementare Fahrzeugmanöver zerlegt werden. Wenn ein Nebenstrom einen Hauptstrom durchsetzt oder in diesen einfädelt, liegt ein solches elementares Fahrzeugmanöver vor. Von Interesse ist nun die Leistungsfähigkeit, wie viele Fahrzeuge einen solchen Hauptstrom durchsetzen bzw. in ihn einfädeln können. Beobachtungen haben uns gelehrt, daß die Leistungsfähigkeit abhängig ist einerseits von der Verteilung der Zeitlücken im Hauptstrom und andererseits von Art und Weise der Annahme dieser Zeitlücken durch die Fahrzeuge des Nebenstromes /3/.

Jede Zeitlücke im Hauptstrom liefert einen Anteil der Leistungsfähigkeit, der auch null sein kann. Der Mittelwert dieses Leistungsfähigkeitsanteiles ist der Erwartungswert der Leistungsfähigkeit je Zeitlücke im Hauptstrom.

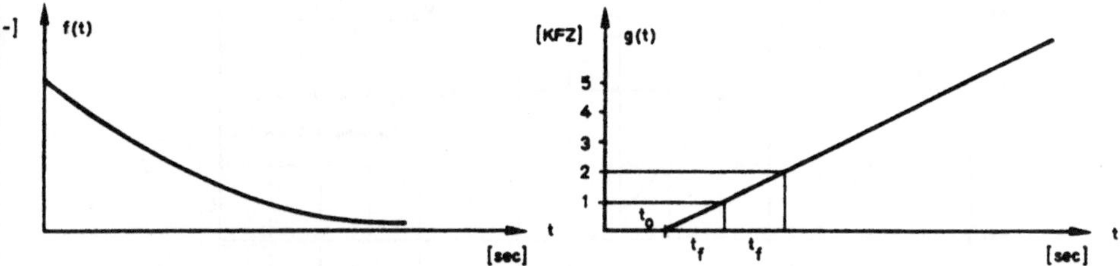

Abb. 5: Funktionen f(t) und g(t) bei der Berechnung der Leistungsfähigkeit
nicht signalgeregelter Verkehrsknoten.

Die Leistungsfähigkeit L kann wie folgt berechnet werden:

$$L = M_H \cdot \int_0^{\infty} f(t) \cdot g(t)\,dt$$

hiebei ist $\qquad\qquad f(t) = m_H e^{-m_H \cdot t}\qquad\qquad$ die Dichtefunktion der Zeitlückenverteilung im Hauptstrom,
und

$$g(t) = \begin{cases} 0 & \text{für } t < t_0 \\ \dfrac{t-t_0}{t_f} & \text{für } t > t_0 \end{cases}$$

das Abflußgesetz der Nebenstrom-
fahrzeuge mit der Nullzeit-
lücke t_0 – jene Zeitlücke,
die im Mittel von null Fahrzeugen angenommen wird – und
der Folgezeitlücke t_f.

Ferner gilt $t_0 = t_g - t_f/2$, wenn t_g die Grenzzeitlücke ist.
Die Leistungsfähigkeit läßt sich in geschlossener Form

$$L = \frac{T \cdot e^{-m_H t_0}}{t_f}$$

berechnen.

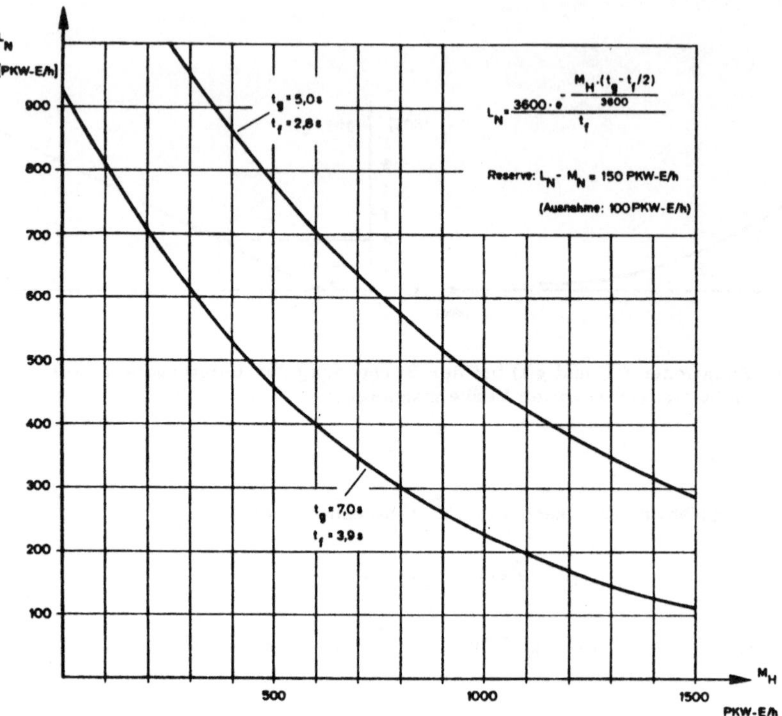

$$L_N = \dfrac{3600 \cdot e^{-\dfrac{M_H \cdot (t_g - t_f/2)}{3600}}}{t_f}$$

Abb. 6: Leistungsfähigkeitswerte L_N für den Nebenstrom bei gegebener Hauptstrombelastung M_H des nicht signalgeregelten Verkehrsknotens für zwei typische Zeitlückenpaare.

Betrachtungen der Wartezeit und ihre Verteilung sind mit Hilfe von Modellen, denen Markowsche Prozesse zugrundeliegen, möglich.

2.4 Signalgeregelte Verkehrsknoten

Zur mathematischen Abbildung von signalgeregelten Verkehrsknoten bildet der Markowsche Prozeß die Grundlage für eine Vielzahl von Modellen, welche unter dem Begriff der Warteschlangentheorie zusammengefaßt werden. Der Markowsche Prozeß hat keine Nachwirkungen, d.h. jede Aussage über den zukünftigen Prozeßverlauf, die den zum augenblicklichen Zeitpunkt bekannten Zustand berücksichtigt, hängt nicht vom Prozeßverlauf bis zum augenblicklichen Zeitpunkt ab, sondern nur vom Zustand in diesem Zeitpunkt. Diese Voraussetzungen führen zu den Übergangswahrscheinlichkeiten, die den Markowschen Prozeß eindeutig definieren, wenn noch seine Anfangsverteilung zum Zeitpunkt des Startes des Prozesses bekannt ist.

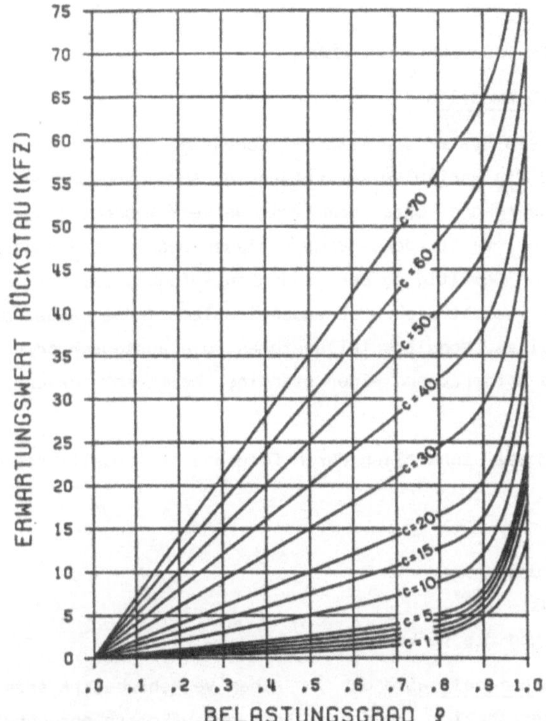

Abb. 7: Rückstau in einem signalgeregelten Verkehrsknoten in Abhängigkeit von Belastungsgrad ρ und Leistungsfähigkeit c (Fahrzeuge pro Freigabezeit).

Bei der Beschreibung des lichtsignalgeregelten Knotens ist der Prozeß homogen und auch stationär, d.h. die Übergangswahrscheinlichkeit hängt von einer konstanten Zeitdifferenz ab, und er besitzt eine zeitunabhängige Grenzverteilung, der er bei jeder beliebigen Anfangsverteilung zustrebt. Es würde den Rahmen dieses Vortrages sprengen, sich detaillierter mit der Anwendung der Warteschlangentheorie bei der Berechnung signalgeregelter Kreuzungen zu beschäftigen. Stellvertretend für erarbeitete Resultate sei hier der Erwartungswert der Anzahl der Fahrzeuge im Stauraum einer signalgeregelten Kreuzung zu Beginn der Freigabezeit graphisch dargestellt.

Abschließend darf festgestellt werden, daß sich die Verkehrstechnik bei der mathematischen Beschreibung und Erfassung des Verkehrsflusses stochastischer Methoden bedient.

3. DAS VERKEHRSMODELL IN DER VERKEHRSPLANUNG

3.1 Das Wesen des Verkehrsmodells

Das Verkehrsmodell ist ein System von mathematischen Beziehungen zwischen
exogenen, endogenen und Zielvariablen zur Erfassung, Abbildung und Beschreibung komplexer Verkehrsvorgänge. Unter dem Terminus Verkehrsmodell wird hier
nicht ein konkretes Modell verstanden, sondern dieser Begriff beinhaltet
die Verfahrenstechnik zur Bewältigung der genannten Aufgabe. Das Verfahren
besteht zufolge der Komplexität des zu lösenden Problems in der Regel aus
einer Anzahl von Bausteinen, Modulen, Teilsystemen, die austauschbar und
mit dem Erkenntnisstand entsprechend einer ständigen Weiterentwicklung unterliegen.

Hier kann das Verkehrsmodell inhaltlich durch folgende Teilmodelle beschrieben
werden:

- die Verkehrserzeugung
- die Verkehrsverflechtung
- die Verkehrsmittelwahl
- die Verkehrswegewahl und die Verkehrsumlegung.

Mit dem Verkehrserzeugungsmodell wird das von einem Verkehrsbezirk erzeugte
bzw. das von einem Verkehrsbezirk angezogene Verkehrsaufkommen errechnet.
Als Ergebnis erhalten wir zwei Verkehrsmengenvektoren, die Zeilen- und Spal-
tensummen der Verkehrsmatrix. Das Verkehrsverflechtungsmodell hat die Aufgabe,
die in der Verkehrserzeugung erhaltenen Verkehrsmengenvektoren des erzeugten
und angezogenen Verkehrsaufkommens in die Matrix der Verkehrsbeziehungen
mittels des erzeugten und angezogenen Verkehrs überzuführen, die Verkehrsbeziehungen, die von einem Verkehrsbezirk erzeugt werden und von einem anderen
angezogen werden, zu berechnen. Unter der Verkehrsmittelwahl verstehen wir
die Aufteilung des Personenverkehrs auf das öffentliche und das individuelle
Verkehrsmittel. Das Verkehrswegewahl- und Verkehrsumlegungsmodell schließlich
ermittelt die Fahrtrouten des der Untersuchung zugrunde liegenden Wegenetzes
sowie die diese Fahrtrouten benutzenden Verkehrsmengen.

Es sei an dieser Stelle betont, daß die Aufteilung des Verkehrsmodells in
diese Teilschritte keineswegs obligat ist, sondern eine praktisch bewährte
gedankliche und inhaltliche Aufgliederung des an und für sich sehr komplizier-
ten Verkehrsprozesses darstellt, um ihn sowohl in seiner konzeptionellen
als auch in seiner praktischen Bewältigung zugänglicher zu machen. Diese
Teilmodelle sind voneinander abhängig und dürfen nicht isoliert betrachtet
werden. Die beschriebene Reihenfolge trägt ebenfalls nur systematisierenden,
aber keinen zwingend vorgeschriebenen Charakter. So kann z.B. die Verkehrsmittelwahl verkehrsbezirksbezogen, also bereits nach der Verkehrserzeugung, erfolgen, das sogenannte Trip-End-Modell, oder verkehrsbeziehungsorientiert ausfallen, das sogenannte Trip-Interchange-Modell. Es können aber auch mehrere
Teilmodelle in einem Schritt durchgeführt werden, die durch die sogenannten
Simultan-Modelle verwirklicht werden. So kann z.B. die Verkehrsmittelwahl
mit der Verkehrserzeugung oder mit der Verkehrsverflechtung sowie auch mit
der Verkehrswegewahl und -umlegung gekoppelt werden, anderseits können die
Verkehrserzeugung und die Verkehrsverflechtung sowie die Verkehrsverflechtung
und die Verkehrsumlegung miteinander verflochten werden. Damit möchten wir
bewußt dem Vorwurf entgehen, hier nur das sogenannte Vierstufen-Modell in
die Darlegungen einzubeziehen.

3.2 Die Bedeutung der Eingangsdaten

Was nun die Benutzung von stochastischen Verfahren bei der Anwendung der
Verkehrsmodelle betrifft, so sind unter diesem Gesichtspunkt vor allem drei
Schwerpunkte zu betrachten:

- die Ermittlung und Aufbereitung der Eingangsdaten für die Berechnung der
  Verkehrsmodelle
- die Anwendung von stochastischen Verkehrsmodellen
- und schließlich die Anwendung von stochastischen Verfahren in deterministischen Modellen.

Zunächst zu den Eingangsdaten. Die Realisierung des Verkehrsmodells ist heute ohne wesentliche Zuhilfenahme von statistischen Methoden und stochastischen Verfahren unmöglich. Das betrifft sowohl die Eingangsgrößen für die Berechnung im Rahmen des Verkehrsmodells als auch den grundsätzlichen Aufbau des Verkehrsmodells selbst, deren praktische Bewältigung und die Berechnung sowie die Auswertung und die Interpretation der Ergebnisse der Modellberechnungen. Es steht außer Frage, daß die Daten und deren Erhebung eine wesentliche Grundlage für die gesamte Verkehrsplanung bilden, da sie, was die Verkehrsmodelle betrifft

- die Eingangswerte für das Verkehrsmodell bilden
- den Kalibrierungsbezug für die Eichung des Modells darstellen
- die Vergleichsbasis für die Verkehrsprognose bilden.

Die Daten beeinflussen vor allem

- die Wahl des Verkehrsmodells
- die Abbildungsfeinheit
- die Modellgenauigkeit
- den Rechenaufwand.

Das heißt, die Sorgfalt und die Umsichtigkeit, mit denen die Daten erhoben und aufbereitet werden, beeinflußt den gesamten Abbildungs- und Berechnungsvorgang sowie die Güte der Ergebnisse der Modellanwendung.

Für die Berechnung von Verkehrsmodellen werden im allgemeinen folgende Datenmengen benötigt:

- Strukturgrößen der Flächennutzung, Determinanten der sozioökonomischen Struktur und Kenngrößen der Wirtschaftsstruktur wie Einwohner, Arbeitsplätze (getrennt nach verschiedenen Wirtschaftssektoren), Berufstätige, Altersstrukturen, Motorisierungsgrad usw.

- Datenwerte zum Angebot des öffentlichen und privaten Verkehrs wie Zugfolgen, Platzangebot, Umsteigezeit usw., Leistungsfähigkeit der Straßen bzw. Umlaufzeiten und Grünzeiten bei signalgesteuerten Kreuzungen, Parkplatzangebot, Komfortangebot, Sicherheitsangebot, Reisezeit usw.

- Datenwerte der Nachfrage wie Verkehrsstärken, Verkehrsströme (Quell- Ziel—Beziehung), Verkehrsstreckenbelastungen des öffentlichen und privaten Verkehrs, Fahrtweiten usw.

- Datenwerte der Verhaltensweisen der Verkehrsteilnehmer wie Mobilität, Reiseintensität, Reisehäufigkeit, Reisezweck, Verkehrsmittelwahl u.ä.

Es ist klar, daß diese für eine Verkehrsmodellberechnung benötigten Daten
nicht in vollem Umfang der Grundgesamtheit sondern nur Teile davon vorliegen. Für die Ermittlung der Daten werden Datenerhebungen durchgeführt.
Mit Hilfe von verschiedenen statistischen Methoden und insbesondere unter
Ausnützung der Kenntnisse der Verteilungen von Stichprobenfunktionen, wird
nun eine ganze Reihe von sehr wichtigen Elementen im Rahmen der Datenerhebung
bestimmt, wie

- Zeitpunkt der Erhebung
- Dauer der Erhebung
- der Stichprobenumfang der vorzunehmenden Erhebung
- zu erhebende Datenarten
- Anforderungen an die Genauigkeit der Daten.

Die Anwendung von statistischen Methoden und stochastischen Verfahren bei
der Bestimmung dieser Elemente ist sehr vielschichtig, umfangreich und durchaus nicht trivial. Wir möchten uns jedoch im Rahmen dieser Arbeit auf diese
Würdigung beschränken, da dem Leser erstens sicherlich diese Methoden und
Verfahren auch im Detail hinreichend bekannt sein werden und zweitens diese
Anwendungen auch in vielen anderen Gebieten und Wissenschaften zum Tragen
kommen und somit keinen verkehrstechnisch spezifischen Charakter tragen.

Wenn ich mir allerdings als Verkehrsplaner noch eine Bemerkung zu diesem
Sachverhalt vor diesem Fachpublikum erlauben darf, so ist es insbesondere
die, daß wir gezielte Anstrengungen unternehmen müssen, um künftige Verkehrs-
erhebungen - welcher Art sie auch immer seien - so gut wie möglich zu standar-
disieren und sie einem größeren Benutzerkreis zugänglich zu machen. Oft werden
erhebliche Summen für aufwendige Datenerhebungen aufgebracht, deren Ergebnisse dann jedoch nur für einen beschränkten Benutzerkreis anwendbar waren.

Sicherlich fordert uns dieser Gedanke auf, auch in der Anwendung von Verkehrsmodellen zu möglichst einheitlichen und bewährten Verfahren zu kommen, worin
ich auch ein Ziel meines nunmehr jahrzehntelangen Wirkens auf dem Gebiet
der Verkehrsplanung im allgemeinen und der Anwendung von Verkehrsmodellen
im besonderen sehe /4/.

Damit wären wir nun bei dem zweiten Schwerpunkt, der Anwendung von stochastischen Verfahren in der praktischen Bewältigung von Verkehrsmodellen. Wie ich eingangs bereits erwähnt habe, müssen wir hierbei zwei Bereiche unterscheiden.

1. Den Bereich der sogenannten stochastischen Modelle und

2. Stochastische Verfahren und Methoden bei der Anwendung von deterministischen Modellen.

3.3 Stochastische Verkehrsmodelle

Wie bereits oben dargelegt heißt ein Verkehrsmodell stochastisch, wenn seine Modellgrößen nicht eindeutig bestimmbar sind und nur in Sätzen prognostiziert werden können, für die jeweils nur eine gewisse Wahrscheinlichkeit beansprucht wird. Bei stochastischen Verkehrsmodellen unterliegt also der Modell-In- und Output sowie die Modellberechnung selbst statistischen Gesetzmäßigkeiten. Zufallseinflüsse bewirken Änderungen der Werte der einzelnen Modellgrößen.

Ein allgemeiner Simultan-Ansatz für das stochastische Modell, d.h. die Durchführung der vier oben genannten Modellstufen der Verkehrserzeugung, der Verkehrsverflechtung, der Verkehrsmittelwahl und der Verkehrsumlegung in einem einzigen Schritt, kann z.B. in der Bestimmung der Wahrscheinlichkeit

$$p = p(t,i,j,m,r),$$

daß eine Person zum Zeitpunkt t vom Ort i zum Ort j mit dem Verkehrsmittel m auf der Route r fährt, liegen.

Ein solches Simultanmodell trägt jedoch vorwiegend theoretischen Charakter, da es in der Praxis in der Regel bis auf wenige triviale Ausnahmen unmöglich ist, eine solche Wahrscheinlichkeitsfunktion direkt zu finden.

Nach ihrem wahrscheinlichkeitstheoretischen und teilweise praktischen Gefüge können auch die sogenannten "kontinuierlichen" Verkehrsmodelle, wenn ihre Ergebnisse keine Punktgrößen, sondern analog zum obigen Modell Wahrscheinlichkeiten sind, den stochastischen Modellen zugeordnet werden. Bei der Erstellung eines Verkehrsmodells kann der Raum nicht in seiner unendlichen Ausdehnung

betrachtet werden, sondern für jede konkret durchzuführende Verkehrsplanung
ist ein Untersuchungsgebiet abzugrenzen. Die Abgrenzung des Untersuchungsgebietes hat dabei so zu erfolgen, daß der für das Planungsgebiet relevante
Verkehr ein möglichst geschlossenes System bildet, wobei auf eine geeignete
Erhebungsmethode und auf die gewünschte Aggregierung der Verkehrs- und Strukturdaten Rücksicht zu nehmen ist. Bisher wurden die erhobenen Struktur- und
Verkehrsdaten diskret erfaßt. Um sie in dieser Weise diskret ordnen zu können,
sind Verkehrszellen als kleinste räumliche Einheit im Untersuchungsgebiet
zu definieren. Nicht in allen Bereichen des Untersuchungsgebietes muß die
räumlich diskrete Verteilung der Daten auf die kleinste Einheit bezogen
werden, sie werden dann zu Verkehrsbezirken zusammengefaßt. Verkehrsbezirke
orientieren sich im wesentlichen an den politischen Verwaltungsgrenzen, da
nur für solche Einheiten in der Regel die statistischen Strukturdaten zu
erhalten sind. Im Bereich des Planungsgebietes sollen die Verkehrsbezirke
relativ kleine Einheiten darstellen, z.B. nur eine Verkehrszelle umfassen.
Je weiter sich die Verkehrsbezirke vom Planungsgebiet entfernen, desto größer
werden sie. Kleine Verkehrsbezirke mit geringem Verkehrsaufkommen sind un-
günstig, da die Verkehrsdaten mit größeren relativen Fehlern behaftet sind.
Das Verkehrsbedürfnis, den Raum zu überwinden, entsteht nun durch die räumliche Verteilung der Struktur der Raumnutzung und wird in der vorhandenen
Verkehrsinfrastruktur (Raum-Zeit-Gefüge) befriedigt. Zur Beschreibung des
Verkehrs wird der sich zeitlich stetig ändernde Verkehrsablauf in Intervalle
unterteilt und dadurch eine zeitlich diskrete Verteilung erreicht. Bei der
Betrachtung des Verkehrsgeschehens in Intervallen geht dann die Zeit nicht
als Variable ein. Wir sehen, daß bei dieser Betrachtungsweise die Verkehrs-
und Strukturdaten in ihrer sowohl räumlichen als auch zeitlichen Ausdehnung
diskret erfaßt werden.
Die kontinuierlichen Modelle benutzen nun im Unterschied von der oben gebrach-
ten Darstellung eine stetige Verteilung der Verkehrs- und Strukturdaten in
ihrem Raum- und Zeitgefüge. Diese theoretischen Modelle sind jedoch erst
in der Entwicklung begriffen und beschränken sich, was ihre Anwendung betrifft, derzeit auf nur einige wenige Gebiete.

Schließlich möchten wir im Rahmen der Verkehrsmodelle, deren Ergebnisse jeweils nur eine gewisse Wahrscheinlichkeit beanspruchen können, die sich in letzter Zeit sehr stark entwickelnden verhaltensorientierten Verkehrsmodelle, insbesondere die disaggregierten verhaltensorientierten Verkehrsmodelle erwähnen. Die disaggregierten verhaltensorientierten Verkehrsmodelle werden vor allem dadurch gekennzeichnet,

- daß die Verkehrsnachfrage direkt aus individuellen Wahlentscheidungen resultiert und nicht in Abhängigkeit von aggregierten Einflußgrößen

- daß sie auf expliziten Annahmen über das individuelle Verkehrsverhalten basieren und schließlich

- daß der mehrdimensionale Charakter von Verkehrsnachfrageentscheidung explizit berücksichtigt wird.

Ihre Kalibrierung erfolgt unter Zuhilfenahme hochentwickelter statistischer und stochastischer Verfahren und Verwendung von individualen Daten. Das Grundmodell des verhaltensorientierten Ansatzes besteht darin, daß der Nutzen, welche eine Person mit bestimmten sozioökonomischen Merkmalen einer Verkehrsalternative aus einer Alternativen-Menge beimißt, als eine Zufallsvariable aufgefaßt wird, deren Realisation von den speziellen Ausprägungen der nichtmeßbaren Alternativen- und Personeneigenschaften abhängt. Diese Nutzenfunktion wird als Summe einer nichtstochastischen Funktion u und einer Zufallsvariablen ε dargestellt. Die nichtstochastische Funktion u in Abhängigkeit von den Alternativeigenschaften und dem sozioökonomischen Merkmalsvektor drückt den Nutzen aus, den die Gesamtheit aller Personen mit dem beigegebenen Merkmalsvektor einer Alternative im Durchschnitt beimißt, während ε den von individuellen Besonderheiten nicht beobachtbaren Eigenschaften ausgehenden Einfluß erfaßt. Für die nichtstochastische Nutzenfunktion wird im allgemeinen eine lineare Funktion angenommen. Für die Verteilung der stochastischen Nutzenkomponente wird in der Regel die sogenannte Weibull-Verteilung

$$F(x) = e^{-e^{-x}}$$

angenommen.

Bei ihrer Verwendung erhält man für die Auswahlwahrscheinlichkeit für eine Alternative die Form

$$p_j = \frac{e^{u_j}}{\sum\limits_{k=1}^{n} e^{u_k}}$$

die als bedingtes logistisches Modell bezeichnet wird. Sie stellt den bisher einzig praktisch erfolgten mehrdimensionalen Ansatz dieser Art im Bereich der Verkehrsforschung dar. Werden andere Verteilungstypen als die Weibull-Verteilung für die stochastische Nutzenfunktion gewählt, so ergeben sich Schwierigkeiten bei der expliziten Berechnung der Auswahlwahrscheinlichkeiten.

Sicherlich bringen diese Verkehrsmodelle, die es zumindestens theoretisch ermöglichen, Verhaltensweisen explizit zu formulieren, Vorteile bei der Abbildung des praktischen Verkehrsgeschehens. Wir sollten uns jedoch darüber im Klaren sein, daß gerade diese Modelle erstens eine völlig neue Datensituation erfordern, zweitens von der jetzigen Datensituation ausgehend sehr schwer kalibrierbar sind und drittens die Ergebnisse solcher Modelle durch geeignete Aggregationsverfahren in planerisch verwertbare Makrorelationen zu transformieren sind, um sie in den Verkehrsplanungsprozess einfließen zu lassen. Um diese Probleme in befriedigender Weise lösen zu können, bedarf es noch einer angestrengten und langwierigen sowohl theoretischen als auch praktischen Arbeit.

3.4 Stochastische Verfahren beim deterministischen Verkehrsmodell

Schließlich noch einige Darlegungen zu den Anwendungen von stochastischen Verfahren und statistischen Methoden bei deterministischen Verkehrsmodellen. Im Gegensatz zu den stochastischen Modellen heißt ein Verkehrsmodell deterministisch, wenn seine Modellgrößen eindeutig bestimmt sind und in Sätzen prognostiziert werden können, für die Wahrheit beansprucht wird, die also nicht nur wie bei den stochastischen Modellen eine gewisse Wahrscheinlichkeit beanspruchen. Bei diesen deterministischen Modellen ist es jedoch vielfach so, daß Teilschritte oder Submodelle stochastischen Charakter tragen. Wir möchten dazu beispielhaft für die vier oben genannten prinzipiellen Teilmodelle eines Verkehrsmodells, nämlich die Verkehrserzeugung, die Verkehrsveflechtung, die Verkehrsmittelwahl und die Verkehrsumlegung, einige Anwendungen von statistischen Methoden und stochastischen Verfahren bringen.

So kann z.B. das Modell der Verkehrserzeugung als ein Markowprozeß aufgefaßt werden. Wir erinnern, daß im Verkehrserzeugungsmodell das erzeugte bzw. das angezogene Verkehrsaufkommen eines Verkehrsbezirkes berechnet wird.

Die Übergangswahrscheinlichkeiten p_{ij}, d.h. die Wahrscheinlichkeiten, daß eine Person von dem Verkehrsbezirk i zum Verkehrsbezirk j fährt, kann man aus erhobenen Verkehrsbeziehungen T_{ij} nach

$$p_{ij} = \frac{T_{ij}}{\sum_{l=1}^{n} T_{il}}$$

finden. Die Anfangsverteilung wird durch den Vektor $P^{(1)}$ der Personen in den Verkehrsbezirken zu Tagesbeginn gebildet. Nach der ersten durchgeführten Fahrt ergibt sich der neue Bestand $P^{(2)}$ als Produkt des Anfangszustandes $P^{(1)}$ mit der Übergangsmatrix (p_{ij}):

$$P^{(2)} = (p_{ij}) \, P^{(1)}$$

usw. schließlich

$$P^{(m)} = (p_{ij}) \, P^{(m-1)} = \ldots = (p_{ij})^{m-1} \, P^{(1)}$$

Ist die Übergangsmatrix regulär, d.h. enthält $(p_{ij})^n$ für mindestens ein n keine 0-Elemente, dann existiert ihr Grenzwert

$$\lim_{n \to \infty} (p_{ij})^n = (p_{ij}^{\infty})$$

mit gleichen Zeilenvektoren (p_i^{∞}),

und wir erhalten einen leicht berechenbaren Ausdruck für das tägliche Verkehrsaufkommen.

Das Teilmodell der Verkehrsverflechtung kann in seiner Verwendungsart als Gelegenheitsmodell ebenfalls als Beispiel für die Einbindung von stochastischen Berechnungsgrößen angesehen werden. Nach ihm wird die Verkehrsbeziehung vom Verkehrsbezirk i zum Verkehrsbezirk j aus dem Produkt des erzeugten Verkehrsaufkommens des Verkehrsbezirkes i und der Übergangswahrscheinlichkeit, daß eine Fahrt vom Verkehrsbezirk i zum Verkehrsbezirk j stattfindet, dargestellt. Gemäß der Verteilung der Zielattraktivitäten im zu betrachtenden Untersuchungsgebiet und der Entfernung von i nach j kann nach unterschiedlichen Gesichtspunkten die Übergangswahrscheinlichkeit berechnet werden.

Was das Abbilden des stochastischen Verhaltens im Rahmen des Verkehrsmittelwahlmodelles betrifft, so werden sie im allgemeinen durch Typen der oben beschriebenen verhaltensorientierten Modelle beschrieben.

Schließlich möchten wir noch ein Beispiel für die stochastische Verkehrsumlegung, d.h. die Anwendung von stochastischen Verfahren im letzten der vier Teilmodelle, bringen.

Bei der stochastischen Verkehrsumlegung wird die Modifikation der Wegewahl nicht durch determinierte Entscheidungen aufgrund von Veränderungen der operationalen Systemcharakteristiken vorgenommen, sondern durch Änderung der Netzwiderstände mit einem eigenen, zufällig erzeugten und in seiner Gesamtheit normal verteilten Wert. In diesem so modifizierten Netz werden dann die kürzesten Wege gesucht. In mehreren Iterationsschritten wird der Prozeß der Netzmodifikation und Wegsuche wiederholt und so eine gewünschte Mehrwegaufteilung über die zufällig erzeugten Netzwiderstände erreicht. Der Vorteil solcher stochastischen Umlegungsverfahren liegt daran, daß sie eine gute Abbildung tatsächlicher Verhältnisse erreichen. Nachteilig wirkt sich jedoch ein unter Umständen sehr hoher Rechenaufwand solcher Verfahren aus, da die verwendeten Stichproben so groß wie nur irgendwie möglich zu wählen sind.

4. SCHLUSSBETRACHTUNG

Aus den oben gemachten Darlegungen geht hervor, daß die in Verkehrsmodellen zur Anwendung kommenden stochastischen Verfahren vor allem eine realitätsbezogene Abbildung insbesondere unter dem Gesichtspunkt der Involvierung der Verhaltensweisen der Verkehrsteilnehmer bewirken. So stellen die Ergebnisse der Modellberechnungen einerseits die Verkehrsnachfrage in dem zu untersuchenden Verkehrssystem dar. Abbildung 8 zeigt z.B. die Prognosebelastung des übergeordneten Straßennetzes von Wien, die bereits im Jahre 1960 erstellt wurde. Abbildung 9 zeigt sie für den Planungshorizont 1985 aus dem Verkehrsmodell Wien 1976.

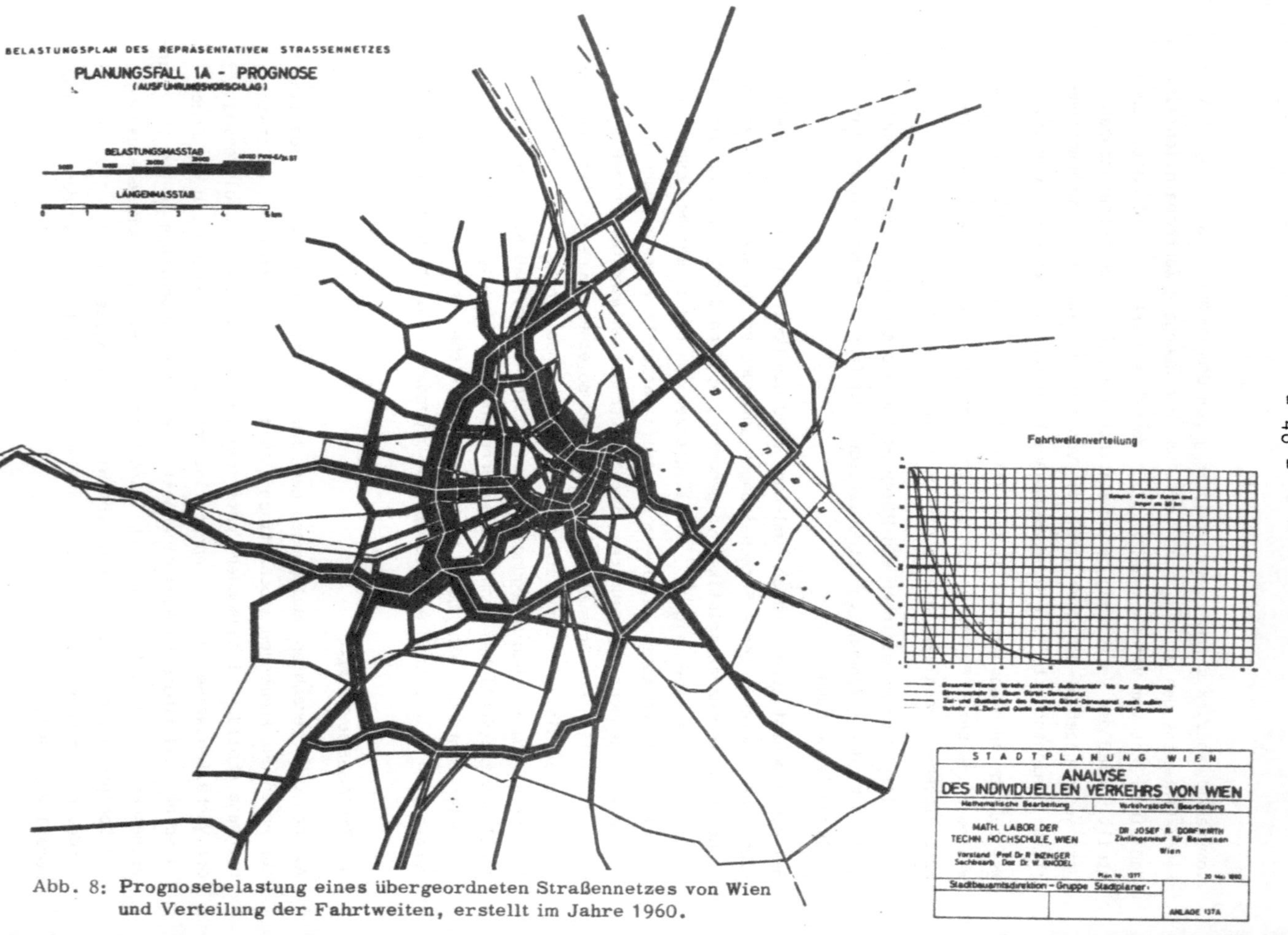

Abb. 8: Prognosebelastung eines übergeordneten Straßennetzes von Wien und Verteilung der Fahrtweiten, erstellt im Jahre 1960.

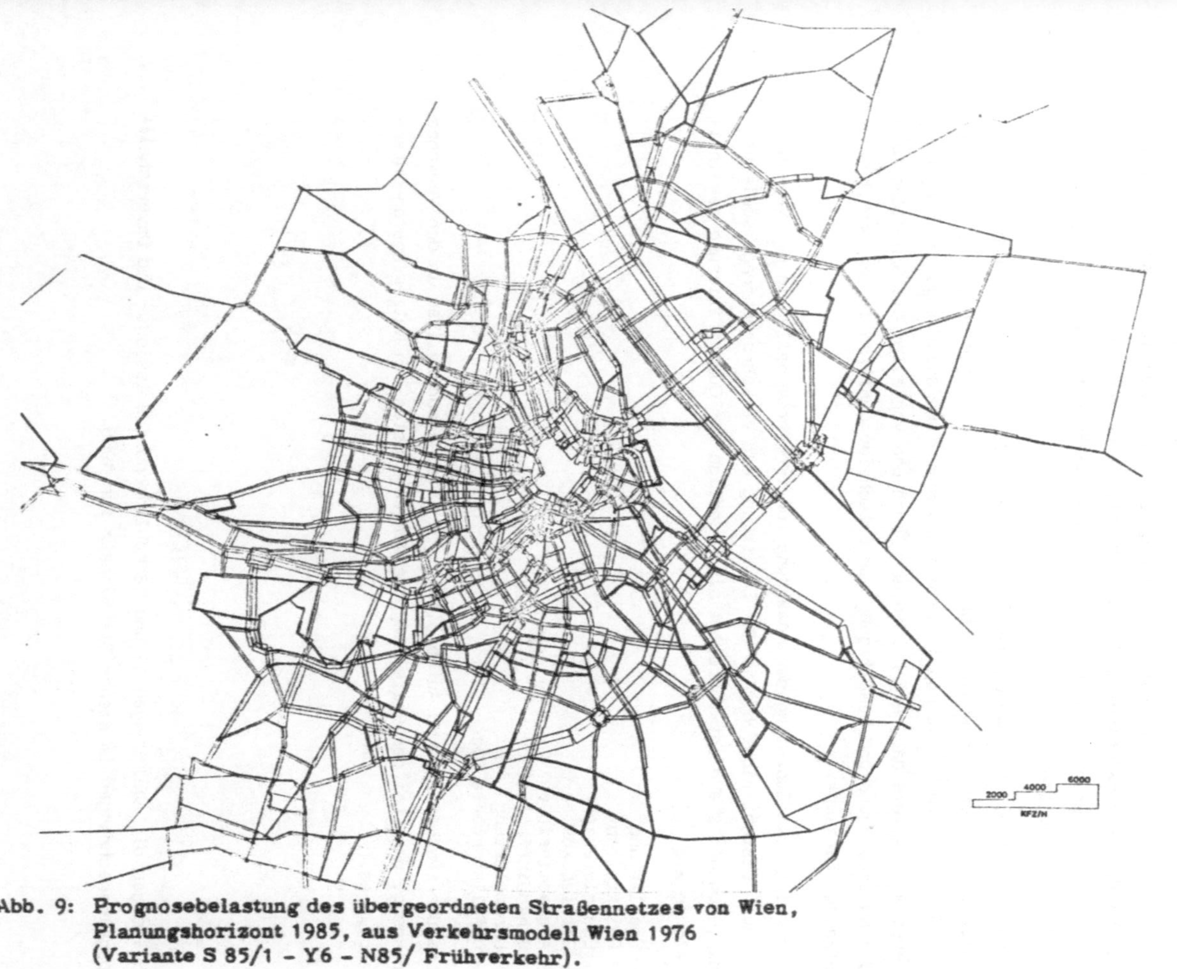

Abb. 9: Prognosebelastung des übergeordneten Straßennetzes von Wien, Planungshorizont 1985, aus Verkehrsmodell Wien 1976 (Variante S 85/1 – Y6 – N85/ Frühverkehr).

Andererseits müssen wir die Stellung des Verkehrsmodells im Rahmen des Verkehrsplanungsprozesses (siehe Abbildung 10) sehen. Aus dieser Sicht bilden die Verkehrsstärken nicht die Endergebnisse eines Berechnungsprozesses, sondern sie dienen als Grundlage und Eingangsgrößen für weitere wichtige Modellberechnungen /5/.

Sicherlich sind die Anwendungen von Verkehrsmodellen in der Verkehrsplanung insbesondere für unterschiedliche Kapazitätsberechnungen geeignet, sie stellen die Grundlage für die Dimensionierung und Bewertung und Kategorisierung unseres Wegesystems dar, sie bilden aber auch und vor allem die Grundlage für die Durchrechnung und Bewältigung von Entscheidungshilfen in der Verkehrsplanung überhaupt.

Das heißt, die Bedeutung der Anwendung von Verkehrsmodellen in der Verkehrsplanung besteht nicht nur in der Ermittlung der Verkehrsnachfrage schlechthin, sondern sie dient vor allem als Grundlage der Quantifizierung der Indikatoren wie

- Überlastung
- Reisezeiten
- Energieverzehr
- Betriebskosten
- Abgasemissionen
- Schadstoffbelastung
- Lärmbelastung
- Unfallkennwerte u.a.

bei der Erarbeitung und Aufbereitung von Entscheidungshilfen in der Verkehrsplanung, d.h. bei der Erstellung des Mengengerüstes von Nutzen-Kosten-Untersuchungen.

So zeigen die Abbildungen 11 und 12 Kohlenmonoxidemissions- und Dauerschallpegelberechnungen im Wiener Straßennetz für 1988.

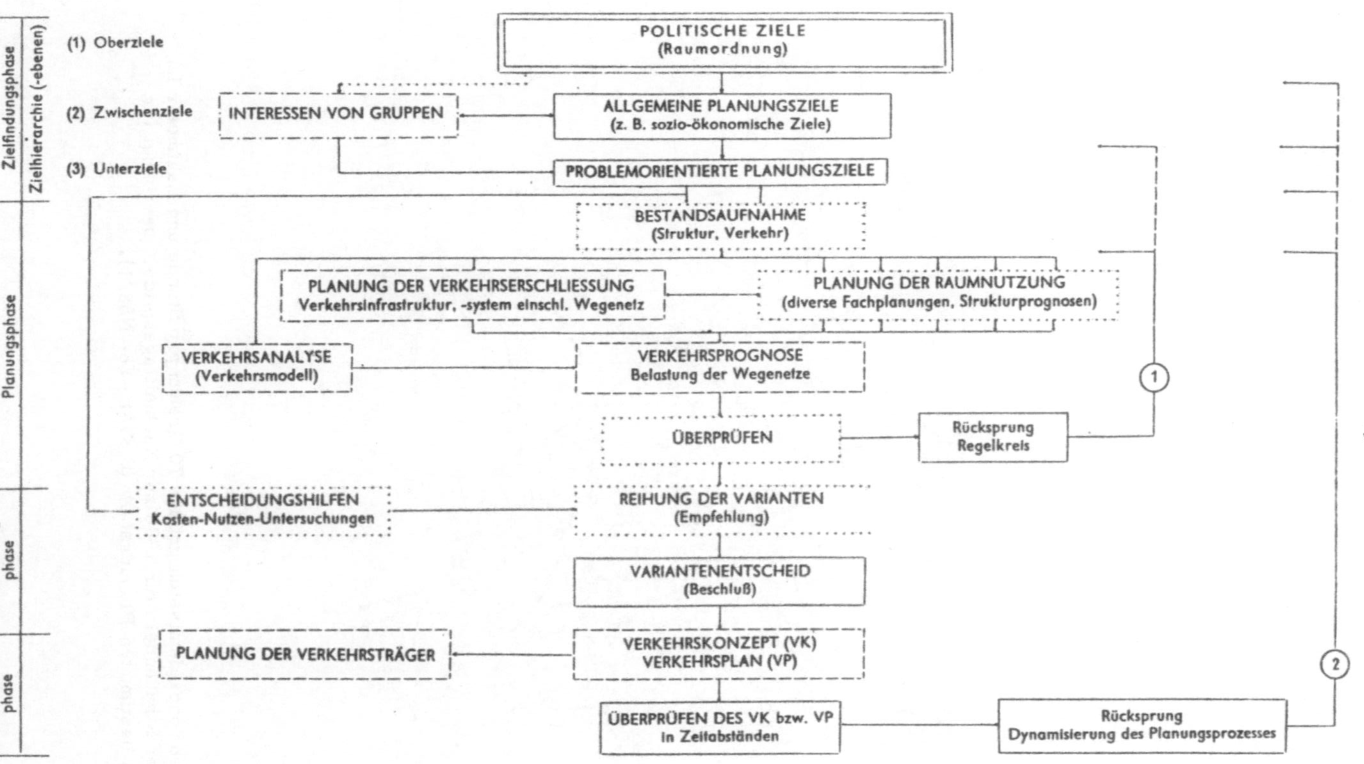

Abb. 10: Ablaufdiagramm des Verkehrsplanungsprozesses

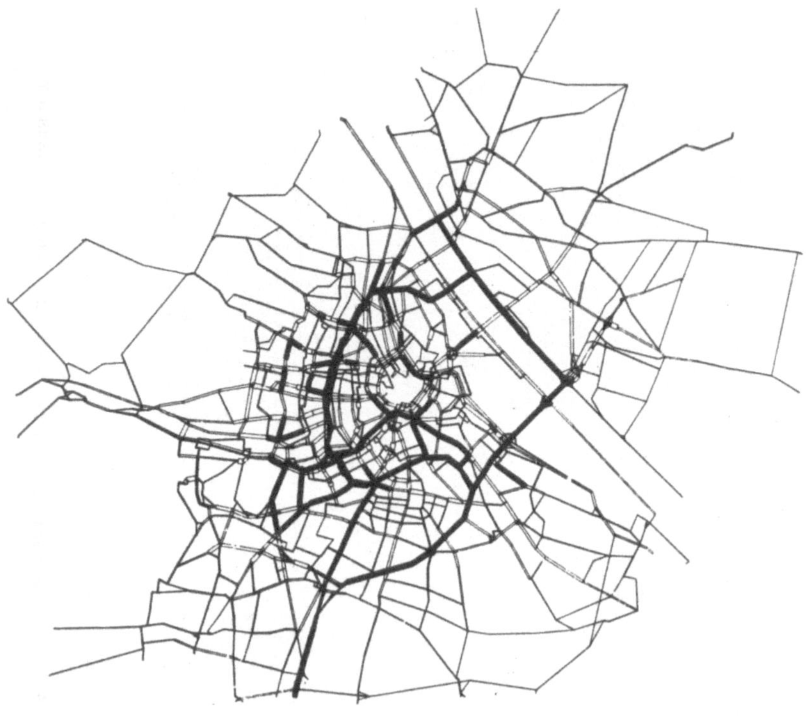

Abb. 11: Kohlenmonoxidemission größer 70 Gramm pro Stunde und Laufmeter im
Wiener Straßennetz für 1988 zur Nachmittagsspitze, berechnet für
einen bestimmten Planungsfall (S 85/1 –Y8– N88/1).

Abb. 12: Äquivalenter Dauerschallpegel *größer* 65 dB(A) im Wiener Straßennetz
für 1988 zur Nachmittagsspitze, berechnet für einen bestimmten
Planungsfall (S 85/1 -Y8- N88/1).

Abschließend möchten wir zusammenfassen, daß versucht wurde, an einigen Beispielen den Einfluß und die Bedeutung von stochastischen Verfahren in der Verkehrstechnik und Verkehrsplanung darzustellen.

Sie ermöglichen insbesondere

- eine Simulation der Verkehrsvorgänge
- die explizite Berücksichtigung von Verhaltensweisen bei der Abbildung des Verkehrsgeschehens
- die Überbrückung der Diskrepanz zwischen diskreter Erfassung des Verkehrsgeschehens und der kontinuierlichen Wirklichkeit.

LITERATURVERZEICHNIS

/1/ Dorfwirth J.R.: Wartezeit und Rückstau von Kraftfahrzeugen an nicht signalgeregelten Verkehrsknoten; Forschungsarbeiten aus dem Straßenwesen,
Neue Folge, Heft 43; Kirschbaum Verlag, Bad Godesberg 1961.

/2/ Richter K-J., Schneider H.: Statistische Methoden für Verkehrsingenieure;
Transpress VEB Verlag für Verkehrswesen, Berlin 1968.

/3/ Dorfwirth J.R., Kovacic W., Pöschl F.: Leistungsfähigkeit im Straßenverkehr; Vorlesungen aus Verkehrsplanung und Verkehrstechnik, in Vorbereitung; Verlag für die Technische Universität Graz.

/4/ Dorfwirth J.R., Gobiet W., Sammer G.: Verkehrsmodelle – Theorie und Anwendung; Straßenforschung Heft 137, Bundesministerium für Bauten und
Technik; Kommissionsverlag Forschungsgesellschaft für das Straßenwesen
im ÖIAV, Wien 1980.

/5/ Kovacic W.: Das Umweltbelastungsmodell als Instrument der Verkehrsplanung; Beitrag aus der Schrift – Straßenverkehr und Umweltschutz – des
Instituts für Verkehrstechnik, TU Wien, 1978.

STOCHASTISCHE PROZESSE IN DER REGELUNGSTECHNIK

Peter Kopacek [x)]

In dieser Arbeit soll ein·kurzer Überblick über Anwendungsmöglichkeiten von stochastischen Prozessen in der Regelungstechnik gegeben
werden. Die statistische Betrachtungsweise ist durch die Wirkungsweise von und die Einwirkungen auf Regelsysteme erforderlich. Es wird
daher zwischen determinierten und stochastischen Regelsystemen unterschieden. Ein System heißt stochastisch, wenn ein oder mehrere ein-
wirkende Signale und/oder einer oder mehrere Parameter Zufallsfunktionen sind. Neben dieser Möglichkeit können noch andere Eigenschaften - die von physikalischen Systemparametern abhängig sind -
zu einer Einteilung herangezogen werden. Die wichtigsten sind die
Linearität, die Zeitinvarianz und die Ortsunabhängigkeit der Para-

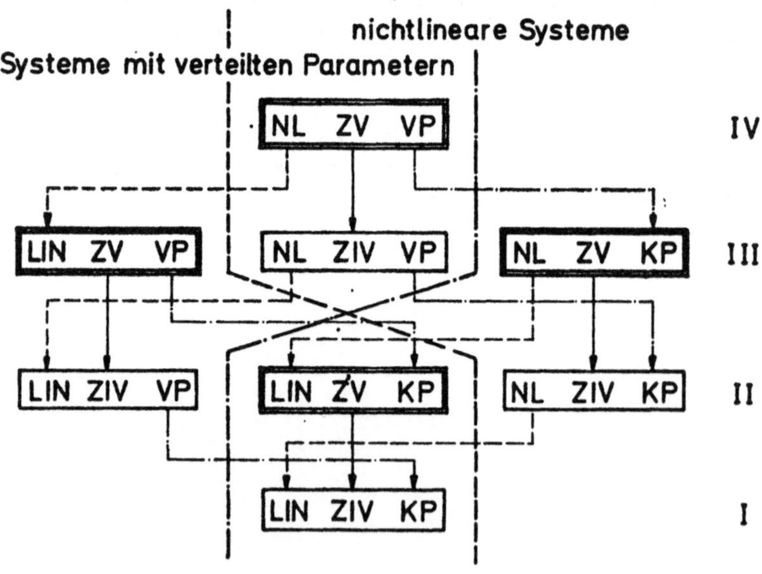

Abb.1.

[x)] Univ.Dozent Dipl.Ing. Dr.techn. Peter KOPACEK, Inst.für Wasser-
kraftmaschinen und Pumpen, Arbeitsgruppe Prozeßautomatisierung
der TU - Wien

meter. Demnach kann zwischen linearen - nichtlinearen, zeitinvarian-
ten - zeitvarianten sowie Systemen mit konzentrierten und verteilten
Parametern unterschieden werden. In Abb. 1 ist diese Einteilung zusammengestellt, wobei die zeitvarianten Systeme doppelt eingerahmt
sind. Der Beginn der mathematischen Behandlung stochastischer Regelsysteme kann mit den Namen WIENER, CHINTCHINE und KOLMOGOROFF ver-
knüpft werden.

Im folgenden werden zunächst die mathematischen Modelle von determinierten und stochastischen Regelsystemen zusammengestellt. Ausgangspunkt sind die Systeme der einfachsten Klasse (Klasse I in
Abb. 1) lineare, zeitvariante Systeme mit konzentrierten Parametern.

1. Mathematische Modelle von Regelungssystemen

1.1. Determinierte Systeme

Das dynamische Verhalten eines linearen zeitvarianten Systems mit
konzentrierten Parametern sowie einer Eingangsgröße $u(t)$ und einer
Ausgangsgröße $y(t)$ kann durch die lineare Differentialgleichung
n-ter Ordnung

$$\sum_{i=o}^{n} a_i(t)\, \overset{(i)}{y}(t) = \sum_{j=o}^{m} b_j(t)\, \overset{(j)}{u}(t) \qquad m \leq n \qquad (1)$$

beschrieben werden. $a_i(t)$ und $b_j(t)$ sind die entsprechenden zeitabhängigen Modellparameter. Diese Differentialgleichung n-ter Ordnung
geht durch Einführung von Zustandsvariablen ($x_1(t), x_2(t), \ldots, x_n(t)$)
in ein System von n-Differentialgleichungen erster Ordnung über. Diese Zustandsgleichungen lauten in Matrixdarstellung

$$\begin{aligned}
\underline{\dot{x}}(t) &= \underline{A}(t)\underline{x}(t) + \underline{b}(t)u(t) \\
y(t) &= \underline{c}^T(t)\underline{x}(t) + d(t)u(t)
\end{aligned} \qquad (2a)$$

bzw. für ein System mit r-Eingangsgrößen und s-Ausgangsgrößen

$$\begin{aligned}
\underline{\dot{x}}(t) &= \underline{A}(t)\underline{x}(t) + \underline{B}(t)\underline{u}(t) \\
\underline{y}(t) &= \underline{C}(t)\underline{x}(t) + \underline{D}(t)\underline{u}(t)
\end{aligned} \qquad (2b)$$

mit

     $\underline{x}$(t).... Zustandsvektor

     $\underline{u}$(t).... Eingangsvektor

     $\underline{y}$(t).... Ausgangsvektor

und den Koeffizientenmatrizen

     $\underline{A}$(t).... Zustandsmatrix

     $\underline{B}$(t).... Eingangs-(Steuer-) matrix

     $\underline{C}$(t).... Ausgangs-(Beobachtungs-) matrix

     $\underline{D}$(t).... Durchgangsmatrix

Der Gleichung (1) entspräche für dieses Mehrgrößensystem ein System
von Differentialgleichungen n-ter Ordnung. Die Zustandsgleichungen
(2b) können durch das Matrixblockschaltbild Abb.2 dargestellt werden.

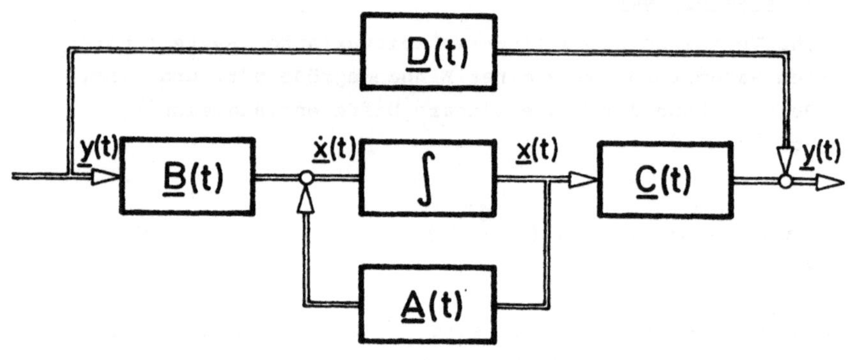

Abb. 2.

Systeme mit verteilten Parametern wären durch partielle Differentialgleichungen bzw. Zustandsgleichungen mit zeit- und ortsabhängigen
Matrizenelementen und nichtlineare Systeme durch nichtlineare Differentialgleichungen zu beschreiben.

Die Lösung der Systemgleichungen (1) und (2) ist im allgemeinen nur
für lineare zeitinvariante Systeme mit konzentrierten Parametern
möglich. Für zeitvariante Systeme ergibt sich formal

$$\underline{x}(t) = \underline{\Phi}(t,t_o)\underline{x}(t_o) + \int_{t_o}^{t} \underline{\Phi}(t,\tau)\underline{B}(\tau)\underline{u}(\tau)\,d\tau \qquad (3a)$$

mit $\underline{\Phi}(t,t_o)$ als Zustandsübergangsmatrix als Lösung der homogenen Differentialgleichung

$$\underline{\dot{\Phi}}(t,t_o) = \underline{A}(t)\underline{\Phi}(t,t_o) \tag{3b}$$

Mit Hilfe von $\underline{\Phi}(t,t_o)$ kann der Übergang eines Systems von einem Anfangszustand $\underline{x}(t_o)$ in einen beliebigen Zustand $\underline{x}(t)$ beschrieben werden

$$\underline{x}(t) = \underline{\Phi}(t,t_o)\underline{x}(t_o) \tag{3c}$$

Setzt man (3a) in die zweite Gleichung von (2b) ein ergibt sich für den Ausgangssignalvektor

$$\underline{y}(t) = \underline{C}(t)\underline{\Phi}(t,t_o)\underline{x}(t_o) + \int\limits_{t_o}^{t} \underline{C}(t)\underline{\Phi}(t,\tau)\underline{B}(\tau)\underline{u}(\tau)d\tau + \underline{D}(t)\underline{u}(t) \tag{3d}$$

$\underline{C}(t)\underline{\Phi}(t,\tau)\underline{B}(\tau)$ ist die Gewichtsfunktionsmatrix $\underline{g}(t,\tau)$ des linearen zeitvarianten Mehrgrößensystems. Aus (3d) folgt für den Anfangszustand $\underline{x}(t_o)=\underline{0}$ und $\underline{D}(t)=\underline{0}$ das Faltungintegral

$$\underline{y}(t) = \int\limits_{t_o}^{t} \underline{g}(t,\tau)\underline{u}(\tau)d\tau \tag{4}$$

welches auch für Eingrößensysteme sinngemäß gilt - $y(t),g(t,\tau)$ und $u(\tau)$ sind skalare Funktionen. In diesem Fall ist $g(t,\tau)$ die Lösung der Differentialgleichung (1) unter der Voraussetzung daß am Eingang ein Diracimpuls anliegt.

Für zeitvariante Eingrößensysteme beschrieben durch Gleichung (1) oder (2a) gelten die Gleichungen (3) ebenfalls wobei die Matrizen $\underline{B}(t)$ und $\underline{C}(t)$ durch die Vektoren $\underline{b}(t)$ und $\underline{c}^T(t)$ sowie $\underline{D}(t)$ durch die skalare Funktion $d(t)$ zu ersetzen sind. Ähnlich sind für zeitinvariante Mehrgrößensysteme in den Gleichungen (2a) und (3) die zeitabhängigen Matrizen durch zeitunabhängige und für zeitinvariante Eingrößensysteme in (3) durch die entsprechenden Vektoren und Skalare zu substituieren. Die Zustandsübergangsmatrix ist nur mehr eine Funkton von t.

Betrachtet man zeitinvariante Mehrgrößensysteme kann die der ersten Gleichung (2b) entsprechende mit Hilfe der Laplacetransformation in den Bildbereich übergeführt werden

$$(s\underline{I} - \underline{A})\underline{X}(s) = \underline{X}_o + \underline{BU}(s) \tag{5a}$$

$\underline{I}$ ist die Einheitsmatrix. Somit gilt

$$\underline{X}(s) = \underline{\Phi}(s)\underline{X}_o + \underline{\Phi}(s)\underline{B}\,\underline{U}(s) \tag{5b}$$

mit

$$\underline{\Phi}(s) = \mathcal{L}\left\{\underline{\Phi}(t)\right\} = (s\underline{I} - \underline{A})^{-1} \tag{5c}$$

als Laplacetransformierter der Zustandsübergangsmatrix. Gleichung (3d) geht über in

$$\underline{Y}(s) = \underline{C\Phi}(s)\underline{X}_o + \underline{C\Phi}(s)\underline{B}\,\underline{U}(s) + \underline{D}\,\underline{U}(s) \tag{5d}$$

Üblicherweise ist für physikalisch realisierbare Systeme die Durchgangsmatrix $\underline{D}=\underline{O}$ und die Anfangsbedingungen - wie bereits in Gleichung (4) vorausgesetzt - $\underline{x}(t_o) = \underline{X}_o = \underline{O}$ was auf eine wesentliche Vereinfachung der Gleichungen (3) und (5) führt. Schreibt man unter diesen Voraussetzungen (5d) für ein Eingrößensystem an ergibt sich

$$\underline{Y}(s) = \underline{c}^T\underline{\Phi}(s)\,\underline{b}\,\underline{U}(s) \tag{6}$$

$\underline{c}^T\underline{\Phi}(s)\underline{b}$ wird als Übertragungsfunktion W(s) bezeichnet. Sie kann auch durch Transformation von (1) als Quotient von Ein- und Ausgangssignal im Bildbereich

$$W(s) = \frac{Y(s)}{U(s)} = \frac{\sum\limits_{j=o}^{m} b_j s^j}{\sum\limits_{i=o}^{n} a_i s^i} \tag{7}$$

berechnet werden.

Rücktransformation der entsprechenden Gleichung (5d) für Eingrößensysteme und $x_o=O$ führt auf

$$y(t) = \int\limits_o^t \underline{c}^T\underline{\Phi}(t-\tau)\underline{b}u(\tau)d\tau = \mathcal{L}^{-1}\{W(s)U(s)\} \tag{8}$$

das Faltungsintegral mit

$$\underline{c}^T\underline{\Phi}(t)\underline{b} = \mathcal{L}^{-1}\{W(s)\} = g(t) \tag{9}$$

- 59 -

als Gewichtsfunktion des Systems.

Verwendet man statt der Laplace- die Fouriertransformation führt dies in gleicher Weise wie bei der Übertragungsfunktion auf den Frequenzgang

$$F(i\omega) = \frac{Y(i\omega)}{U(i\omega)} = \frac{\sum\limits_{j=o}^{m} b_j (i\omega)^j}{\sum\limits_{i=o}^{n} a_i (i\omega)^i} = \underline{c}^T \Phi(i\omega)\underline{b} \tag{10}$$

der aus einem Real- und Imaginärteil besteht.

$$F(i\omega) = \text{Re}\{F(i\omega)\} + \text{Im}\{F(i\omega)\} \tag{11}$$

1.2. Stochastische Systeme

Bei stochastischen Regelsystemen kann zwischen Systemen mit zufälligen Eingangssignalen und Systemen deren Parameter Zufallsfunktionen sind unterschieden werden. Viele reale Systeme weisen beides gleichzeitig auf. In diesem Rahmen soll nur der einfachste Fall - Systeme mit zufälligen Eingangssignalen betrachtet werden. Für ungestörte Systeme gehen die Gleichungen (2b) in stochastische Differential-gleichungen über

$$\dot{\underline{x}}(t) = \underline{A}(t)\underline{x}(t) + \underline{B}(t)\underline{u}(t)$$
$$\underline{y}(t) = \underline{C}(t)\underline{x}(t) \tag{12}$$

mit $\underline{u}(t)$ als r- dimensionalen stochastischen Eingangsvektor. Die Matrizenelemente sind aber voraussetzungsgemäß determinierte Zeitfunktionen. Das dynamische Verhalten eines stochastischen Systems wird eindeutig durch den Zustandsvektor, der ein stochastischer Vektorprozeß ist, beschrieben.

Unter der Voraussetzung, daß der Mittelwertsvektor und die Kovarianzmatrix des Eingangsvektors

$$\underline{m}_u(t) = E\{\underline{u}(t)\} \ , \ \underline{V}_u(t_1,t_2) = \text{cov}\{\underline{u}(t_1),\underline{u}(t_2)\} \tag{13}$$

sowie Mittelwertsvektor und Varianzmatrix der Anfangswerte des Zustandsvektors

$$\underline{m}_x(t_o) = E\{\underline{x}(t_o)\}, \ \underline{V}_x(t_o) = \text{cov}\{\underline{x}(t_o),\underline{x}(t_o)\} \tag{14}$$

bekannt sind, können Zusammenhänge zwischen Momenten erster und
zweiter Ordnung von Zustandsvektor, Eingangsvektor und Ausgangsvek-
tor hergeleitet werden.

Der Mittelwertsvektor des Zustandsvektors ergibt sich als Lösung der
Matrixdifferentialgleichung

$$\dot{\underline{m}}_x(t) = \underline{A}(t)\underline{m}_x(t) + \underline{B}(t)\underline{m}_u(t) \tag{15}$$

zu

$$\underline{m}_x(t) = \underline{\Phi}(t_o,t)\underline{m}_x(t_o) + \int_{t_o}^{t} \underline{\Phi}(t,\tau)\underline{B}(\tau)\underline{m}_u(\tau)\,d\tau \tag{16}$$

Beide Gleichungen weisen dieselbe Bauart wie die für den determinierten Fall (2b) und (3a) auf. Gleiches gilt für den Mittelwertsvektor
des Ausgangssignals

$$\underline{m}_y(t) = \underline{C}(t)\underline{m}_x(t) + \underline{D}(t)\underline{m}_u(t) \tag{17}$$

Die Gleichungen (15), (16) und (17) gelten für den allgemeinen Fall
instationärer Eingangssignale. Unter der Einschränkung, daß diese
weiße Gaußprozesse mit der Kovarianzmatrix

$$\mathrm{cov}\{\underline{w}(t),\underline{w}(\tau)\} = \underline{Q}_w(t)\delta(t-\tau) \tag{18}$$

sind und zusätzlich $\underline{u}(\tau)$ für $\tau > t_o$ mit $\underline{x}(t_o)$ unkorreliert ist, können
in einigen Fällen auswertbare Gleichungen gewonnen werden. Dabei ist
zu berücksichtigen, daß $\{\underline{x}(t)\}$ und $\{\underline{y}(t)\}$ nach wie vor instationäre
stochastische Prozesse sind.

Die Varianzmatrix des Zustandsvektors ergibt sich aus

$$\dot{\underline{V}}_x(t) = \underline{A}(t)\underline{V}_x(t) + \underline{V}_x(t)\underline{A}^T(t) + \underline{B}(t)\underline{Q}_w(t)\underline{B}^T(t) \tag{19}$$

zu

$$\underline{V}_x(t) = \underline{\Phi}(t,t_o)\underline{V}_w(t_o)\underline{\Phi}^T(t,t_o) +$$
$$\int_{t_o}^{t} \underline{\Phi}(t,\tau)\underline{B}(\tau)\underline{Q}_w(\tau)\underline{B}^T(\tau)\underline{\Phi}^T(t,\tau)\,d\tau \tag{20}$$

Ähnliche Gleichungen gelten für die Varianzmatrix des Ausgangssignal-
vektors

$$\underline{V}_y(t_1,t_2) = \underline{C}(t_1)\underline{V}_x(t_1,t_2)\underline{C}^T(t_2) + \underline{D}(t_1)\underline{V}_{wx}(t_1,t_2)\underline{C}^T(t_2) +$$
$$\underline{C}(t_1)\underline{V}_{xw}(t_1,t_2)\underline{D}^T(t_2) + \underline{D}(t_2)\underline{V}_w(t_1,t_2)\underline{D}^T(t_2) \tag{21}$$

mit

$$\underline{V}_{xw}(t_1, t_2) = \int_{t_o}^{t} \underline{\Phi}(t_1, \tau) \underline{B}(\tau) \underline{Q}_w(\tau) \delta(\tau - t_2) d\tau \qquad (22)$$

als Kovarianzmatrix von Zustands- und Eingangsvektor und dementsprechend $\underline{V}_{wx}(t_1, t_2)$ als Kovarianzmatrix von Eingangs- und Zustandsvektor.

Die Beziehungen des Abschnittes 1.1. gestatten in einfacher Weise aus obigen Gleichungen die entsprechenden für zeitvariante Eingrößensysteme und zeitinvariante Mehrgrößensysteme abzuleiten. Eine ausführliche Beschreibung findet sich z.B. in /1/ oder /2/.

Von großer praktischer Bedeutung in der industriellen Regelungstechnik sind zeitinvariante Eingrößensysteme mit stationären zufälligen Eingangssignalen insbesonders weiße Gaußprozesse (weißes Rauschen).

Formt man die Differentialgleichung (1) jedoch mit konstanten Koeffizienten a_i und b_j entsprechend um ergibt sich unter Berücksichtigung der Definitionen der Korrelationsfunktionen

$$R_u(\tau) = E\{u(t) . u(t+\tau)\}$$
$$R_y(\tau) = E\{y(t) . y(t+\tau)\} \qquad (23)$$
$$R_{uy}(\tau) = E\{u(t) . y(t+\tau)\}$$

und denen abgeleiteter Signale

$$R_{uy}^{(i)}(\tau) = \frac{d^i}{d\tau^i} R_{uy}(\tau) \qquad (24)$$

eine Differentialgleichung für die Korrelationsfunktionen

$$\sum_{i=o}^{n} a_i \frac{d^i}{d\tau^i} R_{uy}(\tau) = \sum_{j=o}^{m} b_j \frac{d^j}{d\tau^j} R_u(\tau) \qquad (25)$$

Dem Faltungsintegral (4) entsprechen Faltungsintegrale für die Korrelationsfunktionen

$$R_{uy}(\tau) = \int_{o}^{\infty} g(t) R_u(\tau - t) dt = g(\tau) * R_u(\tau) \qquad (26a)$$

$$R_{yu}(\tau) = \int_{o}^{\infty} g(t) R_u(\tau + t) dt \qquad (26b)$$

$$R_y(\tau) \;=\; \int_0^\infty g(t)\,R_{yu}(\tau-t)\,dt \tag{26c}$$

$$R_y(\tau) \;=\; \int_0^\infty g(t)\,R_{uy}(\tau+t)\,dt \tag{26d}$$

Diese Faltungsintegrale geben Zusammenhänge zwischen Auto- und Kreuz-
korrelationsfunktionen von Ein- und Ausgangssignalen mit der Gewichtsfunktion an. Für die Autokorrelationsfunktionen gilt

$$R_y(\tau) \;=\; \int_0^\infty R_g(u)\,R_u(\tau+u)\,du \tag{27}$$

mit $R_g(u)$ als Filterkorrelationsfunktion (Autokorrelationsfunktion
der Gewichtsfunktionen).

Die Beziehungen im Zeitbereich sind mit Hilfe der Fouriertransformation in den Frequenzbereich überführbar. Transformation der Korrelationsfunktionen nach Gleichung (23)

$$\mathcal{F}\{R_u(\tau)\} = S_u(\omega) \qquad\qquad \mathcal{F}^{-1}\{S_u(\omega)\} = R_u(\tau)$$

$$\mathcal{F}\{R_y(\tau)\} = S_y(\omega) \qquad\qquad \mathcal{F}^{-1}\{S_y(\omega)\} = R_y(\tau) \tag{28}$$

$$\mathcal{F}\{R_{uy}(\tau)\} = S_{uy}(\omega) \qquad\qquad \mathcal{F}^{-1}\{S_{uy}(\omega)\} = R_{uy}(\tau)$$

führt auf die Leistungsspektren $S_u(\omega)$ und $S_y(\omega)$ sowie das Kreuzleist-
ungsspektrum $S_{uy}(\omega)$. Die Differentialgleichung für die Korrelationsfunktionen (25) oder das Faltungsintegral (26a) geht über in

$$S_{uy}(\omega) \;=\; F(i\omega)\cdot S_u(\omega) \tag{29}$$

mit $F(i\omega)$ als Frequenzgang des Regelsystems. Auf einen Zusammenhang
zwischen den Leistungsspektren und dem Qudrat des Absolutbetrages
des Frequenzganges führt Gleichung (27)

$$S_y(\omega) \;=\; |F(i\omega)|^2\cdot S_u(\omega) \tag{30}$$

Wesentliche Vereinfachungen bei der praktischen Anwendung dieser
Gleichungen ergeben sich auch hier für spezielle Eingangssignale wie
weißem Rauschen, analogen Breitbandsignalen oder pseudozufälligen
Binär-, Ternär- oder mehrwertigen Signalen.

2. Zwei Anwendungsgebiete von stochastischen Prozessen in der Regelungstechnik

Durch die Tatsache daß sowohl Eingangsgrößen als auch Systemparameter Zufallsfunktionen sein können sind zwei Hauptanwendungsgebiete von stochastischen Prozessen in der Regelungstechnik festgelegt. Die Optimierung von Regelkreisen und die Identifikation oder Parameterschätzung.

2.1. Identifikation oder Parameterschätzung

Unter Identifikation wird die,meist experimentelle,Bestimmung eines mathematischen Modells für einen Prozeß verstanden. Dabei sind sowohl die Modellstruktur (z.B. Ordnung der Differentialgleichung) als auch aktuelle Werte der Systemparameter zu bestimmen. Die Kennwertermittlung oder Parameterschätzung geht von einer bekannten Modellstruktur aus in der nur mehr die Parameter unbekannt sind.

Die Identifikation zeitvarianter stochastischer Systeme erfordert zunächst die Bestimmung einer geeigneten Modellstruktur. Bei der folgenden Parameterschätzung ist prizipiell das in Abb.3 dargestellte Problem zu lösen.

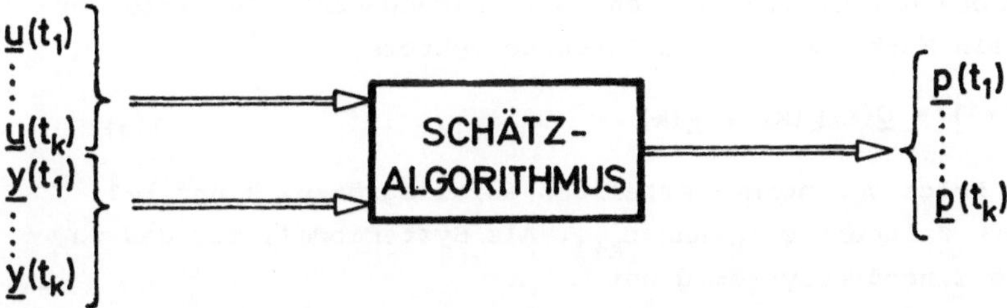

Abb. 3.

Mit Hilfe eines geeigneten Schätzverfahrens sind aus den Meßwerten von Steuergrößen $\underline{u}(t_1),\ldots\ldots,\underline{u}(t_k)$ und aus Meßwerten von Ausgangsgrößen $\underline{y}(t_1),\ldots\ldots,\underline{y}(t_k)$ zu bestimmten, meist äquidistanten Zeitpunkten $t_1,t_2,\ldots\ldots,t_k$ Schätzwerte für den Parametervektor $\underline{p}(t_1),\ldots,\underline{p}(t_i)$, $\ldots,\underline{p}(t_k)$ wobei $\underline{p}(t_i) := [a_n(t_i),\ldots\ldots,a_1(t_i),a_o(t_i),b_o(t_i),\ldots,b_m(t_i)]^T$ ist, zu den gleichen Zeitpunkten zu bestimmen. Sind eine oder mehrere Komponenten des Parametervektors stochastische Prozesse erhält man Schätzwerte für diese zu diskreten Zeitpunkten.

Um das zu untersuchende System anzuregen, finden spezielle Zufallssignale Verwendung. Einige oder alle Komponenten des Steuervektors $\underline{u}(t)$ können daher ebenfalls stochastische Prozesse sein.

Das einzige, für stochastische Parameter geeignete, Schätzverfahren ist die Bayes - Methode. Ihre praktische Anwendung scheitert meist an den benötigten a priori Informationen über das System und die Parameter. Daher versucht man rekursive Versionen von Schätzalgorithmen für konstante Parameter für veränderliche Parameter zu modifizieren. Dies erfolgt hauptsächlich durch unterschiedliche Gewichtung von weiter zurückliegenden Meßwerten gegenüber aktuellen. Dadurch können unter anderen die Maximum - Likelihood - Methode, die rekursive Methode der gewichteten oder der verallgemeinerten kleinsten Quadrate, die rekursive Methode der Hilfsvariablen und die Methode der stochastischen Approximation zur Schätzung zeitveränderlicher Systemparameter herangezogen werden. Häufig finden auch Zustandsschätzverfahren wie beispielsweise das schon klassische Kalman - Bucy - Filter zur Parameterschätzung Verwendung.

Die Schätzung stochastischer Systemparameter soll an Hand eines Verzögerungsgliedes erster Ordnung mit stochastisch variierender Verstärkung demonstriert werden. Als Schätzalgorithmus dient eine modifizierte Methode der Hilfsvariablen /3/. Ausgangspunkt für ihre Herleitung ist ein Markovmodell des Parametervektors

$$\underline{p}(k+1) = \underline{G}(k)\underline{p}(k) + \underline{w}(k) \tag{31a}$$

mit $\underline{w}(k)$ als Folge von normalverteilten Zufallsgrößen. k und k+1 stehen für die Zeitpunkte t_k und t_{k+1}. Als Systemmodell für das zu untersuchende Eingrößensystem dient

$$\underline{y}(k) = \underline{h}^T(k)\underline{p}(k) + \underline{u}(k) \tag{31b}$$

mit $\underline{h}^T(k)$ als Datenvektor. Der erste Summand auf der rechte Seite von (31a) bestimmt den deterministischen Anteil, der zweite Summand den stochastischen Anteil der Parameteränderung. u(k) sind ebenfalls Werte eines stochastischen Prozesses zu diskreten Zeitpunkten im Idealfall eines weißen Gaußprozesses. Die Schätzgleichungen der gewichteten Hilfsvariablenmethode lauten

$$\hat{\underline{p}}(k+1) = \hat{\underline{p}}(k) + \underline{K}(k+1)\,[y(k+1) - \underline{h}^T(k+1)\hat{\underline{p}}(k)\,] \tag{32a}$$

Der Schätzwert des Parametervektors $\hat{\underline{p}}(k+1)$ zum Zeitpunkt t_{k+1} errechnet sich aus dem Schätzwert zum Vorzeitpunkt t_k $\hat{\underline{p}}(k)$, plus der Differenz zwischen den vorhergesagten und dem tatsächlichem Ausgangssignalwert für den Zeitpunkt t_{k+1}. $\underline{K}(k+1)$ ist die sogenannte Verstärkungsmatrix

$$\underline{K}(k+1) = \underline{P}(k)\underline{w}(k+1)[1 + \underline{h}^T(k+1)\underline{P}(k)\underline{w}(k+1)]^{-1} \qquad (32b)$$

worin

$$\underline{P}(k+1) = \frac{1}{\rho(k+1)}[\underline{P}(k) - \underline{K}(k+1)\underline{h}^T(k+1)\underline{P}(k)] \qquad (32c)$$

und

$$\rho(k+1) = 1 - \frac{\rho}{1 - (1-\rho)^{k+1}} \qquad \rho < 1 \qquad (32d)$$

der Gewichtungsfaktor ist.

Die Versuche wurden an dem Hybridrechner EAI Pacer 600 der TU-Wien durchgeführt. Am Analogteil erfolgte die Nachbildung des Verzögerungsgliedes erster Ordnung wobei die Verstärkung von einem handelsüblichen Rauschgenerator in Form eines analogen Breitbandsignals geändert wurde. Das verwendete Eingangssignal war ein pseudozufälliges Binärsignal mit einer Periode N=31 dessen Erzeugung am Digitalteil mittels eines rückgekoppelten Schieberegisters erfolgte. Der Digitaldiente auch zur Berechnung der Parameterschätzwerte nach den Gleichungen (32).

Ein charakteristisches Versuchergebnis ist in Abb. 4 wiedergegeben. Unten das Ausgangssignal, in der Mitte das Eingangs-PZBS und oben die aktuellen Parameterwerte (ausgezogene Kurve) und die Schätzwerte (strichpunktierte Kurve). Die Zeitkonstante war T_1=10s=const. die Verstärkung K schwankte zwischen 2,5 und 7,5. Der Gewichtungsfaktor betrug 0,08. Die Parameterschätzwerte stimmen hinreichend gut mit den tatsächlichen Parameterwerten überein.

Zur Identifikation von Regelsystemen mit konstanten Parametern werden in der Praxis meist Korrelationsverfahren verwendet. Als Eingangssignale dienen spezielle stochastische Prozesse um die numerische Auswertung des Faltungsintegrals (26) oder der entsprechenden Beziehungen im Frequenzbereich (29) oder (30) möglichst zu vereinfachen.

MESS- UND KENNWERTE DER STRECKE 1.ORDNUNG
T1
KENNWERTE
K
MESSWERTNR. (VIELFACHE VON TO)
PRBS
EINGANGSSIGNAL: 31-TAKTIGES PRBS DER TAKTZEITKONSTANTE 1[SEC] ; 4 PERIODEN
AUSGANGSWERTE
MESSWERTNR. (VIELFACHE VON TO)
ABTASTZEIT TO = 0.2[SEC]   RAUSCHGENERATOR-TAKTZEITKONSTANTE TNG = 1.0[SEC]

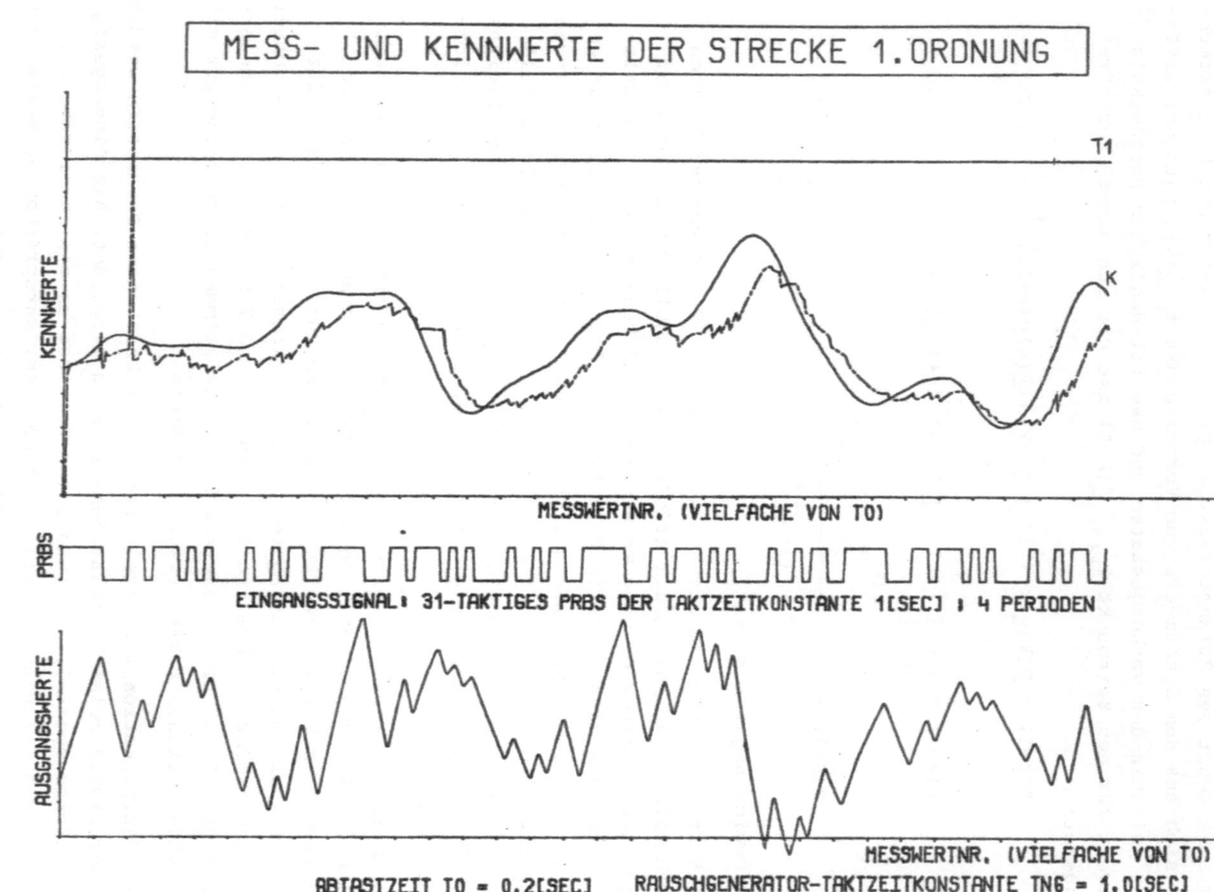

Abbildung 4

2.2. Optimierung von stochastischen Regelkreisen

Bereits vor längerer Zeit entstanden eine Reihe von Arbeiten die
sich mit der Parameteroptimierung bei Eingrößensystemen beschäftigten. Die Struktur des Reglers (z.B. P-, PI-, PID-) ist dabei fest
vorgegeben. Gesucht sind Optimalwerte der Einstellparameter des Reglers sodaß ein bestimmter Verlauf der Regelgröße bzw. der Regelab-
weichung erreicht wird.

Im Gegensatz dazu ist das Ziel der Strukturoptimierung eine optimale
Steuerfunktion $\underline{u}(t)$ d.h. einen optimalen Regelalgorithmus für einen
Prozeß zu finden, sodaß bestimmte, vorgegebene Gütekriterien erfüllt
werden.

2.2.1. Strukturoptimierung

Betrachtet man ein stochastisches Mehrgrößensystem, beschrieben durch
die Zustandsgleichungen (12) und ein in der Praxis meist angewandtes
quadratisches Gütefunktional

$$J = E\left\{\int_{t_o}^{t_1} (\underline{x}^T\underline{Q}\underline{x} + \underline{u}^T\underline{R}\underline{u})\,dt\right\} \to \text{Min} \qquad (33)$$

wobei $E\{..\}$ als Erwartungswert über alle Zustandsgrößen verstanden
werden soll, ergibt sich ein lineares Regelgesetz der Form

$$\underline{u}^*(t) = -\underline{R}^{-1}\underline{B}^T\underline{P}\underline{x}(t) \qquad (34)$$

Die Matrix $\underline{P}$ ist die Lösung einer Matrix - Riccatigleichung. Das
Hauptproblem liegt in der zweckmäßigen Wahl der Matrizen $\underline{Q}$ und $\underline{R}$ in
Gleichung (33). Meist wird $\underline{Q}=\underline{I}$ angenommen und nur $\underline{R}$ variiert.

2.2.2. Parameteroptimierung

Die Gründe warum stochastische Entwurfsverfahren sehr früh füe ein-
schleifige Regelkreise angewendet wurden sind u.a.

 - die Führungsgrößen sind vielfach stochastische Signale (z.B.
   Flugzeugabwehrradar)
 - die Störgrößen sind meist gaußverteilte Zufallssignale

Ähnlich wie bei der Strukturoptimierung hat sich auch hier ein quadratisches Gütefunktional unter Mitbewertung der Stellgröße als
zweckmäßig erwiesen

$$J = E\{x_d^2\} + kE\{[y - E\{y\}]^2\} \to \text{Min} \qquad (35)$$

x_d ist die Regeldifferenz und y die Ausgangsgröße des Reglers (Stellgröße). Die Vorteile dieses oder ähnlicher quadratischer Gütekriterien liegen in ihrer Gültigkeit für beliebige Anregungen, ihrer Vor-
zeichenunabhängigkeit, der verstärkten Bewertung großer Amplituden
und ihrer einfachen, geschlossenen Berechnung.

Ohne Mitbewertung der Stellgröße erhält man aus (35) die Beziehung

$$E\{x_d^2\} = \frac{1}{\pi} \int_0^\infty S_{x_d}(\omega)\,d\omega =$$

$$\frac{1}{\pi} \int_0^\infty \frac{S_w(\omega) + |F_S(i\omega)|^2 S_z(\omega)}{|1 + F_R(i\omega)F_S(i\omega)|^2}\,d\omega \quad \to \quad \text{Min} \quad (36)$$

Sind die Leistungsspektren von Führungsgröße $S_w(\omega$, und Störgröße
$S_z(\omega)$ bekannt können die im Reglerfrequenzgang $F_R(i\omega)$ enthaltenen
Reglerparameter solange variiert werden bis das Kriterium erfüllt
ist. Der Streckenfrequenzgang $F_S(i\omega)$ ist dabei fest vorgegeben.

Um zu zeigen, daß ein auf sprungförmige Störsignale eingestellter
Regler bei stochastischen Störsignalen nicht optimal arbeitet und
umgekehrt wurden Versuche an einem pneumatischen Regelkreis durchgeführt. Die Regelstrecke bestand aus drei, in Serie geschalteten
Drossel - Speichergliedern. Als Regler diente ein handelsüblicher
Kreuzbalgregler mit PID- Verhalten. Abb.5 zeigt zwei Verläufe der
Regeldifferenz für zwei verschiedene Reglereinstellungen. Reglereinstellung 1 wurde durch Optimierung auf eine sprungförmige Änderung
der Störgröße, Reglereinstellung 2 durch Optimierung auf das oben ab-
gebildete stochastische Störsignal gewonnen. Reglereinstellung 1
ergibt maximale Regeldifferenzen von 0,172 bar; Reglereinstellung 2
von maximal 0,061 bar. Es muß aber festgestellt werden, daß Reglereinstellung 2 nur für dieses Störsignal optimal ist.

3. Zusammenfassung

Es wurde versucht die Grundzüge der Theorie stochastischer Prozesse
in der regelungstechnischen Anwendung kurz zu umreissen. Das Haupt-
augenmerk lag dabei auf stationären Prozessen und linearen Eingrößensystemen. Die Aussagen können sinngemäß auf instationäre Prozesse
und komplexere Systeme verallgemeinert werden.
Nach einer kurzen Erläuterung der mathematischen Modelle von determinierten und stochastischen Regelsystemen wurden aus der Vielzahl

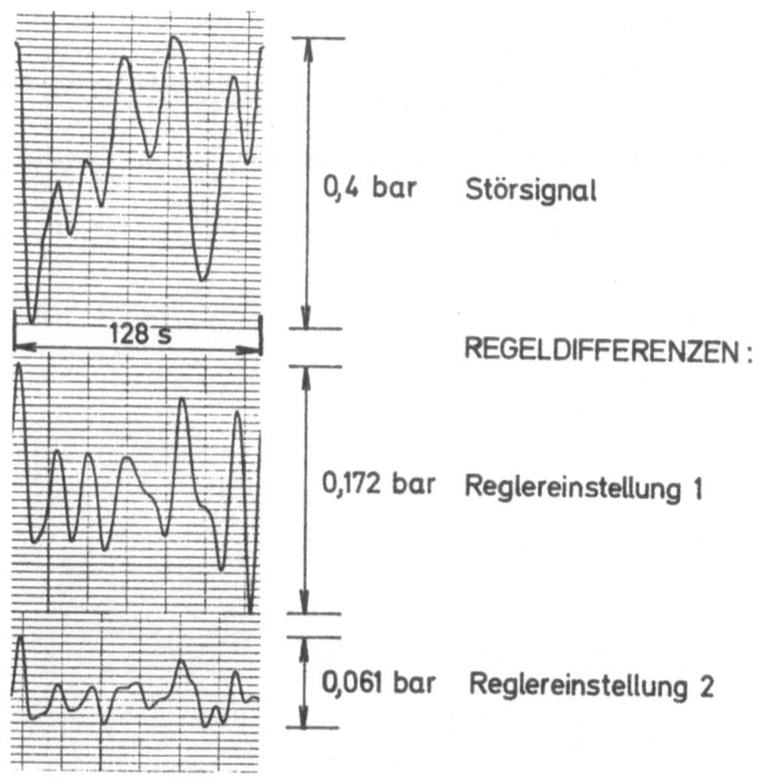

Abb. 5.

von Anwendungsmöglichkeiten von stochastischen Prozessen in der Regelungstechnik zwei bedeutende herausgegriffen. Dies sind die Identifikation und Parameterschätzung von Regelsystemen mit stochastischen Testsignalen und die Optimierung von Regelkreisen unter der Einwirkung stochastischer Störsignale.

Diese kurzen Ausführungen zeigen, daß die Regelungstechnik ohne der Theorie stochastischer Prozesse nicht mehr das Auslangen findet. Mit der Weiterentwicklung von fortgeschrittenen Regelalgorithmen und deren verstärkter Anwendung in der Praxis wird ihre Bedeutung weiter zunehmen.

Literatur:

/1/ Kopacek, P.: Identifikation zeitvarianter Regelsysteme.
Braunschweig/Wiesbaden: Vieweg & Sohn, 1978.

/2/ Brammer, K.; Siffling, G.: Stochastische Grundlagen des Kalman - Bucy Filters. München, Wien: R. Oldenbourg
1975.

/3/ Bauer, B.; Unbehauen, H.: Einsatz der Hilfsvariablenmethode
zur Identifikation von Strecken mit veränderlichen Parametern im geschlossenen Regelkreis.
Düsseldorf: VDI Verlag, VDI-Bericht Nr.276,
S.109 - 115.

STOCHASTIK DER ZUVERLÄSSIGKEITSBESTIMMUNG
Reinhard Viertl *)

1. Einleitung

Die Begriffe Verläßlichkeit und Zuverlässigkeit spielen - wie man
alleine schon aus der Werbung entnehmen kann - eine offensichtlich
zunehmende Rolle in unserem Leben. Es handelt sich dabei um sehr
wertvolle Inhalte, die seit Menschengedenken immer aktuell waren,
wenngleich sie sich sehr oft einer Quantifizierung entziehen.

Ein Grund dafür, daß die entwickelte Industriegesellschaft der
Zuverlässigkeit steigendes Interesse entgegenbringt, scheint die
Tatsache zu sein, daß nach jener Phase, die überhaupt die Möglichkeit bietet, bestimmte Produkte zu erhalten, eine Phase kommt, in der
man sich für die Qualität eines Produktes interessiert. Zuverlässigkeit ist aber nichts anderes, als über die Zeit erstreckte Qualität.

Ein weiteres, rein wirtschaftliches Motiv für ausführlichere
Zuverlässigkeitsüberlegungen ist die steigende Bedeutung der Pro-
dukthaftung, die solche Untersuchungen für die Produzenten unum-
gänglich machen werden.

Bevor auf die modellmäßige Beschreibung von Zuverlässigkeits-
problemen eingegangen wird, nun einige Bemerkungen zur Notwendigkeit von Zuverlässigkeitsanalysen. Der Einsturz der Reichsbrücke
und das Versagen von Seilbahnanlagen erinnern bezüglich der Sicher-
heitskontrolle doch zu sehr an die Instandhaltungsstrategien der
Mönche in den griechischen Bergklöstern in grauer Vergangenheit.

----

*) Univ.-Doz. Dipl.-Ing. Dr. techn. Reinhard Viertl, Institut für
   Statistik und Wahrscheinlichkeitstheorie an der TU Wien

Das Bewußtsein von Ingenieuren in Hinsicht Zuverlässigkeit ist noch
etwas unterentwickelt, was man aus der Bemerkung eines jungen Bau-
ingenieurs schließen muß, der auf eine diesbezügliche Frage nur die
Antwort: "Das ist ja uninteressant" bereit hatte. Im übrigen werden
zeitgemäße stochastische Zuverlässigkeitsbetrachtungen meines Wissens auch beim Neubau der Reichsbrücke nicht unternommen. Darüber,
ob solche Untersuchungen angebracht wären, mag sich der Leser
selbst ein Bild machen.

2. Modellbildung

Es erhebt sich sofort die Frage, wie man Zuverlässigkeit vernünftig messen kann. Dem gegenwärtigen Stand des Wissens entsprechend tut man dies mit Hilfe der Wahrscheinlichkeitsrechnung,
also mittels stochastischer Methoden. Dazu benötigt man den Begriff
einer Wahrscheinlichkeitsverteilung W auf den nichtnegativen Zahlen
R_+. Dies ist eine Abbildung, die jedem vernünftigen Ereignis A,
also jeder vernünftigen Teilmenge $A \subset R_+$ eine Zahl W(A) zwischen O
und 1, also $0 \leq W(A) \leq 1$, zuordnet, wobei gilt $W(R_+)=1$, und

$$W\left(\bigcup_{n=1}^{\infty} A_n \right) = \sum_{n=1}^{\infty} W(A_n)$$

für alle Folgen $(A_n)_{n \in \mathbb{N}}$ von paarweise fremden Ereignissen A_n. Eine
solche Wahrscheinlichkeitsverteilung ist beispielsweise gegeben
durch eine sogenannte Dichtefunktion f(t) für $t \geq 0$ mit $f(t) \geq 0$ und
$\int_0^{\infty} f(t)dt = 1$.

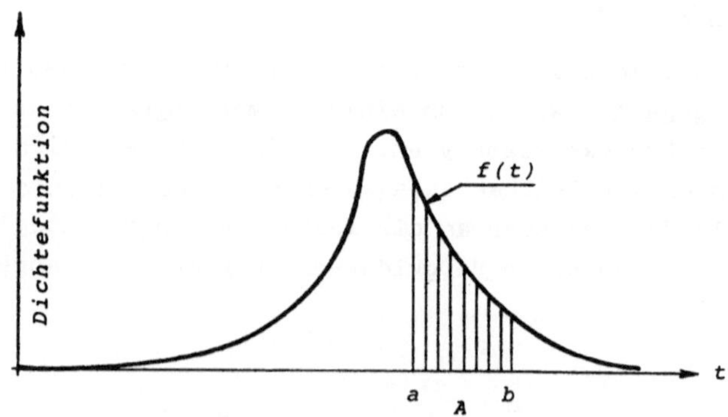

Abbildung 1

Die Wahrscheinlichkeit des Ereignisses A in Abbildung 1 ist gegeben
durch

$$\int_a^b f(t)dt \; ,$$

also die schraffierte Fläche in Abbildung 1. Eine Größe, die einer
solchen Wahrscheinlichkeitsverteilung genügt, nennt man Zufallsgröße.

Ein grundlegender Begriff ist die Lebensdauer eines Gerätes, also
jene Zeitdauer, die von der Inbetriebnahme des Gerätes bis zum Ausfall verstreicht. Als Modell für die Lebensdauer dient eine Zufallsgröße X mit einer - zu bestimmenden - Wahrscheinlichkeitsverteilung.

Unter Zuhilfenahme der angeführten Begriffe definiert man nun die
Zuverlässigkeit eines Systems folgendermaßen:
Zuverlässigkeit ist die Wahrscheinlichkeit dafür, daß ein System
seine Aufgaben innerhalb eines bestimmten Zeit-
raumes erfüllt.
Als Beispiel diene etwa das Notkühlsystem eines Kernkraftwerkes.

Man sieht sofort, daß die Zuverlässigkeit eine zeitabhängige Größe
darstellt. Dies ergibt sich überdies aus der Modellbildung, da für
die - von vorneherein unbestimmte - Lebensdauer X mit $t \geq 0$ gilt

$$W\{X>t\} \quad \text{abhängig von t.}$$

Für beliebiges $t \geq 0$ definiert man die Zuverlässigkeitsfunktion

$$R(t) := W\{X>t\}.$$

Ist die Lebensdauerverteilung von X wie in Abbildung 1 durch eine
Dichtefunktion f(t) gegeben, so gilt

$$R(t) = \int_t^\infty f(t)dt \quad \text{für alle } t \geq 0.$$

Der Zusammenhang ist in Abbildung 2 dargestellt.

Die Kenntnis der Zuverlässigkeitsfunktion ist das Optimum an Information, das man im voraus über die Lebensdauer eines Systems
erhalten kann.

Eine interessante Größe ist die mittlere Lebensdauer, also der
Erwartungswert

$$EX = \int_0^\infty tf(t)dt = \int_0^\infty R(t)dt$$

der Zufallsgröße X, die die Lebensdauer beschreibt, obgleich sie

noch keine ausreichende Information über das Ausfallverhalten vermittelt. In Abbildung 3 sind zwei Verteilungen mit identischem Erwartungswert aber wesentlich verschiedener Lebensdauercharakteristik
dargestellt.

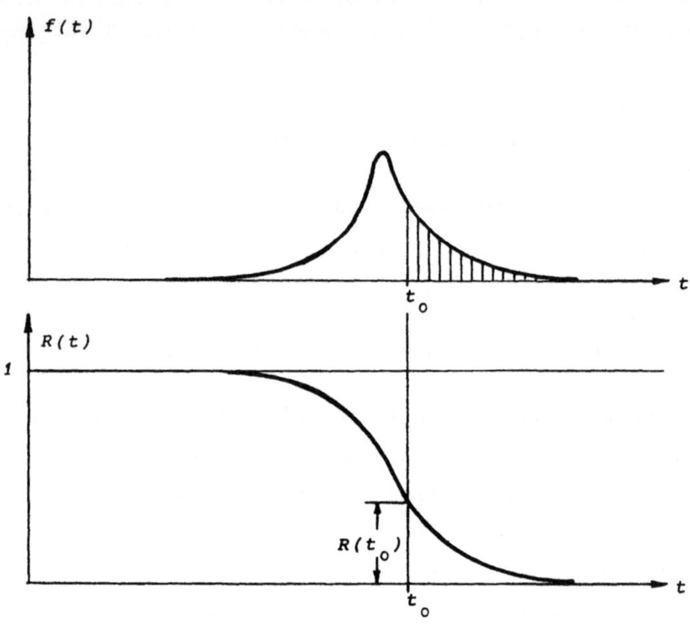

Abbildung 2

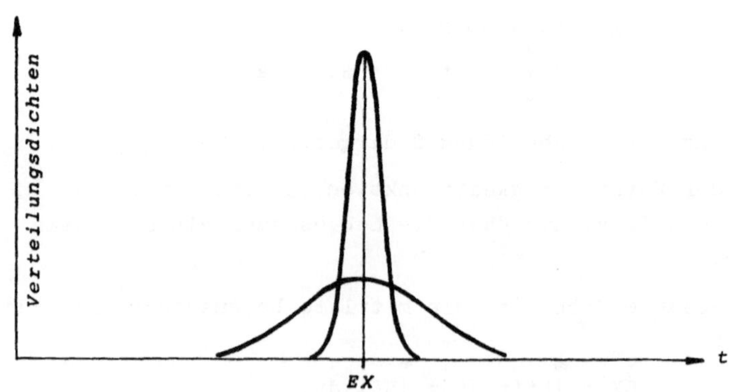

Abbildung 3

3. Probleme der Bestimmung der Zuverlässigkeitsfunktion

Prinzipiell läßt sich die Zuverlässigkeitsfunktion zumindest für Massenerzeugnisse beliebig genau bestimmen. Man setzt eine möglichst große Anzahl gleichartiger Erzeugnisse den Gebrauchsbedingungen aus und stellt die Ausfallszeitpunkte fest. Trägt man über den Ausfallszeitpunkten $t_1,\ldots,t_n$ jeweils $1-\frac{k}{n}$ auf und verbindet die Punkte mittels einer treppenförmigen Funktion, so erhält man nach dem Satz von Glivenko-Cantelli eine Schätzgröße $R^*(t)$ für die Zuverlässigkeitsfunktion $R(t)$. (Siehe Abbildung 4).

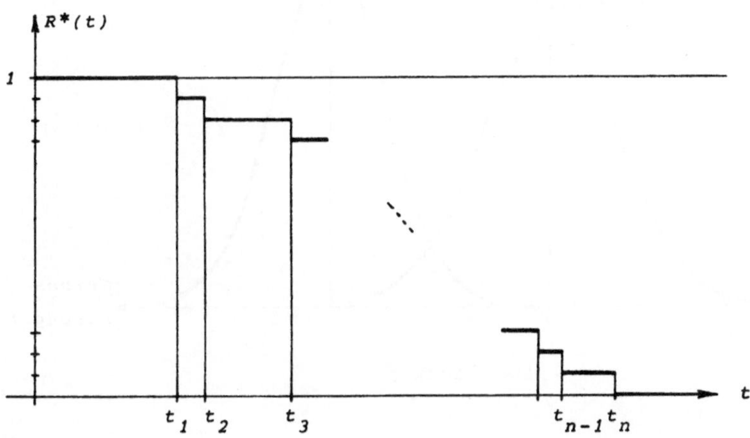

Abbildung 4

Diese Methode ist jedoch oft aus praktischen aber auch prinzipiellen Gründen nicht durchführbar. Einesteils, weil gerade für hochzuverlässige wertvolle Bauteile keine größere Anzahl von Bauteilen existiert, und andererseits, da die auftretende Belastung oft nur ihrer Verteilung nach bekannt ist.

Die zweite Tatsache fand ihren Ausdruck in einer etwas unglücklichen Bearbeitung der Problematik durch Techniker, die den Begriff strukturelle Zuverlässigkeit geprägt haben. Man betrachtet dazu sowohl die Belastung Y als auch die Widerstandsfähigkeit Z, der ein Bauteil oder System ausgesetzt wird bzw. die es hat als Zufallsgröße, und berechnet die sogenannte strukturelle Zuverlässigkeit

$$R = W\{Y<Z\}.$$

Der Ansatz wird als Stress-Strength-Modell bezeichnet und hat allerdings den gravierenden Fehler, daß die so ermittelte Zuverlässigkeit zeitunabhängig ist, obwohl eine zeitabhänge Größe beschrieben werden soll. (Abbildung 5)

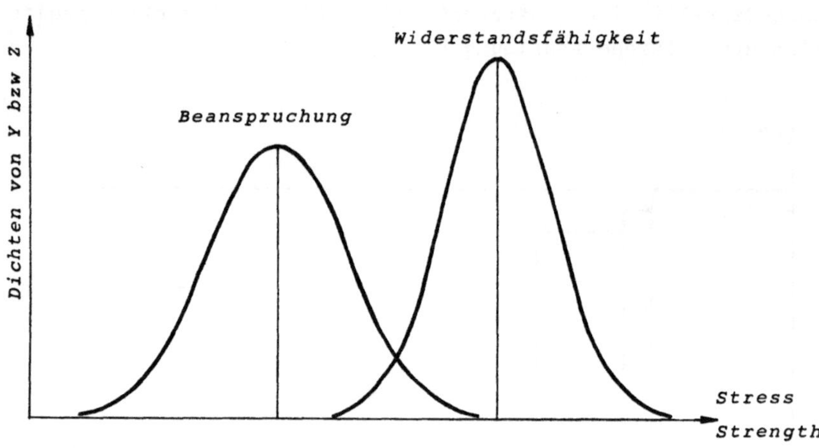

Abbildung 5

Abhilfe kann man durch das zeitabhängige Stress-Strength-Modell schaffen. (siehe [14]). Man betrachtet dazu zu jedem Zeitpunkt $t \geq 0$ sowohl die Belastung als auch die Widerstandsfähigkeit als Zufallsgröße Y_t bzw. Z_t und erhält so zwei stochastische Prozesse $(Y_t, t \geq 0)$ und $(Z_t, t \geq 0)$, die das Ausfallsverhalten und damit die Zuverlässigkeitsfunktion bestimmen

$$R(t) = W(\bigcap_{t_i \leq t} \{Y_{t_i} < Z_{t_i}\}).$$

In Abbildung 6 ist die Situation für den Fall, daß Dichten für die Verteilung von Y_t bzw. Z_t für $t \geq 0$ existieren, dargestellt.

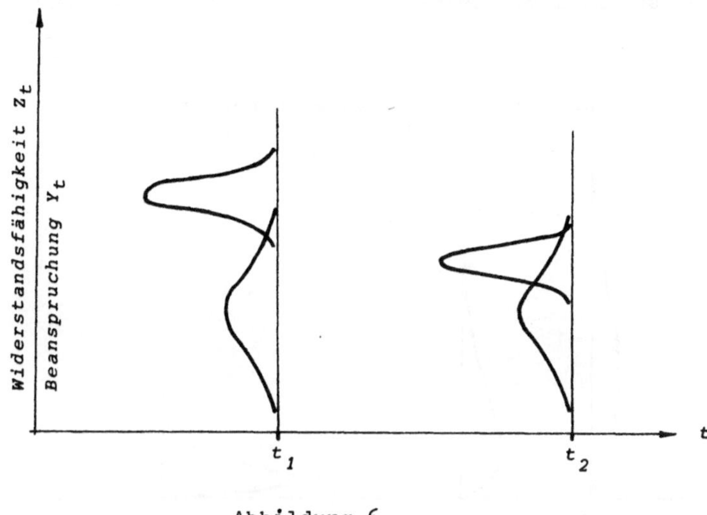

Abbildung 6

Durch eine Diskretisierung der t-Achse erhält man auch praktisch
interessante Resultate.
Die Verteilungen von Y_t und Z_t müssen dabei aus Beobachtungen geschätzt werden.

   Die Tatsache, daß Lebensdaueruntersuchungen unter Gebrauchsbedingungen nicht durchführbar sind, findet in der Anwendung sogenannter zeitraffender Versuche ihren Niederschlag. Man erhöht dazu
die Belastung S (Stress), der ein System ausgesetzt ist, und schließt
auf Grund der Verteilung der Lebensdauer auf erhöhten Stress-Niveaus
auf die Lebensdauerverteilung. (siehe Abbildung 7). Solche zeit-
raffenden Versuche wurden in großer Zahl für elektronische Bauteile
ausgeführt, wobei meist parametrische Methoden angewandt wurden.
Als Beispiel diene das Power-Rule-Modell, das für Papierkondensatoren
verwendet wurde: Dabei wird die Lebensdauerverteilung auf allen Belastungsstufen als exponentiell vorausgesetzt und die Lastabhängig-
keit des Parameters τ in $R(t)=e^{-t/\tau}$ für $t\geq 0$ in der Form

$$\tau = \frac{C}{S^B} \quad , \quad C, B > 0 \text{ konstant}$$

angesetzt. S ist dabei die Belastung, hier speziell die Spannung.

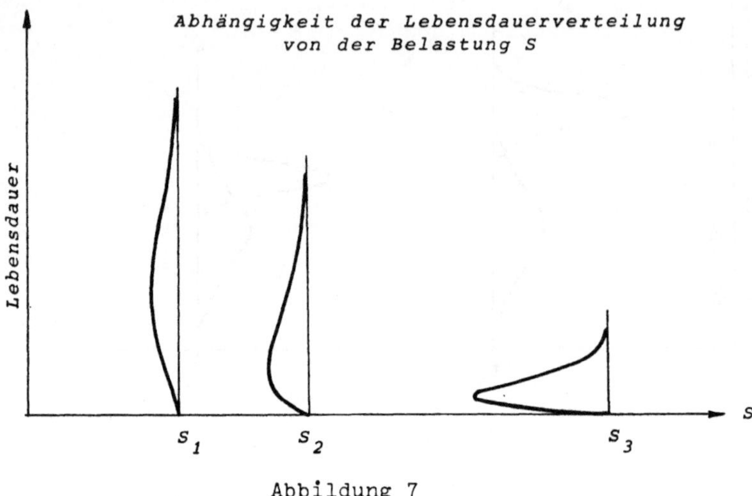

Abbildung 7

Es existieren zahlreiche Parametertransformationen für verschiedene andere Probleme, es zeigten sich jedoch von Seiten der Anwendung Bedenken und es wurden nichtparametrische Methoden gewünscht.

Dazu betrachtet man die Abhängigkeit der Verteilungsfunktion der Lebensdauer von der Belastung S, i.Z. $F_S(t)$. Für zwei verschiedene Lastniveaus S_1 und S_2 kann man schreiben

$$F_{S_2}(t) = F_{S_1}(a(t)) \quad \text{für } t \geq 0,$$

wobei $a(t) \geq t$ für $t \geq 0$ falls $S_1 \leq S_2$ gilt. Setzt man voraus, daß die Verteilungsfunktionen auf allen betrachteten Belastungsstufen vom selben Typ sind - was bei allen bisher verwendeten Parametertransformationen automatisch vorausgesetzt wurde - so ist $a(t) = \alpha \cdot t$ für $t \geq 0$, wobei $\alpha = \alpha_S$ von der Belastung abhängt. Man kann für diesen Fall relativ leicht eine Bestimmung von α_S herleiten und die Verteilungsfunktion bei Gebrauchsbelastung mit Hilfe dieser Funktion schätzen.

$$F_g(t) = F_S(\frac{1}{\alpha_S} \cdot t) \quad \text{für } t \geq 0.$$

Dabei ist $F_g(t)$ die Verteilungsfunktion der Lebensdauer bei Gebrauchslast S_g und $F_S(t)$ die Lebensdauerverteilungsfunktion bei Belastung S. (Siehe [15]). Diese Methode läßt sich auch auf den Fall mehrdimensionaler Belastungen übertragen (Siehe [13]). Auch die praktischen Erfahrungen mit der Anwendung dieser Methode sind ermutigend. (Siehe [16]).

4. Zuverlässigkeitsbestimmung für Systeme

Gesetzt den Fall, man kennt die Zuverlässigkeitsfunktion der Bauteile, die ein System bilden, so kann man im Falle der stochastischen Unabhängigkeit der Lebensdauern der einzelnen Bauteile - zumindest prinzipiell - die Zuverlässigkeitsfunktion des Systems bestimmen.

Normalerweise geschieht dies für vernünftige Systeme, die aus den Bauteilen $E_1,\ldots,E_n$ zusammengesetzt sind, indem man alle Teilmengen von Baueinheiten des Systems bestimmt, deren Funktion für das Funktionieren des Systems genügt. Sind $\{E_{\nu_{i1}},\ldots,E_{\nu_{ik_i}}\}$ für $i=1(1)r$ diese minimalen Teilmengen, so kann man das Zuverlässigkeitsschaltbild des Systems angeben. (Abbildung 8).

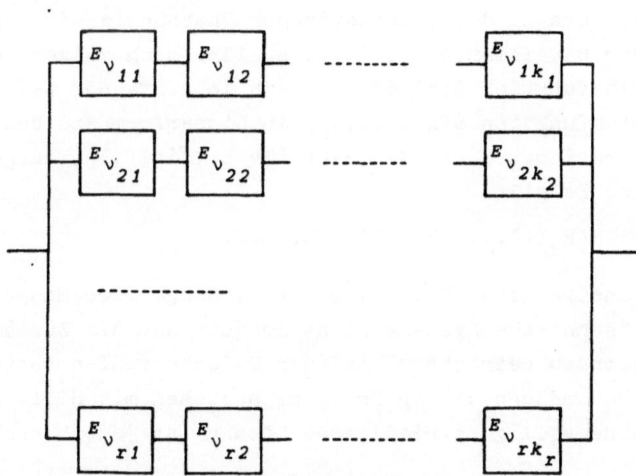

Abbildung 8

Beschreibt man das Funktionieren eines Bauteils E_i mit einer
Boole'schen Variablen x_i für die gilt

$$x_i = \begin{cases} 1 & \text{falls } E_i \text{ funktioniert} \\ 0 & \text{falls } E_i \text{ nicht funktioniert} \end{cases}$$

so läßt sich die Funktionsfähigkeit des Systems durch eine
Boole'sche Funktion oder Systemfunktion

$$S(x_1,\ldots,x_n) = \begin{cases} 1 & \text{falls das System funktioniert} \\ 0 & \text{falls das System nicht funktioniert} \end{cases}$$

darstellen. Diese Systemfunktion hat für das in Abbildung 8 dargestellte System die Form

$$S(x_1,\ldots,x_n) = 1 - \prod_{i=1}^{r} [1 - \prod_{j=1}^{k_i} x_{\nu_{ij}}] .$$

Dabei sind die $x_{\nu_{ij}} \in \{x_1,\ldots,x_n\}$.

Multipliziert man die so gewonnene Systemfunktion aus und ersetzt
Potenzen x_i^α durch x_i, so erhält man die Linearform der Systemfunktion, die eindeutig ist.

Unter der Voraussetzung der stochastischen Unabhängigkeit der
Lebensdauern X_i der Bauelemente E_i, i=1(1)n, läßt sich zeigen, daß
die Zuverlässigkeitsfunktion R(t) des Systems in einfacher Weise
mit Hilfe der Systemfunktion $S(x_1,\ldots,x_n)$ in Linearform und den
Zuverlässigkeitsfunktionen $R_i(t)$ der Bauteile E_i, i=1(1)n, dargestellt werden kann. Es gilt

$$R(t) = S(R_1(t),\ldots,R_n(t)) \quad \text{für } t \geq 0.$$

Diese an sich ansprechende Methode hat allerdings ihre Mängel.
Es ist für viele technische Systeme nicht adäquat, nur die Zustände
Ausfall und Funktion zu betrachten, da auch Zwischenstufen auftreten.
Ansätze zu einer Behandlung dieser Probleme bestehen mit Hilfe von
Markoff-Ketten, eine völlig befriedigende Lösung ist jedoch noch zu
erarbeiten.

Ein Motiv für weiterführende Untersuchungen ist die Voraussetzung
der Unabhängigkeit der Lebensdauern der Systemkomponenten. Anfänge
einer Methode für Zuverlässigkeitsuntersuchungen an Systemen ohne

diese Voraussetzung bildet die Theorie der assoziierten Zufallsgrößen, die in [2] angeführt ist.

Studien über Stress-Strength-Modelle für Systeme wurden ausgeführt, die Zeitabhängigkeit der Zuverlässigkeit ist darin allerdings
nicht befriedigend berücksichtigt.

5. Erhöhung der Zuverlässigkeit

Betrachtet man ein System, in dem nicht alle Bauteile funktionieren müssen, damit das System funktioniert, so spricht man von Redundanz. Die Anbringung von Redundanz, das heißt Überfluß, ist neben der
Erhöhung der Zuverlässigkeit der Bauteile die klassische Methode zur
Erhöhung der Systemzuverlässigkeit. Diese Methode ist allerdings gerade für das Erreichen hoher Zuverlässigkeiten sehr kostspielig, da
ab einer gewissen Größe der Zuverlässigkeit eine höhere Zuverlässigkeit nur unter großem Aufwand zu erreichen ist. Man sieht das am Beispiel der einfachen Parallelredundanz. Schaltet man - im Sinne des
Zuverlässigkeitsschaltbildes - zu einer Einheit E n zusätzliche
gleichartige Einheiten $E_1, \ldots, E_n$ parallel und ist die Zuverlässigkeit jeder dieser Einheiten für einen festen Zeitraum $[0, t_0]$
gleich $R_E(t_0) = p$, so gilt für die Zuverlässigkeit $R(t_0)$ des durch die
Verstärkung entstandenen Systems

$$R(t_0) = 1 - (1-p)^{n+1}.$$

Diese Größe nähert sich dem Wert 1 asymptotisch im allgemeinen nur
für großes n.

Eine natürliche Frage, die sich sofort stellt, ist, wie man Redundanz aus der Sicht der Zuverlässigkeit optimal anbringt. Darauf
gibt die Zuverlässigkeitstheorie eine konkrete Antwort:
Dies tut man meist am besten auf niedrigster Ebene, das heißt, man
legt besser Bauteile mehrfach an als Teilsysteme.

Um die Zuverlässigkeit eines Systems zu erhöhen, gibt es noch
andere Methoden. Als Beispiel sei nur die Kannibalisation erwähnt.
Hierbei wählt man Strategien, nach denen gewisse Bauteile bei Ausfall
von anderen ihrer ursprünglichen Funktion beraubt und an die Stelle
wichtigerer Bauteile, die ausgefallen sind, gesetzt werden.

Schließlich sei noch bemerkt, daß für komplexe Systeme bereits
die Bestimmung der Systemfunktion erhebliche Schwierigkeiten bereitet und damit auch die Zuverlässigkeitssicherung.

6. Ökonomische Zuverlässigkeitsbetrachtungen

Neben Sicherheitsfragen haben Zuverlässigkeitsanalysen auch
ökonomische Bedeutung. So wäre es für viele Systeme wünschenswert,
daß alle Bauteile möglichst gleichzeitig ausfallen. Das bedeutet,
daß alle Einzellebensdauern mit großer Wahrscheinlichkeit in einem
möglichst kleinen Intervall liegen. (Siehe Abbildung 9).

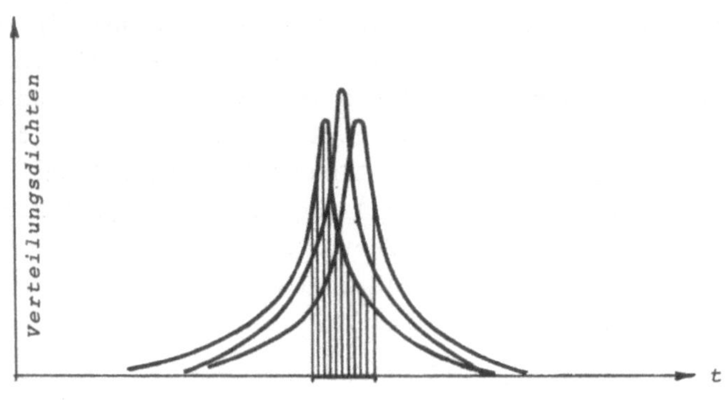

Abbildung 9

Dies hätte den Vorteil, daß Zuverlässigkeitsuntersuchungen eine Verringerung des Preises erwirken könnten, da Überdimensionierungen zu
vermeiden wären.

Abschließend wäre zu bemerken, daß für viele Probleme Methoden zur
Durchführung von Zuverlässigkeitsanalysen existieren, die einer Anwendung harren.

- 83 -

Literatur

[1] L.J.Bain : Statistical Analysis of Reliability and Life-
        Testing Models, M. Dekker, New York-Basel, 1978

[2] R.E.Barlow; F.Proschan : Statistical Theory of Reliability
        and Life Testing, Holt, Rinehart and Winston, Inc.,
        New York, 1975

[3] R.E.Barlow; E.M.Scheuer : Estimation from accelerated life
        tests, Technometrics, 1971, 13, 1, 145-159

[4] I.Bazowsky : Reliability theory and practice, Prentice Hall
        Inc., Englewood Cliffs, New York, 1975

[5] K.W.Gaede : Zuverlässigkeit, Mathematische Modelle, Carl Hanser
        Verlag, München, Wien, 1977

[6] B.Gnedenko; J.Beljajew; A.Solowjew : Mathematische Methoden
        der Zuverlässigkeitstheorie, Akademie Verlag,
        Berlin 1968

[7] R.Gonnot : Recherche d'une fonction d'acceleration pour le
        calcul de la fiabilité de systemes redondants,
        Application aux défaillances de mode commun IAEA-SM
        195/14

[8] G.Hahn; S.Shapiro : Statistical Models in Engineering, John
        Wiley & Sons, New York-London-Sydney, 1967

[9] N.R. Mann; R.Schafer; N.Singpurwalla : Methods for Statistical
        Analysis of Reliability and Life Data, John Wiley
        & Sons, New York-London-Sydney-Toronto, 1974

[10] W.Nelson : A survey of methods for planning and analyzing
        accelerated tests, IEEE Transactions on electrical
        insulation, 1974, EI-9, 1, 12-18

[11] W.Schneeweiß : Zuverlässigkeitstheorie, Springer Verlag, 1973

[12] H. Störmer : Mathematische Theorie der Zuverlässigkeit,
        R. Oldenbourg, München, 1970

[13] H.Strelec; R. Viertl : Estimation of Acceleration Functions
        in Reliability Theory under Multicomponent Stress,
        Progress in Cybernetics and Systems Research,
        Vol. 10 (1980)

[14]   R.Viertl : Ein zeitabhängiges Stress-Strength-Modell zur Zu-
                  verlässigkeitsbestimmung von Bauteilen und Systemen,
                  Qualität und Zuverlässigkeit 22 (1977), 145-147

[15]   "   Acceleration Functions in Reliability Theory,
                  Methods of Operations Research 36 (1980), 321-326

[16]   "   Zur Abhängigkeit der Lebensdauerverteilung von Poly-
                  oxymethylen-Gleitlagern vom Lagerdruck, Darstellung
                  der Resultate eines Forschungsprojektes, das vom
                  Fonds zur Förderung der wissenschaftlichen Forschung
                  finanziert wurde.

EINIGE ANWENDUNGEN STOCHASTISCHER PROZESSE IN DER MECHANIK

F r a n z   Z i e g l e r [*]

1. Einleitung

Zuerst gilt es, die Mechanik als Teilgebiet der Physik einzuschrän-
ken auf die Mechanik fester Körper, wie sie sich als Grundlage des
Konstruktiven Ingenieurbaus versteht. Anwendungen der Stochastik auf
Flüssigkeitsbewegungen wie sie in der Turbulenztheorie weit ausgebaut
sind und die sogenannte Statistische Mechanik bleiben in dieser Arbeit
außer Betracht. Selbst mit dieser Einschränkung wird eine erschöpfende
Behandlung dieses Forschungszweiges in diesem Vortrag nicht möglich
sein. Seit rund 30 Jahren ist eine stürmische Entwicklung im Gange,
die durch tausende wissenschaftliche Veröffentlichungen dokumentiert
wird. Sie nahm ihren Anfang mit ersten Untersuchungen des Flugzeuges
beim Durchfliegen turbulenter Luft und reicht bis zu kontinuumsmecha-
nischen Problemen der Steifigkeit heterogener Werkstoffe. Ich werde
mich daher ein wenig von den Arbeiten leiten lassen, die an unserer
TU-Wien auf diesem Gebiet entstanden sind. Die Verwandtschaften in der
Auswahl der mathematischen Methode zur Regelungstechnik und zur Elektrotechnik kann ich nur pauschal erwähnen.

Als ordnenden Leitfaden möchte ich die mechanischen Probleme so
unterteilen, daß einerseits deterministische dynamische Systeme (Konstruktionen und Bauteile mit wohldeterminierten Steifigkeiten und
Massenverteilungen) unter zeitlich und (oder) örtlich zufällig verteilten Belastungen untersucht werden, andererseits die Systeme selbst
durch Zufallsparameter beschrieben werden. Eine Kombination zum zufällig belasteten stochastischen System ist natürlich möglich, in den
Anwendungen aber doch eher selten anzutreffen.

Nun kann man die Frage stellen: Was bringt die Anwendung stochastischer Prozesse in der Mechanik? Die Antwort wird im allgemeinen positiv

---

[*] o.Univ.Prof.Dipl.Ing.Dr.techn.F.Ziegler
Institut für Allgemeine Mechanik, TU-Wien

sein können. Ein Beispiel aus dem Erdbebeningenieurwesen mag dies
illustrieren. Nehmen wir an, ein moderner (schwingungsanfälliger)
Hochbau liegt im Entwurf vor. Die Seismizität des Standortes sei bekannt. Welche Zeitfunktion soll als Entwurfsbeben angenommen werden?
Das Schwingungsverhalten wird ja nicht nur von der Größe der Erreger-
amplitude bestimmt, die Sicherheit des Gebäudes wird im wesentlichen
vom Resonanzverhalten abhängen. Wählt man nun wegen des physikalisch
zufälligen Geschehens am Erdbebenherd und beim Energietransport durch
Wellen im heterogenen Erdkörper einen "passenden" Zufallsprozeß als
Bebenbelastung, der dann noch durch das lokale Bodenfilter moduliert
wird, dann erhält man durch Auswertung der Zufallsschwingungen statistische Aussagen über die Schwingungen des Hochbaues und kann Versa-
genswahrscheinlichkeiten vorausberechnen. Diese wiederum beeinflussen
die Konstruktion usf., bis eine in gewisser Hinsicht optimale Auslegung
gefunden ist und eine rechnerisch wahrscheinliche Erdbebensicherheit
erreicht wird. Diese stark vereinfachte Schilderung soll z.B. aufzeigen, daß die Sicherheit gegen eine ganze Familie von Zeitverläufen des
Bebens angegeben werden kann. Jede andere Technik mit noch so komplexen
deterministischen Belastungsganglinien ist dagegen unterlegen.

Besondere Bedeutung für solche Belastungsprozesse als Modell haben
die __Markoff__-Prozesse unter anderem auch deshalb, da sie durch Filterung
aus __reinen Zufallsfunktionen__ $g(t)$ (z.Bsp. Weißem Rauschen) hervorgehen:

$$\frac{dx}{dt} = f(x;t) + g(t)$$

wo die Zufallsvariablen $g(t_1)$, $g(t_2)$ .... $g(t_n)$ statistisch unabhängig
sind. Dann ist $x(t)$ durch den Anfangswert $x(t_o)$ und den Werten $g(t)$,
$t\varepsilon[t_o,t]$ bestimmt. Die vorangegangenen Werte von $x(t)$ sind ohne Einfluß.
Die Übergangswahrscheinlichkeit ist dann

$$P\left[x(t_n) \leq X_n \,|\, x(t_{n-1}) = X_{n-1}, \dots x(t_1) = X_1\right] = P\left[x(t_n) \leq X_n \,|\, x(t_{n-1}) = X_{n-1}\right]$$

$\forall t_n > t_{n-1} \dots > t_1$. Klassische Vertreter sind der __Wiener Prozeß__ und der
__Poisson Prozeß__. __Gaußsche Prozesse__ spielen eine besondere Rolle bei linearen Systemen, sind sie stationär, muß ihre Autokorrelationsfunktion
exponentiell abklingen, damit sie in die Klasse der Markoffprozesse
fallen:

$$\langle x(t_1)x(t_2)\rangle = \langle x^2\rangle e^{-\alpha|t_2-t_1|}$$

Für Markoffprozesse genügt die Übergangswahrscheinlichkeitsdichte der Fokker-Planck-Kolmogoroff Gleichung, die wir allerdings in der von Gray und Caughey [1] angegebenen physikalischen Form anwenden (Weißes Rauschen $w(t)$ wird als Grenzwert von Breitbandrauschen aufgefaßt):

$$\frac{\partial p}{\partial t} = -\sum_i \frac{\partial}{\partial x_i}(f_i p) + \sum_k \sum_r D_{kr} \sum_i \sum_j \frac{\partial}{\partial x_i}\left[h_{ik}\frac{\partial}{\partial x_j}(h_{jr}p)\right]$$

Der n-dimensionale Markoffprozeß ist dann, für jede Realisierung, Lösung des nachstehenden Systems von Differentialgleichungen 1.Ordnung, wobei der Allgemeinheit halber, auch Parametererregung zugelassen wird (f_i und h_{ij} sind deterministische Funktionen):

$$\dot{x}_i = f_i(x_1,x_2\ldots x_n,t) + \sum_{j=1}^{m}h_{ij}(x_1,\ldots x_n,t)w_j(t)$$

Dabei ist

$$2D_{kr} = \int_{-\infty}^{\infty}\langle w_k(t)w_r(t+\tau)\rangle d\tau \ .$$

Zum gegebenen mechanischen System werden passende Filtergleichungen (zur Modellierung des Belastungsprozesses aus "weißem" Rauschen) gleich hinzugefügt.

Beispiele von Bauwerken sind in Fig.1 dargestellt.

2. Ein Beispiel: Der Schwinger mit nichtlinearer Kennlinie

Die Bewegungsgleichung lautet allgemein

$$\ddot{x} + g(x,\dot{x}) = S(t)$$

mit $\langle S\rangle = 0$ und $\langle S(t)S(t+\tau)\rangle = 2I(t)\delta(\tau)$,

mit $I(t)$ als Intensität des "shot noise" Prozesses $S(t)$. Die Übergangsdichte $p(x,\dot{x};\mid x_o.\dot{x}_o:0)$ genügt der F.P.K.Gleichung, [2,3,4]

$$\frac{\partial p}{\partial t} = \frac{\partial}{\partial \dot{x}}[p\ g(x,\dot{x})] - \dot{x}\frac{\partial p}{\partial x} + I(t)\frac{\partial^2 p}{\partial \dot{x}^2} \ .$$

Diese Gleichung kann zur Generierung des hierarchischen Gleichungs-
systems für die statistischen Kreuzmomente benützt werden [5]. Die
allgemeine Lösung ist auch für den Fall des weißen Rauschens mit
$I(t) = D$=const. nicht bekannt. Für den eingeschwungenen Zustand findet
man asymptotisch für $t \longrightarrow \infty$, [2], wenn wieder Erregung durch weißes
Rauschen und eine nichtlineare Federkennlinie,

$$g(x,\dot{x}) = 2\zeta\omega_o\dot{x} + \omega_o^2 f(x)$$

angenommen werden, wegen $\langle x(t)\dot{x}(t)\rangle = 0$, die Lösung, C ist ein Normierungsfaktor aus $\iint\limits_{-\infty}^{\infty} p(x,\dot{x})dxd\dot{x} = 1$,

$$p(x,\dot{x}) = C \exp\{-\frac{2\zeta\omega_o^3}{D}\,[\frac{\dot{x}^2}{2\omega_o^2} + U(x)]\}$$

mit
$$U(x) = \int\limits_0^x f(\xi)d\xi$$

dem Federpotential. Somit sind Weg und Geschwindigkeit sogar unabhängig:

$$p(x,\dot{x}) = p(x).p(\dot{x})\quad,$$

und $\dot{x}$ ist normalverteilt mit $\langle\dot{x}\rangle = 0$. Als exponentielle Verteilung der
Energiedichte wird sie nach Maxwell-Boltzmann in der kinetischen Gas-
theorie benannt.

Interessiert der Mittelwert des stationären Ausschlages, dann kann
dieser sofort berechnet werden

$$\langle x\rangle = C\,\pi\sqrt{\frac{D}{\zeta\omega_o}}\int\limits_{-\infty}^{\infty} x\,e^{-\frac{2\zeta\omega_o^3}{D}U(x)}\,dx\;.$$

Nur bei symmetrischer Kennlinie verschwindet $\langle x\rangle$ asymptotisch (wie beim
linearen System).

Die Varianz ist dann

$$\langle(x-\langle x\rangle)^2\rangle = C\,\sqrt{\pi\,\frac{D}{\zeta\omega_o}}\int\limits_{-\infty}^{\infty} x^2\,e^{-\frac{2\zeta\omega_o^3}{D}U(x)}\,dx - \langle x\rangle^2,$$

siehe Fig.2.

Wichtig ist etwa im Zusammenhang mit Sicherheitsuntersuchungen und
Materialermüdung die Frage nach der Häufigkeit des Durchganges durch
eine Schranke $x = \xi$, die asymptotisch sofort mit

$$n_\xi = \sqrt{\frac{D}{\pi \zeta \omega_0}} \; p(\xi)$$

für gegebenes Federpotential angegeben werden kann, vgl.z.B. [3].

3. Verallgemeinerung von 2. auf ein nichtlineares System mit n-schwingungsfähigen Freiheitsgraden

Das System hat nur Kraftkopplung und lineare geschwindigkeits-
proportionale Dämpfung

$$\ddot{x}_i + 2\zeta_i \omega_i \dot{x}_i + \omega_i^2 \frac{\partial U}{\partial x_i} = w_i(t), \qquad (i = 1,2\ldots n)$$

$$\langle w_i \rangle = 0, \quad \langle w_i(t_1) w_j(t_2) \rangle = 2D_i \delta(t_2 - t_1) \delta_{ij}, \quad \delta_{ii} = 1, \quad \delta_{ij} = 0, \; i \neq j,$$

und die stationäre F-P-K-Gleichung

$$\sum_{i=1}^{n} \frac{\partial}{\partial \dot{x}_i} \left[\omega_i^2 \left(\frac{\partial U}{\partial x_i} + 2\zeta_i \frac{\dot{x}_i}{\omega_i} \right) p \right] - \dot{x}_i \frac{\partial p}{\partial x_i} + D_i \frac{\partial^2 p}{\partial \dot{x}_i^2} = 0$$

hat dann analog zu 2. die Lösung

$$p(x_1 \ldots x_n; \dot{x}_1 \ldots \dot{x}_n) = C \, e^{-a^2 \left[\sum_{i=1}^{n} \frac{\dot{x}_i^2}{2\omega_i^2} + U(x) \right]}$$

wenn $\quad a^2 = \dfrac{2\zeta_i \omega_i^3}{D_i} = const \quad$ und C ist wieder ein Normierungsfaktor .

Trotz der durch die Bewegungsgleichung ausgedrückten Beschränkungen
unabhängiger Erregerkräfte entspricht diese Lösung z.B. dem Schwingungs-
problem eines viskos gedämpften nichtlinearen Balkens unter der homogenen Querbelastung $q(x,t)$:

$$\langle q(x,t) \rangle = 0, \quad \langle q(x_1,t_1) q(x_2,t_2) \rangle = 2D\delta(x_1 - x_2)\delta(t_1 - t_2), \quad \text{siehe } [6].$$

Anwendungen großer Zahl finden sich in der Fahrdynamik verschiedener Fahrzeuge, den Anfang machten Flugzeuge, die über unebene Landebahnen rollen; siehe Fig.3:

Wesentliche Aussagen folgen aus der Kenntnis von $\langle z_1^2 \rangle$ für den Passagierkomfort und aus $\langle (z_1 - z_2)^2 \rangle$ für die Fahrwerksbeanspruchung. Eine moderne Übersicht gibt [7], siehe auch [25].

4. Nichtlineares Spannungs-Deformationsgesetz

Aus den bisher angedeuteten Methoden folgen die Deformationen und ihre statistischen Eigenschaften. Ist das Stoffgesetz nichtlinear oder liegen nichtlineare geometrische Beziehungen vor, dann müssen die Zufallsvariablen: "Spannung", erst mühsam berechnet werden.

Beispielsweise hängt die Mittendurchbiegung einer dünnen unverschieblich gelagerten Rechteckplatte trotz Gültigkeit des Hookeschen Gesetzes bei größeren Durchbiegungen nichtlinear mit den Biegespannungen zusammen, z.B.

$$\sigma(x,y,z) = D_1(x,y,z)q + D_2(x,y,z)q^2 \, ,$$

wo D_1 und D_2 deterministische Funktionen sind.
Genügt die Zufallsvariable $q(t)$ den Bedingungen 2, dann kann $p_\sigma(s)$ direkt aus den Regeln für die nichtlineare Transformation von Zufallsvariablen berechnet werden, vgl.[8],

$$p_\sigma(s) = C(D_1^2 + 4D_2 s)^{-1/2} \left\{ \exp\left[- \frac{2\zeta \omega_o^3}{D} U(\alpha_2) \right] + \exp\left[- \frac{2\zeta \omega_o^3}{D} U(\alpha_1) \right] \right\}$$

wo

$$\alpha_{1,2} = - \frac{D_1}{2D_2} \mp \left(\frac{D_1^2}{4D_2^2} + \frac{s}{D_2} \right)^{1/2} \, , \qquad \frac{D_1^2}{4D_2^2} \leq s < \infty \, .$$

Auf ein ähnliches Problem stößt man bei der Berechnung der Zufallsschwingungen flacher Kugel- oder Kreiszylinderschalen, vgl.[9].

5. Das Erstdurchgangsproblem

Die Sicherheit eines mechanischen Systems muß unter Umständen als
Erstdurchgangsproblem von Spannung   und (oder) Deformation durch
eine vorgegebene Schranke formuliert werden. Bezeichnet $H(t/\underset{\sim}{x};0)$ die
Wahrscheinlichkeit des Erstdurchganges im Zeitintervall $[0,t]$ und $\underset{\sim}{x}$
den Anfangspunkt der Schwingung im Phasenraum, dann gibt $\Phi=1-H(t/\underset{\sim}{x}:0)$
die Sicherheit, ausgedrückt durch die Wahrscheinlichkeit des Nicht-
durchganges. Ist $\underset{\sim}{x}(t)$ ein Markoffprozeß (2n-dimensional bei n-Frei-
heitsgraden) kann für Φ analog zur "physikalischen" F.P.K.Gleichung
mit adjungierter rechter Seite, die folgende Differentialgleichung
gefunden werden:

$$\frac{\partial \Phi}{\partial t} = +\sum_i f_i \frac{\partial \Phi}{\partial x_i} + \sum_k \sum_r D_{kr} \sum_i \sum_j h_{jr} \frac{\partial}{\partial x_j} \left(h_{ik} \frac{\partial \Phi}{\partial x_i} \right) .$$

Dazu kommen die Anfangs- und Randbedingungen im Phasenraum, $t=0$, $\Phi=1$
(Start im sicheren Bereich) und für $t > 0$, $\Phi = 0$ am Rand des sicheren
Bereiches, wenn der Bildpunkt positive Geschwindigkeit nach außen hat.
Differentiation obiger Gleichung nach t ergibt die analoge Gleichung
für die Erstdurchgangsdichte $\vartheta(t/\underset{\sim}{x};0) = \frac{\partial H}{\partial t}$, Multiplikation mit t und
Integration ergibt die <u>Pontryaginsche Gleichung</u> für die <u>mittlere
Erstdurchgangszeit</u> τ (bei stationärer Erregung):

$$-1 = \sum_i f_i \frac{\partial \tau}{\partial x_i} + \sum_k \sum_r D_{kr} \sum_i \sum_j h_{jr} \frac{\partial}{\partial x_j} \left(h_{ik} \frac{\partial \tau}{\partial x_i} \right), \text{ mit } \tau = 0 \text{ am Rand,}$$

und

$$\tau = \int_0^\infty t\vartheta(t/\underset{\sim}{x}:0)dt .$$

Mit Hilfe des Ritz-Galerkinschen Projektionsverfahrens hat V.V.
Bolotin [10] Näherungslösungen angegeben und für ein eindimensionales
rein viskoses System mit der exakten Lösung verglichen (Fig.4).

Verbesserungen findet man z.B. in [11,12,13].

In diesen Problemkreis lassen sich die Lebensdauerprobleme kriechen-
der viskoelastischer Konstruktionen einordnen. An unserer Hochschule
haben sich H.Parkus und F.Ziegler mit dem Einfluß zufällig schwankender
Temperaturfelder auf diese Lebensdauer befaßt. Der wesentliche Einfluß

sind nicht die Wärmespannungen sondern die Temperaturabhängigkeit des
Viskositätsmoduls. Dazu wurde in [14] ein Beispiel veröffentlicht. In
dem das Versagen einer schwach gekrümmten kriechenden Konstruktion
durch das sogenannte Durchschlagen erfolgt, siehe auch den Aufsatz
von H.Parkus und J.L.Zeman [15] sowie [24].

5.1 Ein Beispiel zum Kriechbeulen

Einachsiges Kriechen kann durch das nichtlineare _Nortonsche_ Kriech-
gesetz beschrieben werden:

$$\dot{\epsilon} = \dot{\sigma}/E + k\sigma^n + \alpha\,\dot{\theta}$$

wo insbesondere $k = k(\theta)$ temperaturabhängig ist[*],

$$k = k_m\,e^{\gamma\theta(t)}\ ,\qquad k_m = c\,e^{\gamma\theta_m}$$

Beim von Mises Zweistabfachwerk, Fig.5, genügt dann der Neigungs-
winkel β der Differentialgleichung (bei Vernachlässigung von Trägheits-
effekten)

$$\dot{\beta}(\beta - p\beta^{-2}) + k_m\,E^n\,p^n\,e^{\gamma\theta}\,\dot{\beta}^{-n} = \alpha\,\dot{\theta}\ ,$$

wo $p = P/2EA$ die bezogene Belastung im Scheitelpunkt bedeutet. Mit
$\theta(t)$ als stationärem Zufallsprozeß mit $\langle\theta\rangle = 0$ liegt dann für $t \geq 0$
eine Differentialgleichung mit zufälligen Koeffizienten vor. Das Erstdurchgangsproblem stellt sich hier wie folgt: Wann erreicht der Winkel
$\beta(t)$ bei zufällig schwankender Temperatur erstmalig den kritischen
Winkel für das Einsetzen des dynamischen Durchschlagens, $\beta_k = \sqrt[3]{p}$?
Die abgeminderte mittlere Lebensdauer für diese Konstruktion wurde mit

$$\tau = t_k(n)/\langle e^{\gamma\theta}\rangle\ ,$$

wo $t_k(n)$ die isotherme Lebensdauer bezeichnet, näherungsweise berechnet.
Der Mittelwert der Zufallsvariablen $\exp(\gamma\theta)$ läßt sich bei gegebener
Verteilung der Temperaturschwankung berechnen:

    a) Gleichverteilte Temperaturschwankung in $\pm\,\theta_o$: $\langle e^{\gamma\theta}\rangle = \dfrac{1}{\gamma\theta_o}\,\sinh\gamma\theta_o$

    b) Normalverteilte Temperaturschwankung mit Streuung θ_1: $\langle e^{\gamma\theta}\rangle = \exp\dfrac{\gamma^2\theta_1^2}{2}$

Die Verminderung der Lebensdauer ist selbst bei kleiner Streuung der
Temperaturschwankung beträchtlich und erklärt z.B. die schlechte Repro-
duzierbarkeit von Kriechversuchen.

---

[*] Der Index m steht für "mittlere", γ und c sind Stoffparameter

6. Zufällige Eigenwertprobleme

6.1 Beulen dünnwandiger Konstruktionen

Besonders bei imperfektionsempfindlichen Schalenkonstruktionen
beeinflussen geometrische und materielle Inhomogenitäten das Trag-
verhalten meist im negativen Sinn. Dem Stabilitätsproblem der perfekten
Konstruktion ist dann ein Spannungsproblem der imperfekten Konstruktion
zugeordnet, das allerdings wieder in ein neues Stabilitätsproblem
häufig vom Typ des "Durchschlagens" mündet, die kritische Last ist dann
meist um sehr vieles kleiner als die Beullast der idealen Konstruktion.
So wichtige Bauteile wie der schlanke Druckstab mit nichtsymmetrischer
nichtlinearer Kennlinie oder die druckbeanspruchte Zylinderschale sind
imperfektionsempfindlich. In jüngster Zeit werden ähnliche Probleme bei
großen Naturzug-Kühltürmen untersucht. Es liegt nahe, diese Imperfekti-
onen über Zufallsvariable und i.a. räumliche Zufallsprozesse einzu-
führen, [16,17,18]. Neben der Simulationstechnik wird die Störungsrechnung angewendet. Diese Probleme führen fast immer auf Differentialgleichungen mit Zufallskoeffizienten. Das Beispiel des materiell imperfekten, federnd eingespannten, linear elastischen Eulerstabes mit
anfänglich gerader Stabachse soll dies zeigen:

$$\{[1 + R(\xi)]w''(\xi)\}'' + \mu_o(1 + v)w''(\xi) - \lambda[1 + S(\xi)]w(\xi) = 0$$

mit den Randbedingungen

$$\text{in } \xi = 0: w = 0, \quad [1 + R]w'' - \frac{\alpha_1^o \, l}{E_o J_o}(1 + s)w' = 0,$$

$$\text{in } \xi = 1: w = 0, \quad [1 + R]w'' + \frac{\alpha_2^o \, l}{E_o J_o}(1 + u)w' = 0.$$

$$EJ = E_o J_o(1 + R(\xi)), \quad \rho A = \rho_o A_o(1 + S(\xi)), \quad \alpha_1 = \alpha_1^o(1 + s), \quad \alpha_2 = \alpha_2^o(1 + u)$$

$$\lambda = \rho_o A_o l^4 \omega^2 / E_o J_o \quad \text{und} \quad \mu = \mu_o(1 + v) = Pl^2 / E_o J_o$$

bedeuten der Reihe nach: Die zufällige Biegesteifigkeit, die Masse pro
Längeneinheit, die Drehfedersteifigkeiten, den Eigenwert und die bezogene Druckbelastung. Die zufälligen Federsteifigkeiten s und u sind
Zufallsvariable mit Mittelwert Null, A und J bzw. E und ρ sind korre-
lierte Zufallsfunktionen.

Mit Hilfe der Eigenfunktionen $X_n^o(\xi)$ des ungestörten Systems liefert die Störungsrechnung (die auch der Ritz-Galerkin Näherung entspricht) für den Mittelwert und die Varianz der n-ten Beullast $\langle P_n \rangle = \langle \mu_n \rangle E_o J_o / 1^2$, wenn $\lambda \equiv 0$,

$$\langle \mu_n \rangle = \mu_n^o \ ,$$

$$\langle \mu_n^2 \rangle = \frac{1}{D_n^2} \int_0^1 \int_0^1 \langle R(\xi_1)R(\xi_2) \rangle \, I_n(\xi_1)I_n(\xi_2)d\xi_1 d\xi_2 \ +$$

$$+ \ \{(\alpha_1^o 1/E_o J_o)[H_n(0)/D_n]\}^2 \ \langle s^2 \rangle \ + \ \{(\alpha_2^o 1/E_o J_o)[H_n(1)/D_n]\}^2 \ \langle u^2 \rangle \ ,$$

$$H_n(\xi) = \lfloor X_n^{o\prime}(\xi)\rfloor^2 \ , \quad I_n(\xi) = [X_n^{o\prime\prime}(\xi)]^2 \ , \quad D_n = \int_0^1 [H_n(\xi)d\xi] \ .$$

Setzen wir $E = E_o[1 + a(\xi)], \quad J = J_o[1 + b(\xi)]$, dann folgt

$$\langle R(\xi_1)R(\xi_2) \rangle = \langle a(\xi_1)a(\xi_2) \rangle + \langle b(\xi_1)b(\xi_2) \rangle + \langle a(\xi_1)a(\xi_2) \rangle \langle b(\xi_1)b(\xi_2) \rangle,$$

a und b sind homogene, nichtkorrelierte Zufallsfunktionen.

Ein Vergleich der Resultate mit dem Scharmittel aus 1000 Realisierungen zeigt Fig.6 einmal für den stark vereinfachten Fall: $a = b = 0$ und zufälligen Federstützungen in den Einspannungen bzw. bei gegebenen Federsteifigkeiten für den inhomogenen Balken, wenn E und J je die Korrelationslänge 1 besitzen.

6.2 Wellen in elastischen Zufallsmedien

Materialien mit stochastisch verteilten Inhomogenitäten werden in ihren effektiven mechanischen Eigenschaften meist über die Dispersionseigenschaften der mittleren oder kohärenten Welle technisch beschrieben. Dies führt i.a. auf das Problem __partieller__ Differentialgleichungen mit "kleinen" zufälligen Parametern. Von F.C.Karal und J.B.Keller [19] stammt eine oft verwendete Störungstheorie, die neben vielen anderen auch von F.Ziegler [20] erfolgreich angewendet wurde. Läßt sich ein linearer (Differential-)Operator zerlegen in

$$L = L_o - \epsilon L_1 - \epsilon^2 L_2$$

wo L_1 und L_2 stochastische Operatoren sind und L_o der Operator des

ungestörten, sogenannten Hintergrundmediums ist, dann folgt für den
Mittelwert $\langle u \rangle$ der gesuchten Lösung des Zufallsprozesses, $Lu = 0$, die
Integro-Differentialgleichung

$$L_o(x)\langle u(x)\rangle - \epsilon^2 \langle L_1(x)\int G_o(x,x')L_1(x')\langle u(x')\rangle dx'\rangle -$$

$$-\epsilon^2 \langle L_2(x)\rangle\langle u(x)\rangle \doteq 0 \;,$$

wo

$$L_o G_o(x,x') = I\delta(x-x')$$

mit $\delta(x)$ als Dirac'scher Deltafunktion.

Für akustische, zeitlich harmonische Wellen ist $L = \Delta + k_o^2[1+\epsilon\mu(x)]^2$,
also $L_o = \Delta + k_o^2$, $L_1 = -2k_o^2\mu(x)$ und $L_2 = -k_o^2\,\mu^2(x)$; $k_o = \omega/c_o$ ist die
Wellenzahl im ungestörten Material. Die Inhomogenität sei mit $\langle\mu\rangle = 0$
durch

$$\langle\mu(x)\mu(x')\rangle/\langle\mu^2(x)\rangle = e^{-r/a} \;, \qquad r \geq 0$$

statistisch vorgegeben. Für große $k_o a$ erhält man die effektive Disper-
sion und "Dämpfung" der kohärenten Welle $\langle u \rangle$ als Real- und Imaginärteil
von

$$k = k_o(1+\epsilon(\sqrt{\langle\mu^2\rangle} + i/2k_o a))+ 0(\epsilon^2) \;.$$

7. Zufällige Spannungsprobleme

Bei nicht schwingungsanfälligen Konstruktionen und zeitlich und
örtlich schwach veränderlichen Belastungen kann quasistatisch
gerechnet werden. Nichtvorhersehbare Lastschwankungen (Temperatur-
belastung mit eingeschlossen) rechtfertigen auch hier die Anwendung
zeitlicher und räumlicher stochastischer Prozesse. Eine exemplarische
Anwendung entnehmen wir der Arbeit [21]. Ein elastischer Kreiszylinder
mit dem Radius R sei durch die Oberflächentemperatur

$$\theta(R,t) = \theta_o(t)e^{in\varphi} \qquad (n = 1,2,3\dots)$$

wo $\theta_o(t)$ zufällig sei, belastet, $\langle\theta_o\rangle = 0$, $\langle\theta_o(t_1)\theta_o(t_2)\rangle = Ce^{-\varkappa|t_1-t_2|}$.

Unter Verwendung der zweidimensionalen Laplace-Transformation $\lfloor 22 \rfloor$, die in der sogenannten Korrelationstheorie eine hervorragende Bedeutung erlangt hat, folgt die Kovarianz der Innentemperatur im Bildraum zu:

$$\langle \theta^*(r,\varphi,s_1)\theta^*(r,\varphi,s_2)\rangle = C(1 + \frac{2\varkappa}{s_1+s_2})D_n^*(r,s_1)D_n^*(r,s_2)e^{2in\varphi} \ ,$$

$$D_n^*(r,s) = \frac{1}{\cdot s+\varkappa}\frac{I_n(r\sqrt{s/a})}{I_n(R\sqrt{s/a})}$$

mit der Temperaturleitzahl a, vgl. Fig.7. Die Berechnung der Wärme-spannungskorrelation kann $\lfloor 23 \rfloor$ entnommen werden.

Mit Hilfe der elastisch-viskoelastischen Analogie können die Spannungsumlagerungen durch Kriechen verfolgt werden. Technische An-wendungen sind z.B. die hoch wärmebelasteten Reaktorbrennstäbe.

8. Zusammenfassung

Die Anwendungen stochastischer Prozesse in der Mechanik führen zwar i.a. auf komplizierte Differentialgleichungen für die zu berechnenden Zufallsfunktionen. Mit Hilfe der Korrelationstheorie bei linearen Problemen und oder der ergänzenden Annahme von Markoffprozessen ist eine technisch befriedigende Behandlung möglich. Die angeführten Bei-spiele sollen dabei als Leitfaden dienen. Auf Methoden im Frequenzraum bei stationären Prozessen und auf die i.a. kostenaufwendige Simulations-technik konnte ich aus Zeitmangel nicht eingehen.

Dem theoretisch interessierten Ingenieur geben die stochastischen Prozesse ein Werkzeug in die Hand, die Sicherheit der Konstruktionen durch Wahrscheinlichkeiten oder wenigstens durch Streuungen bestimmender Parameter zu beschreiben.

Bei linearen Systemen ergeben sich große Vorteile, wenn die Bela-stungsprozesse normalverteilt angenommen werden können. Dann genügt die Bestimmung von Mittelwert und Kovarianzmatrix der interessierenden Systemantwort zur Bestimmung der Parameter des Gauß'schen Ausgangs-prozesses:

$$\rho(x_1, x_2 \ldots x_n) = \frac{1}{(2\pi)^{n/2} \|\underset{\sim}{S}\|^{1/2}} \exp\left[-\frac{1}{2} \sum_{j=1}^{n} \alpha_{jj}(x_j - \langle x_j \rangle)^2\right] \cdot$$

$$\cdot \exp\left[-\frac{1}{2} \sum_{\substack{j,k=1 \\ j \neq k}}^{n} \alpha_{jk}(x_j - \langle x_j \rangle)(x_k - \langle x_k \rangle)\right]$$

mit $\quad \alpha_{jk} = \left\|\underset{\sim}{S}\right\|^{-1} \left\|\underset{\sim}{S}\right\|_{jk} \quad$ und der Kovarianzmatrix $\underset{\sim}{S}$,

$$S_{ik} = \langle (x_i - \langle x_i \rangle)(x_k - \langle x_k \rangle) \rangle \, .$$

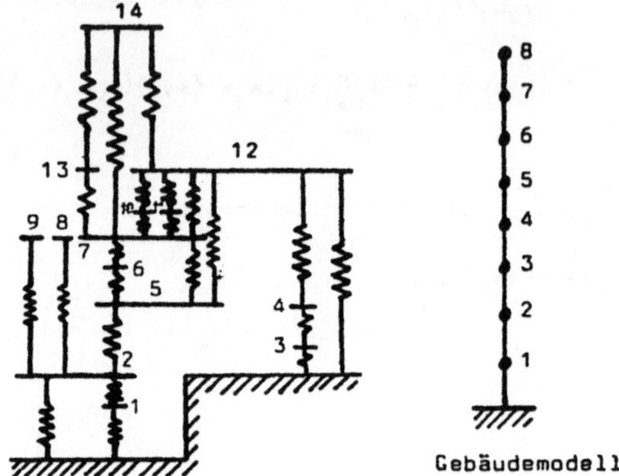

FIG.1 SCHWINGUNGSANFÄLLIGE BAUWERKE

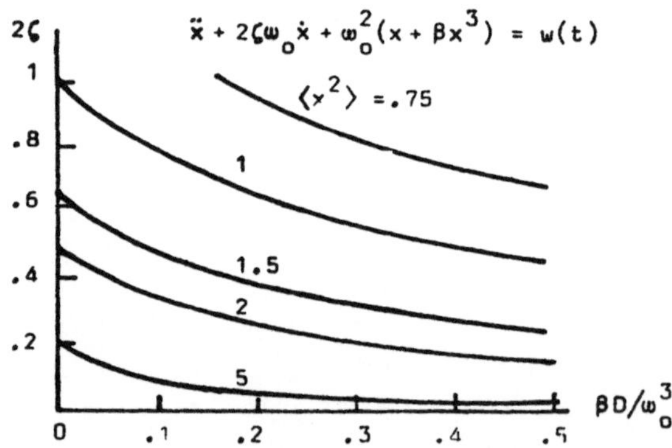

FIG.2 STATIONÄRE VARIANZ DER DEFORMATION, $\langle x \rangle = 0.$

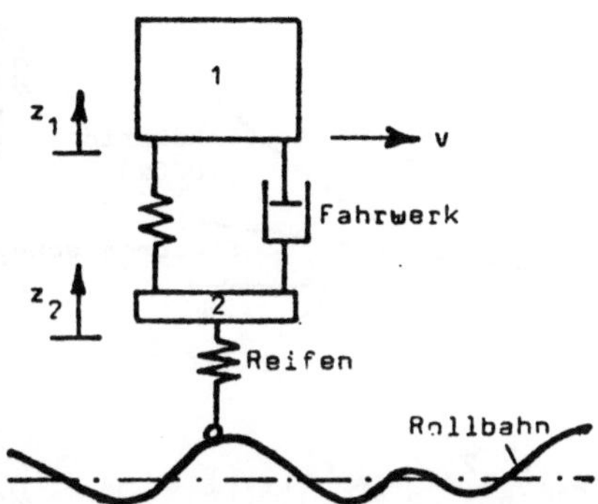

FIG.3   MODELL: ROLLENDES FLUGZEUG

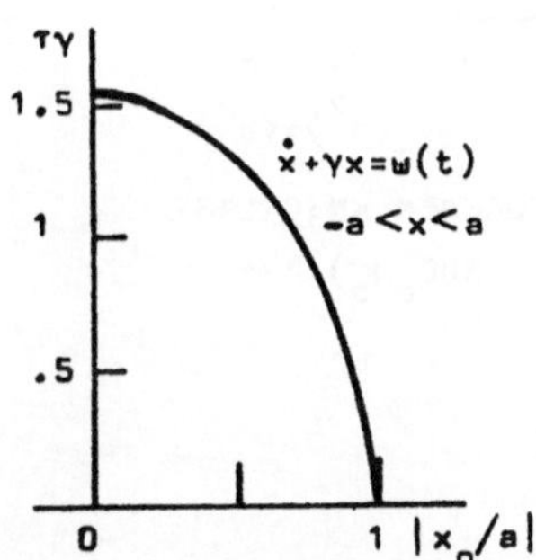

FIG.4   MITTLERE ERSTDURCHGANGSZEIT τ VON $x(t)$
DURCH DIE SCHRANKE a.

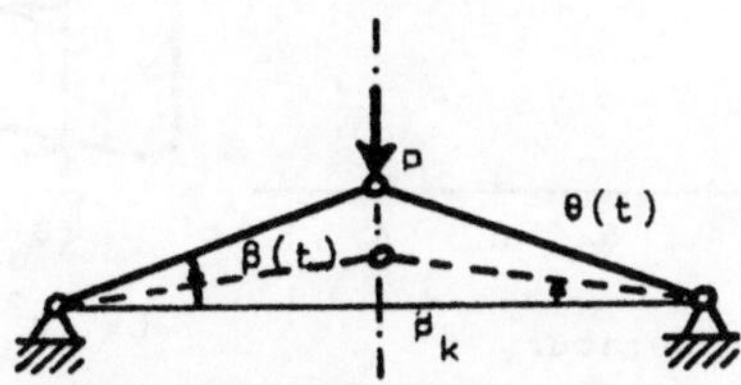

FIG.5   V.MISES FACHWERK MIT KRIECHENDEN STÄBEN
BEI TEMPERATURSCHWANKUNG $\theta(t)$.

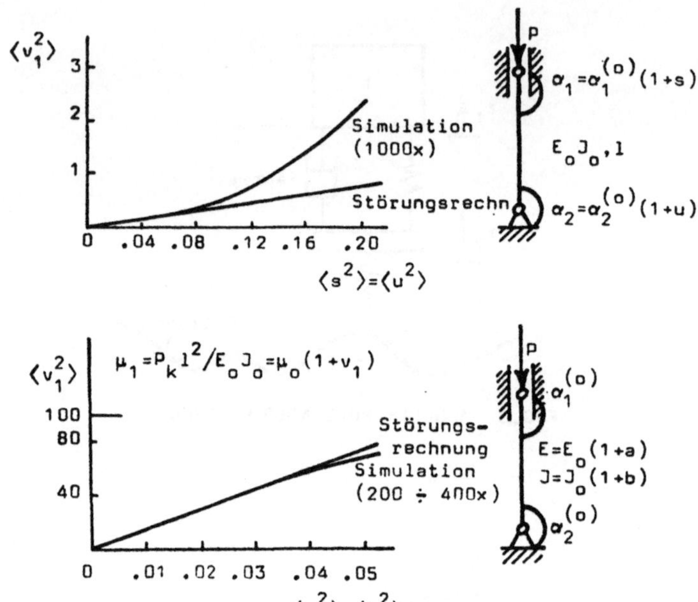

FIG.6 VARIANZ DER BEZOGENEN KNICKLAST
$$(\alpha_1^{(o)} l = \alpha_2^{(o)} l = 50 E_o J_o)$$
$$\mu_o = 36,55$$

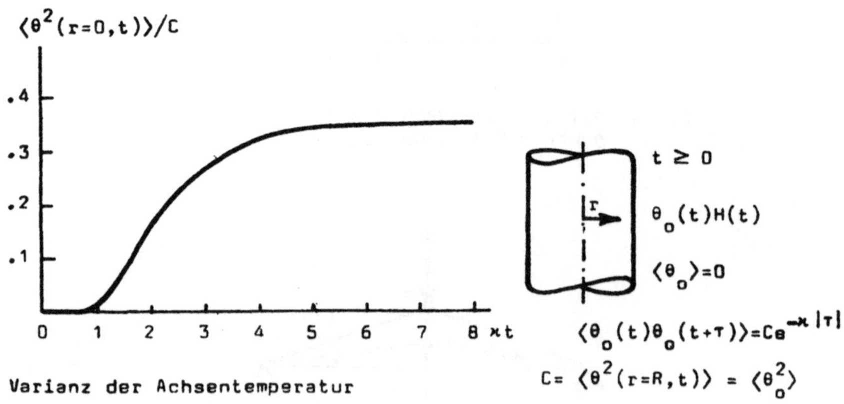

Varianz der Achsentemperatur

FIG.7 WÄRMELEITENDER VOLLZYLINDER MIT AUFGEPRÄGTER
OBERFLÄCHENTEMPERATUR

Literatur

⌊1⌋ A.H.Gray & T.K.Caughey: A controversy in problems involving
         random parametric excitation. J.Math.Phys.$\underline{44}$ (1965)
         288-296.

⌊2⌋ T.K.Caughey: Derivation and application of the F.-P. equation
         to discrete nonlinear dynamic systems subjected to
         white random excitation. J.Acoust.Soc.America $\underline{35}$
         (1963), 1683-1692.

⌊3⌋ H.Parkus: Random processes in Mechanical Sciences. Springer Wien,
         (CISM-Courses and Lectures, No.9), Udine 1969, p.107.

⌊4⌋ Y.K.Lin: Probabilistic theory of structural dynamics. McGraw-Hill
         New York 1967, p.262.

⌊5⌋ J.L.Zeman: Zur Lösung nichtlinearer stochastischer Probleme der
         Mechanik. Acta Mechanica $\underline{14}$, (1972) 157-169.

⌊6⌋ R.E.Herbert: Random vibrations of a nonlinear elastic beam.
         J.Acoust.Soc.America, $\underline{36}$, (1964), 2090-2094.

⌊7⌋ Stochastic Problems in Dynamics. Proc.IUTAM-Symposium Southampton.
         Ed. B.L.Clarkson. Pitman London 1977.

[8] A.Papoulis: Probability, random variables and stochastic processes.
         McGraw-Hill New York, 1965 (Chap.5).

[9] F.Ziegler: Erzwungene Schwingungen flacher Zylinderschalen bei
         Zufallserregung. ZAMM $\underline{56}$ (1976) T90-T92.

⌊10⌋ In: Dynamic stability of structures. Proc.Int.Conf.Northwestern
         Univ., Ed. G.Herrmann, Pergamon Press. Oxford 1967.
         pp.67-81.

⌊11⌋ S.T.Ariaratnam & H.N.Pi: On the first passage time for the envelope
         crossings for a linear oscillator. Int.J.Control, $\underline{18}$,
         (1973), 89-96.

⌊12⌋ W.C.Lennox & D.A.Fraser: On the first-passage distribution for the
         envelope of a nonstationary narrow-band stochastic
         process. J.Appl.Mechanics, $\underline{41}$ (1974), 793-797.

⌊13⌋ In: Random excitation of structures by earthquakes and atmospheric
         turbulence. Ed. H.Parkus. Springer Wien 1977. CISM
         Courses and Lectures No.225. pp.110-200.

⌊14⌋ F.Ziegler: Snap-through buckling of a viscoelastic von Mises truss
         in a random temperature field. J.Appl.Mech. $\underline{36}$, 1969,
         pp.338-340.

⌊15⌋ In: Thermoinelasticity. Proc.IUTAM-Symposium Glasgow. Ed. B.A.Boley
         Springer Wien 1970. pp.226-240.

⌊16⌋ M.Shinozuka & C.J.Astill: Random eigenvalue problems in structural
         analysis. AIAA-J. $\underline{10}$ (1972), 456-462.

[17] J.Amazigo: Buckling of stochastically imperfect columns on
nonlinear elastic foundations. Quart.Appl.Math.
(1971) 403-409.

[18] R.C.Tennyson, et.al.: Buckling of circular cylindrical shells
having axisymmetric imperfection distribution.
AIAA-J. $\underline{9}$, (1971) 924-930.

[19] F.C.Karal & J.B.Keller: Elastic, electromagnetic, and other waves
in a random medium. J.Math.Phys.$\underline{5}$ (1964) 537-547.

[20] F.Ziegler: Mean waves in laminated random media. Int.J.Solids &
Structures, $\underline{5}$ (1969) 893-914.

[21] H.Parkus: Wärmespannungen bei zufallsabhängiger Oberflächentemperatur. ZAMM $\underline{42}$ (1962) 499-507.

[22] D.Voelker & G.Doetsch: Die zweidimensionale Laplace-Transformation.
Birkhäuser Basel 1950 (mit Korrespondenztafeln).

[23] J.L.Zeman: Örtlich und zeitlich zufällig verteilte Temperatur-
und Spannungsfelder. Acta Mechanica $\underline{1}$ (1965),194ff,371ff.

[24] In: Recent Progress in Applied Mechanics. The Folke Odqvist Vol.
Eds. B.Broberg, J.Hult, F.Niordson. Almqvist & Wiksell,
Stockholm, Wiley New York 1967, 391-397.

[25] P.C.Müller & W.O.Schiehlen: Lineare Schwingungen. Akad.Verl.Ges.
Wiesbaden 1976. Kap.9.

STATISTIK IN DER QUALITÄTSSICHERUNG

Robert Hafner *)

Ein modernes Qualitätssystem ist eine komplexe Organisation, die in
einem Fertigungsbetrieb auf allen Ebenen und in allen Phasen der
Entstehung eines Produktes eingreift. War früher die Aufgabe der
Qualitäts-Abteilung vorwiegend das Prüfen und Kontrollieren, so
ist die Tätigkeit der Qualitätssicherung heute darüber hinaus
eine koordinierende und steuernde. Entsprechend dieser Ausweitung der Aufgaben der Qualitätssicherung sind auch die Anwendungen statistischer Verfahren vielfältiger und umfassender
geworden.

Die Vielfalt der statistischen Verfahren und ihrer Einsatzmöglichkeiten
im Rahmen der Qualitätssicherung läßt sich am einfachsten darstellen,
an Hand des Weges den ein Produkt, angefangen von der Marktanalyse,
über die Produktkonzeption bis hin zur Auslieferung des fertigen Er-
zeugnisses an den Kunden und weiter bis zur Garantie- und Service-
leistung durchläuft. Das tieferstehende Flußdiagramm zeigt diesen
Weg in stark schematischer Form, wobei die überwiegend von der
Qualitätssicherung wahrgenommenen Tätigkeiten in den ovalen Feldern
ausgewiesen sind.

Bevor die Entwicklungsabteilung mit dem Entwurf eines Produktes beginnen
kann, muß ein Produktkonzept und ein Pflichtenkatalog erstellt werden.
Dies kann erst geschehen auf der Grundlage einer Studie des Marktes
auf dem das spätere Produkt untergebracht werden soll. Das vorhandene
Produktangebot innerhalb verschiedener Preisklassen, Marktanteile,
Marktlücken, Kundenwünsche, Käuferschichten u.v.a.m. müssen analysiert
werden, will man nicht am Markt vorbeiproduzieren. Die dafür benötigten
Daten zu erheben und auszuwerten, ist eine statistische Tätigkeit, die
in den Bereich der Qualitätssicherung fällt. Methodisches Werkzeug sind
hier neben dem EDV-mäßigen "data-handling" vor allem Verfahren der

----

*) O. Univ.Prof. Dipl.-Ing. Dr. Robert Hafner, Institut für
   Angewandte Mathematik an der Johannes-Kepler-Universität Linz

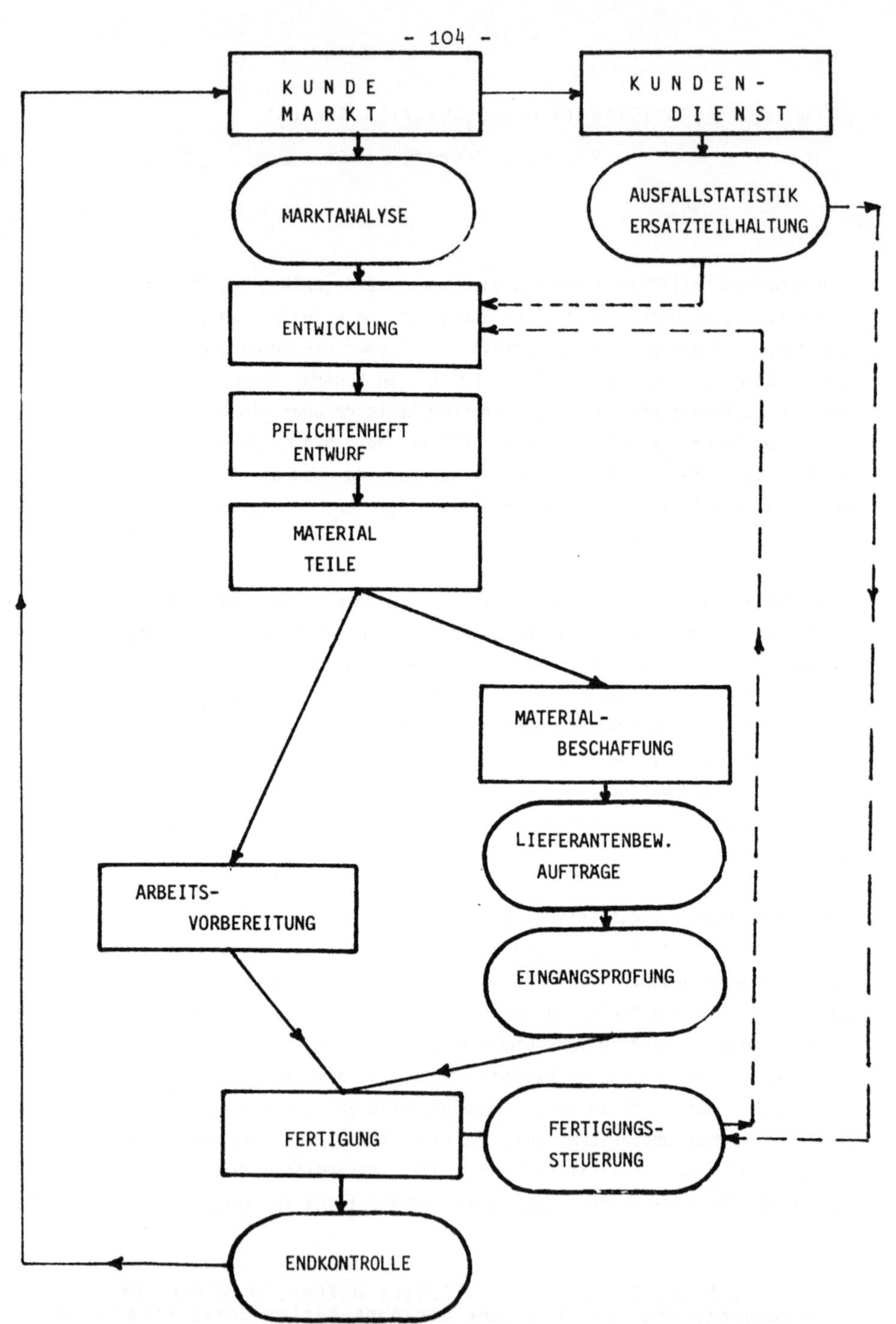
KUNDE MARKT
KUNDEN-DIENST
MARKTANALYSE
AUSFALLSTATISTIK ERSATZTEILHALTUNG
ENTWICKLUNG
PFLICHTENHEFT ENTWURF
MATERIAL TEILE
MATERIAL-BESCHAFFUNG
ARBEITS-VORBEREITUNG
LIEFERANTENBEW. AUFTRÄGE
EINGANGSPROFUNG
FERTIGUNG
FERTIGUNGS-STEUERUNG
ENDKONTROLLE

Stichprobenerhebung sowie der Fragebogenerstellung, Kodierung und
Auswertung.
In vielen Fällen ist die Qualitäts-Abteilung mit einer derartigen
Aufgabe überfordert, so daß viele Firmen Marktforschungsinstitute
mit der Durchführung der Marktanalyse beauftragen. Eine nicht un-
problematische Strategie, da die spezifische Markt- und Branchen-
kenntnis eine wesentliche Vorinformation darstellt, und diese Kenntnis
derartigen Instituten meist fehlt. Dennoch muß realistischerweise gesagt werden, daß heute die wenigsten Firmen ausreichend ausgebildetes
Personal für die Bewältigung derartiger Marktanalysen besitzen.

Sind die benötigten Marktdaten vorhanden, so hat die Entwicklung
ein Pflichtenheft zu entwerfen und einen Entwurf zu erarbeiten, wobei
auf die fertigungstechnischen Möglichkeiten des Betriebes und auf
den gesetzten Kostenrahmen zu achten ist.

Handelt es sich um ein komplexeres Produkt, das aus vielen Einzelteilen
besteht, so sind diese Teile zu spezifizieren und es ist über den
Zukauf von Rohmaterial, von Halbfabrikaten und Fertigteilen sowie
über die Materialwahl zu entscheiden. Eine Vielzahl von Informationen
wird für diese Entscheidungen benötigt, Informationen über die Möglichkeiten der eigenen Fertigung, die Qualität der Zulieferfirmen und deren
Möglichkeiten, über Lieferzeiten und Kostenfragen etc. etc. Diese
Daten bringt ein funktionierendes Qualitätssystem bei.

Daten über die fertigungstechnischen Möglichkeiten des eigenen Betriebes
fallen im Rahmen der Fertigungssteuerung an, wo durch die laufend ge-
führten Kontrollkarten umfangreiche Datenmengen entstehen, deren Auswertung mit varianzanalytischen und regressionsanalytischen Methoden
Rückschlüsse auf die Streuung der Fertigungsprozesse gestattet.
Daten über die Zulieferfirmen ergeben sich bei den Prüfprotokollen
der Eingangskontrolle sowie bei der Datenverdichtung von Qualitäts-
Daten innerhalb der Zulieferfirmen selbst.

Die EDV-mäßige Auswertung und Verdichtung der Qualitäts-Daten, die sich
im Laufe etwa eines Monats oder eines halben Jahres ansammeln, ist eine
fundamentale statistische Aufgabe der Qualitätssicherung. Als Ergebnis
gewinnt man Qualitäts-Geschichten und Kostenentwicklungen die grundlegende Entscheidungshilfen für Qualitäts-sichernde und verbessernde
Maßnahmen, ebenso aber auch für Maßnahmen zur Kosteneinsparung in der
Qualitätssicherung selbst bieten.

Sind die Entscheidungen über den Zukauf gefallen, so erfolgt die Aus-
schreibung und anschließend die Lieferantenbewertung. Neben der Beurteilung von Kostenaspekten und der fertigungstechnischen Möglichkeiten der Lieferfirmen hat die Qualitätssicherung das Qualitätssystem der Lieferfirma zu beurteilen und deren Prüfprotokolle, Prüfmethoden und Verfahren zu bewerten. Dafür sind Kenntnisse der
mathematischen Statistik unerläßlich, Kenntnisse und eine Vertrautheit
mit den mathematischen Grundlagen der statistischen Verfahren, die weit
über dem liegen, was von dem einzelnen Kontrolltechniker erwartet werden
kann. Fällt dann die Entscheidung zu Gunsten einer Zulieferfirma, so
hat die Qualitätssicherung die Prüfpläne und Prüfmethoden für die
Eingangsprüfung festzulegen. Es gibt eine Vielzahl von Stichproben-
plänen, die eine ökonomisch vertretbare und zugleich sichere Prüfung
gestatten. Ohne hier näher auf Einzelheiten einzugehen, sei nur betont, daß durch Wahl geeigneter Prüfpläne bei der Eingangsprüfung
außerordentlich hohe Einsparungen bei den Prüfkosten erzielt werden
können. Leider muß man jedoch immer wieder feststellen, daß hier die
Möglichkeiten, die die Statistik seit langem anbietet, bei weitem
nicht ausgeschöpft werden. Unkenntnis und eine instinktive Scheu vor
statistischen Methoden, deren Wirkungsweise nicht unmittelbar ein-
sichtig ist, sind die Ursachen.
Die statistische Auswertung der Prüfprotokolle, ebenso wie die über-
sichtliche Darstellung dieser Auswertungsergebnisse in graphischer
Form ist auch hier eine wichtige Aufgabe der Qualitätssicherung.

Gelangen die zugekauften Rohteile und Halbfabrikate schließlich in die
Fertigung, so hat die Qualitätssicherung hier die Aufgabe die einzelnen
Fertigungsabschnitte so zu steuern und zu regeln, daß die Fertigung als
beherrscht angesehen werden kann, d.h. daß alle Störungen und Streuungs-
ursachen außer denjenigen, die im Wesen des Fertigungsprozesses selbst
liegen, weitestgehend vermieden werden.

Methodisches Hilfsmittel dafür ist die Kontrollkartentechnik, das wohl
überhaupt wichtigste Instrument das die Statistik der Qualitätssicherung
anzubieten hat. Mit Hilfe kleiner Stichproben, die in kurzen Zeitab-
ständen gezogen, Veränderungen des Fertigungsprozesses signalisieren,
bevor noch Ausschuß produziert wird, kann eine praktisch fehlerfreie
Produktion erreicht werden.

Die anfallenden Kontrollkarten enthalten wertvolle Informationen über
den Fertigungsprozess selbst und sollten in regelmäßigen Abständen
analysiert und ausgewertet werden. Die Rückmeldung dieser Auswertungsergebnisse an die Konstruktionsabteilung liefert dieser grundlegende
Informationen für die Festlegung von Toleranzen und ist eine wichtige
Funktion der Qualitätssicherung.

Verläßt schließlich das Produkt die Fertigung, so erfolgt eine End-
prüfung,die in vielen Fällen eine Vollkontrolle, häufig aber auch
nur eine Stichprobenprüfung ist.

Die statistischen Methoden, ebenso wie die mathematischen Grundlagen
dieser Methoden, sind die gleichen wie bei der Eingangsprüfung. Auch
die Auswertung der Prüfprotokolle ist weitgehend analog.

Gelangt das Produkt schließlich auf den Markt und zum Kunden, so ist
die Tätigkeit der Qualitätssicherung noch nicht zu Ende.

Das Langzeitverhalten, die Ausfallshäufigkeit einzelner Teile, kurz
die Zuverlässigkeit bilden einen wesentlichen Qualitäts-Aspekt des
Produktes. Die Häufigkeit und Kosten von Garantieleistungen, die notwendige Ersatzteilbevorratung sind fundamentale Parameter für die

Bewertung eines Produkts. Die hier aus der Analyse der Kundendienstdaten gewonnenen Ergebnisse müssen auf schnellstem Wege zur Verbesserung des Produktes genützt werden, wenn Folgekosten in oft existenzgefährdender Höhe vermieden werden sollen. Auch hier ist es die Qualitätssicherung, die für den notwendigen Informationsfluß und die statistische Auswertung der Felddaten zu sorgen hat.

Überblickt man die Tätigkeit der Qualitätssicherung noch einmal, insbesondere im Hinblick auf ihre statistischen Aspekte, so erkennt man, daß an sehr vielen Stellen statistische Methoden angewendet werden. Das mathematische Niveau dieser Methoden ist meistens recht elementar, nur selten benötigt man anspruchsvolle theoretische Kenntnisse, so daß man eigentlich deren Anwendung auf breitester Grundlage in der industriellen Praxis erwarten müßte. Leider ist das jedoch nicht der Fall. Der Grund dafür ist nach Meinung des Verfassers überwiegend in der mangelhaften statistischen Ausbildung der Hochschulabsolventen in den klassischen Ingenieurfächern Maschinenbau, Elektrotechnik und Bauingenieurwesen zu sehen. Solange sich Diplom-Ingenieure ihre Statistik-Kenntnisse überwiegend in Schnellsiederkursen aneignen, kann hier keine Besserung erwartet werden. Es müßte eine Minimalforderung sein, daß jeder Diplom-Ingenieur der oben genannten Fächer das statistische Instrumentarium, das in der Qualitätssicherung benötigt wird, bei seinem Abgang von der Hochschule beherrscht. In Anbetracht des elementaren Niveaus dieser Methoden wahrlich keine übertriebene Forderung.

Um dieses Ziel zu erreichen, ist nach Meinung des Verfassers einerseits eine Ausweitung des für Statistik vorgesehenen Stundenrahmens, andererseits aber auch eine stärker auf die Anwendungen abgestellte Form der Präsentation des Stoffes in den Lehrveranstaltungen notwendig. Drei- oder sechstägige Kurzseminare werden aber immer nur ein Notbehelf mit zweifelhaftem Erfolg sein.

STATISTISCHE PROGNOSEN

Heinz Stadler *)

Der Wunsch, in die Zukunft sehen zu können war seit jeher ein
besonderes Anliegen der Menschen. Jede Zeit hatte auch ihre "Fachleute" auf diesem Gebiet. Man denke nur etwa an Orakelpriesterinnen,
Auguren, Sterndeuter, Wahrsagerinnen etc. In unserer wissenschafts-
gläubigen Zeit fällt diese Aufgabe den Mathematikern zu, die meist
mit Hilfe von EDV-Anlagen Voraussagen auf verschiedensten Gebieten
zu erstellen haben. Die dabei erhaltenen Resultate werden dann oft
vollständig von den Voraussetzungen getrennt, unter denen sie entstanden sind und versehen mit dem Mythos der Unfehlbarkeit verkauft.
Aber Statistiker sind keine Medizinmänner und so war es nicht verwunderlich, daß es in den letzten Jahren vor allem auf wirtschaft-
lichem Gebiet zu einigen spektakulären Fehlprognosen kam. Diese
führten bei vielen Menschen zu einem solchen Meinungsumschwung, daß
sie allen statistischen Berechnungen mit Mißtrauen gegenüberstehen
und im allgemeinen Statistik eher mit Lüge identifizieren.

In einer solchen Situation wird es vor allem nützlich sein, die
Möglichkeiten und Grenzen statistischer Prognoseverfahren in sach-
licher Weise darzustellen und im Speziellen herauszustreichen unter
welchen Voraussetzungen sie überhaupt sinnvoll angewandt werden
können. Ganz allgemein läßt sich dazu folgendes sagen: Jedes dieser
Verfahren setzt einen in der Zeit ablaufenden Prozeß voraus, der
bestimmten Gesetzmäßigkeiten, aber auch rein zufälligen Schwankungen
unterliegt. Die Aufgabe des Statistikers besteht darin, diese beiden
Einflüsse auf Grund der zur Verfügung stehenden Daten zu trennen,
dadurch die Gesetzmäßigkeit des Prozesses zu erkennen und dessen
zukünftigen Verlauf ohne Berücksichtigung der zufälligen Abweichungen
zu errechnen. Grundlegende Voraussetzung für dieses Vorgehen ist die
Annahme, daß diese Gesetzmäßigkeiten über die Zeit konstant bleiben
oder sich zumindest "nicht wesentlich" ändern. Hier liegt auch die
Problematik der Anwendung dieser Verfahren auf Fragestellungen, bei

----

*) Dipl.-Ing. Dr. Heinz STADLER, Universitätsassistent am Institut
   für Statistik und Wahrscheinlichkeitstheorie an der TU Wien

denen das Zutreffen dieser Voraussetzung nicht garantiert werden
kann.

Die Vielzahl der bestehenden Prognoseverfahren erklärt sich daraus, daß für jedes spezielle Anwendungsproblem ein Verfahren gesucht wird, daß den Gegebenheiten dieses speziellen Problems möglichst gut entspricht. Da hier nicht die Behandlung einzelner
Probleme, sondern ein allgemeiner Überblick angestrebt werden soll,
wollen wir uns mit der Darstellung einiger grundlegender Verfahren
befassen, die oft als Bausteine komplexer Prognosesysteme verwendet
werden. Wir unterscheiden hierzu 2 Gruppen:

1) Mathematisch einfache Verfahren, deren Schwergewicht auf dem
   deterministischen Teil des betrachteten Prozesses liegt.

2) Mathematisch anspruchsvolle Verfahren, die auf der Verwendung
   stochastischer Prozesse beruhen.

<u>ad 1</u>: Es werden Zeitreihen (x_t) zugrundegelegt, die folgende Dar-
stellung habe: $x_t = f_t + e_t$

Dabei ist f_t eine deterministische Funktion der Zeit, die den
systematischen Anteil der Zeitreihen charakterisiert.
e_t sind die zufälligen Abweichungen der Zeitreihe von der Funktion f zur Zeit t. Sie werden als Zufallsgrößen mit dem Mittel O
und konstanter Varianz angenommen, die voneinander unabhängig sind.

Aufgabe der Prognoseverfahren ist es, aus den zur Verfügung stehenden
Zeitreihenwerten möglichst genau die Funktion f bzw. ihre Werte f_t
für zukünftige Zeitpunkte t zu ermitteln. Mathematisch wird dieses
Problem auch als Filterung bezeichnet.
Entsprechend der konkreten Aufgabenstellung wird man die für den
systematischen Teil der Zeitreihe in Frage kommenden Funktionen auf
eine bestimmte Funktionenklasse einschränken. Wir wollen 4 mögliche
Fälle betrachten:

(a) f ist konstant:

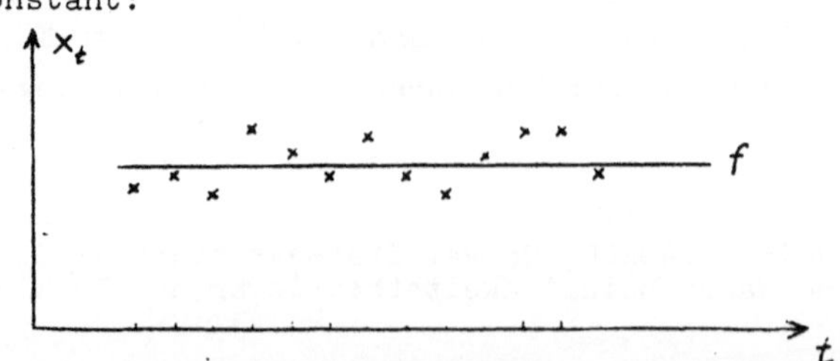

Aus den Zeitreihenwerten muß die Konstante geschätzt werden.
Diese Schätzung ist dann der Prognosewert für alle weiteren
Zeitpunkte. 2 Verfahren: "Methode der gleitenden Durchschnitte"

$$D_t = \frac{1}{N} \sum_{i=o}^{N-1} x_{t-i}$$ Das entspricht der gewöhnlichen Mittelwert-
schätzung der Statistik

"Exponentielles Glätten" $$G_t = \sum_{i=o}^{N-1} A(1-A)^i x_{t-i} + (1-A)^N x_{t-N}$$

oder iterativ $$G_t = A x_t + (1-A) G_{t-1} \qquad 0 < A < 1$$

Das ist ein gewichtetes Mittel der Zeitreihenwerte, wobei die
Gewichtung umso geringer ist, je weiter die Werte in der Ver-
gangenheit liegen. Die Größe des Parameters A bestimmt die
Schnelligkeit mit der die Gewichtung abnimmt (bzw. das mittlere
Alter der verwendeten Daten).
Mit der Wahl des Parameters A hat man in diesem Verfahren die
Flexibilität, entweder ein konservatives Vorgehen zu wählen,
das sich auf viele Daten stützt oder ein rasches Reagieren auf
etwaige Änderungen der zugrundeliegenden Konstanten zu ermög-
lichen.

(b) f ist linear

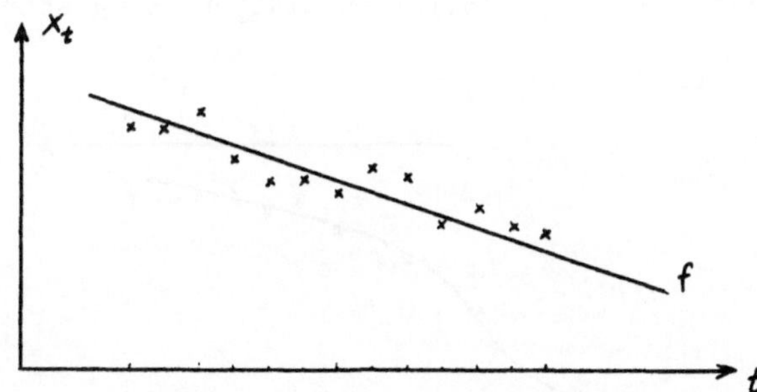

Hier liegen Zeitreihen mit linearem Trend vor. Es sind 2 Parameter zu schätzen, die die Trendgeraden bestimmen.
Für die Berechnung beider Schätzwerte lassen sich die obigen
Verfahren in natürlicher Weise verallgemeinern.
Viele andere Funktionenklassen (z.B. Exponentialfunktionen)
lassen sich durch einfache Transformationen auf lineare zurück-
führen und fallen dann ebenfalls in dieses Modell.

(c) f ist linear mit Saisonschwankungen

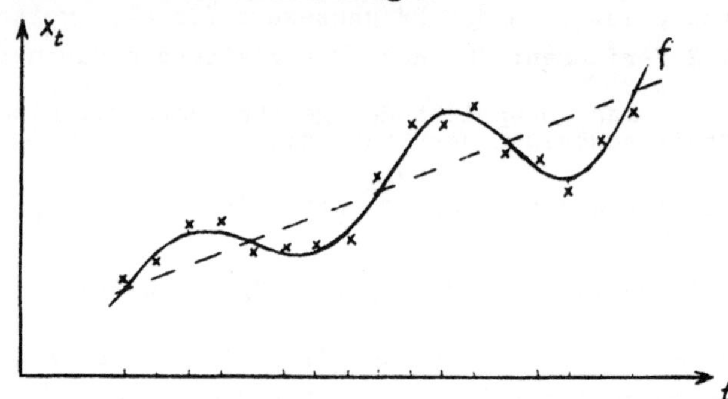

Wir betrachten 2 Verfahren:

nach Winters: f hat die Darstellung $f_t = (a+bt)s_j$ $j \equiv t \bmod L$
   Dabei ist L die Saisonperiode, a das Niveau zum Zeitpunkt 0
   und b der Trendfaktor. $s_1, \ldots, s_L$ sind die Saisonfaktoren.
   Die Parameter $a, b, s_1, \ldots, s_L$ werden im wesentlichen durch exponentielles Glätten berechnet und korrigiert.

nach Harrison: Statt einfachen Saisonfaktoren wird eine peri-
   odische Saisonfunktion angesetzt, die durch eine endliche
   Fourierreihe dargestellt wird. Die Fourierkoeffizienten
   werden wieder durch exponentielles Glätten fortgeschrieben.

(d) Sättigungsmodelle

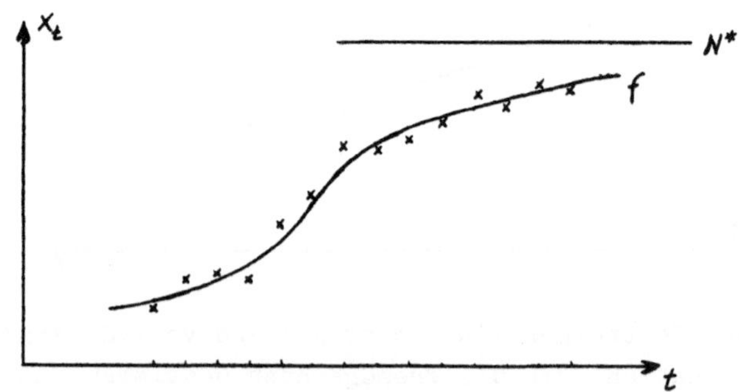

Es wird angenommen, daß das Wachstum einer Größe durch einen
Wert N* beschränkt ist und daß es proportional zum momentanen
Umfang und zur Differenz auf den Sättigungswert erfolgt.
Diese Annahme führt auf die sogenannte logistische Funktion:

$$f_t = \frac{N^*}{1+e^{a-bt}}$$

Die Parameter N*,a und b werden mit Hilfe einer Transformation
auf eine lineare Funktion geschätzt.

Für viele praktische Anwendungen ist die Voraussetzung, daß die
zum Zeitpunkt t angestrebte Sättigungsgrenze über die Zeit konstant bleibt eine zu starke Einschränkung.

Bonus hat ein Modell entwickelt, in dem die Sättigungsgrenze
zeitabhängig ist und einer absoluten Sättigungsgrenze auf einer
logistischen Funktion zustrebt. Die Funktion f erhält dann
natürlich eine recht komplizierte Form.

<u>ad 2</u>: als typisches Beispiel:

"Die Methode von Box und Jenkins"

Die Unterscheidung zwischen systematischem und rein zufälligem Anteil an einer Zeitreihe erfolgt hier auf subtilere Weise: Der
systematische Anteil wird als linearer Filter interpretiert, der
rein zufällige Eingangswerte verarbeitet.

$$a_t \longrightarrow \boxed{\text{lin. Filter}} \longrightarrow x_t$$

(a_t) ist weißes Rauschen (unkorrelierte Zufallsgrößen mit Mittel O
und konstanter Varianz).

Die Zeitreihenwerte (x_t) ergeben sich aus:

$$X_t = \mu + a_t + \psi_1 a_{t-1} + \psi_2 a_{t-2} + \ldots$$

Unter bestimmten Voraussetzungen läßt sich der Wert x_t auch aus
den vorangegangenen Zeitreihenwerten errechnen:

$$X_t = a_t + \varphi_1 X_{t-1} + \varphi_2 X_{t-2} + \ldots$$

Da für eine praktische Anwendung nur Modelle mit endlich vielen
Parametern in Frage kommen, beschränkt man sich auf Prozesse
folgender Darstellung:

$X_t = a_t + \phi_1 X_{t-1} + \ldots + \phi_p X_{t-p}$ Autoregressiver (AR)-Prozeß der Ordnung p

$X_t = a_t - \theta_1 a_{t-1} - \ldots - \theta_q a_{t-q}$ Moving-Average (MA)-Prozeß der Ordnung q

$X_t = a_t + \phi_1 X_{t-1} + \ldots + \phi_p X_{t-p} - \theta_1 a_{t-1} - \ldots - \theta_q a_{t-q}$ ARMA-Prozeß der Ordnung (p,q)

Außerdem möchte man nur stationäre Prozesse zulassen, was durch
eine entsprechende Beschränkung der zulässigen Parameterwerte
geschieht.

Auf diese Weise hat man eine recht große Klasse möglicher
Modelle zur Verfügung gestellt und es ergibt sich das Problem,
ein Modell auszuwählen, das die vorgegebenen Zeitreihenwerte
möglichst genau und möglichst einfach (kleines p und q!) darstellt; wobei möglichst genau bedeutet, daß der rein zufällige
Anteil (a_t) eine möglichst kleine Varianz besitzt.

Der Ablauf des Verfahrens erfolgt in 3 Stufen:

Identifikation des Modells-Schätzung der Parameter-Prognose

<u>Identifikation</u> :   Zunächst wird untersucht, ob die Zeitreihe
stationär ist. Liegt keine Stationarität vor, so versucht man
diese durch sukzessive Differenzenbildung zu erreichen. Eine
Zeitreihe mit linearem Trend wird etwa nach einfacher Differenzenbildung stationär. Hierauf wird festgelegt, ob ein AR, MA
oder ARMA-Modell in Frage kommt und welche Ordnung es besitzen
soll.
Als wesentliches Hilfsmittel dient hierzu die Autokorrelationsfunktion des Prozesses $\rho_k = \rho(X_t, X_{t-k})$, deren Werte aus den Daten
der Zeitreihe geschätzt werden können.

<u>Schätzung der Parameter:</u> In jedem Modelltyp existieren Zusammenhänge
zwischen den Werten der Autokorrelationsfunktion und den Modell-
parametern. Diese können benutzt werden, um aus den Schätzungen
der Autokorrelationsfunktion grobe Schätzwerte für die Parameter
zu erhalten.
Zur Verbesserung dieser Werte kann das Modell nun für verschiedene Parameterkombinationen, die in der Nähe der groben
Schätzungen liegen durchgerechnet werden. Man wählt schließlich
jene Parameter, für die die rein zufälligen Einflüsse möglichst
gering ausfallen (die exakte Forderung ist: $\Sigma a_t^2 \to$ Minimum).

<u>Prognose:</u> Soll man zum Zeitpunkt t eine Prognose des Zeitreihenwertes
für den Zeitpunkt t+1 erstellen, so hat man im gewählten Modell
die bedingte Erwartung $E(X_{t+1}|X_t, X_{t-1}, \ldots)$ zu bilden.
Dieser Wert schätzt x_{t+1} erwartungstreu, minimiert die Fehlervarianz und läßt sich aus den Daten und den Parametern relativ
einfach berechnen. Mit Hilfe der Fehlervarianz läßt sich auch
die Güte der Prognose (etwa in Form eines Konfidenzintervalls)
angeben.

Die hier angeführten Methoden bezogen sich durchwegs auf univariate Zeitreihen, d.h. es wurde die zeitliche Entwicklung einer einzigen Kenngröße verfolgt. Betrachtet man mehrere Größen parallel, so existieren zwischen ihnen meist Wechselbeziehungen, die man zur Verbesserung der Prognosen ausnützen kann. Die mathematische Analyse dieser Beziehungen führt dann auf Regressionsprobleme und damit zu Verfahren, die zum klassischen Repertoire der Statistik gehören.

LITERATUR

(1) Brown R.G. : Smoothing, Forecasting and Prediction of Discrete
         Times Series, Prentice Hall 1962

(2) Box G. and Jenkins G. : Time Series Analysis, Forecasting and
         Control, Holden Day 1970

(3) Mertens P. : Prognoserechnung, Physica 1973

(4) Bruckmann G. : Langfristige Prognosen, Physica 1977

BEGRÜSSUNG UND EINLEITUNG
Lothar BOSSE *)

Meine sehr geehrten Damen und Herren!

Ich begrüße Sie herzlich zum zweiten Tag des Symposiums,
das gemeinsam vom Institut für Statistik und Wahrscheinlichkeitstheorie der Technischen Universität Wien und
dem Österreichischen Statistischen Zentralamt veran-
staltet wird, und danke an dieser Stelle vor allem
Herrn Professor Dr.<u>Eberl</u> von der Technischen Universität,
auf dessen Initiative diese Veranstaltung zustande ge-
kommen ist.

Der gestrige Tag hat sich vorwiegend mit Fragen der
Statistik in den Natur- und Technischen Wissenschaften
befaßt. Der heutige Tag ist überwiegend der Anwendung
der Statistik auf gesellschaftliche Probleme gewidmet.
Das ist zwar nicht ausschließlich amtliche Statistik,
denn natürlich befassen sich auch universitäre und
private Institute mit empirischer Sozialforschung, aber
 die amtliche Statistik ist fast ausschließlich mit
sozioökonomischer Statistik befaßt, und deswegen kommen
heute auch zwei, oder wenn Sie wollen: drei, Referenten
des Statistischen Zentralamtes zu Wort. Daneben aber
freue ich mich, auch Vortragende aus dem Ausland hier
begrüßen zu können, insbesondere Herrn Professor Dr. W.
Krug von der Universität Trier, der ebenfalls zur Thematik
des heutigen Tages sprechen wird.

Der Zweck unserer Veranstaltung ist ein mehrfacher:
Einmal sollen die Mauern zwischen den einzelnen Disziplinen,
die sich statistischer Methoden und Verfahren bedienen,
ansonsten aber sehr disparate Erkenntnisgegenstände haben,

----

*) Prof. Dr. Lothar BOSSE, Präsident des Österreichischen
   Statistischen Zentralamtes

niedergerissen werden, zum zweiten sollen die uner-
läßlichen Kontakte zwischen theoretischer Hochschulstatistik und angewandter Statistik hergestellt bzw.
vertieft werden, weil hieraus eine gegenseitige Be-
fruchtung erwartet werden kann. Natürlich sind die
jeweiligen Sachprobleme im ersten wie im zweiten Fall
äußerst verschieden, und die angewendeten statistischen
oder stochastischen Verfahren oft nur der kleinste
gemeinsame Nenner, aber bei näherem Zusehen erweist sich
der wahrscheinlichkeitstheoretische Denkansatz doch als
ein starkes Bindeglied.

Darüber hinaus ist auch der persönliche Kontakt, der sich
bei Veranstaltungen dieser Art ergibt, von nicht geringer
Bedeutung. Der Einblick in die Arbeitsweise des anderen
fördert das Verständnis und ermuntert bei dieser oder
jener Gelegenheit zu gegenseitiger Konsultation.

Ein dritter Zweck dieser Veranstaltung mag sein, die
Statistik in ihrer Vielfalt der Öffentlichkeit vorzu-
stellen. Daß in der Öffentlichkeit ein großes Informa-
tionsdefizit hinsichtlich der Statistik besteht, sowohl
gegenüber ihren wissenschaftlichen Leistungen wie gegenüber ihren konkreten Ergebnissen, wissen wir alle aus
leidvoller Erfahrung, wenn wir es mit der Öffentlichkeit
in der einen oder anderen Form zu tun haben. Wir werden
diesbezüglich mit unserer Veranstaltung keinen Durchbruch
erzielen, aber schon marginale Erfolge sind von Wert;
nur mit diesen können und sollen wir rechnen.

Abschließend möchte ich allen Herren, die sich heute für
Referate zur Verfügung gestellt haben, herzlich danken,
und darf nunmehr Herrn Professor Dr.Lutz bitten, mit
seinem Referat über das Datenbanksystem des Amtes zu
beginnen.

DAS INTEGRIERTE STATISTISCHE INFORMATIONSSYSTEM (ISIS)
DES ÖSTERREICHISCHEN STATISTISCHEN ZENTRALAMTES

Hansheinz Lutz[+)]

Ich muß zuerst den Titel meines Referates durch den
Untertitel "Ausgewählte Struktur- und Leistungsgesichts-
punkte" einschränken; eine sehr weitgehende Einschränkung
sicher, weil damit eine Vielzahl von wesentlichen Aspekten,
die an die Führung eines solchen Informationssystems ge-
bunden sind, außer Betrachtung bleiben muß, jedoch würde
eine weiter reichende Abgrenzung die zeitlichen Möglichkeiten dieses Vortrages überfordern.

Vorweg ein paar Worte zur Entstehung und allgemeinen Aufgabenstellung des Integrierten Statistischen Informationssystems des Amtes: Vor etwa einem Dezennium wurde im ÖStZ
die dringende Notwendigkeit erkannt, ein System dieses
Profils zu schaffen. Sie war im wesentlichen die Folge
des Zusammenwirkens dreier Faktoren, die ich im einzelnen
hier nicht näher analysieren kann: Drastisch zunehmender
Informationsbedarf seitens der Statistik-Konsumenten;
endemische Personalknappheit im EDV-Bereich; Erreichbar-
werden geeigneter technischer Grundinstrumente, insbesondere
von Hardware und Betriebs-Software.

Das System wurde im eigenen Haus entwickelt, 1973 zum Test-
betrieb freigegeben, in den Grundkomponenten 1974 zur allgemeinen Benützung eröffnet, und in den Folgejahren durch
entsprechenden Ausbau erweitert. Die geforderte Leistungsfähigkeit war im groben Umriß wie folgt festgelegt:

- Organisation und Speicherung größter statistischer Datenmengen, d.h. sehr tief gegliederter Statistiken.

- Technisch und sprachlich einfache, selektive Benützbar-
  keit, sodaß das Retrieval problemlos durch den Endbe-
  nützer der Daten geschehen kann.

[+)] Prof. Dr. Dipl.Ing. Hansheinz Lutz, Leiter der Technischen Abteilung des Österreichischen Statistischen Zentralamtes

- Thematische Deckung des gesamten Produktionsprofils des
  Amtes.

- Hinreichende Flexibilität für eine Anpassung an die jeweils aktuellen inhaltlichen Erfordernisse.

- Direkte Verknüpfbarkeit von Daten verschiedener Provenienz
  mit der Möglichkeit einer benützerseitigen On-line-Sekundär-
  auswertung.

- Aufbau der inhaltlichen Struktur unter Beiziehung auch der
  amtsexternen Fachleute der einzelnen sachstatistischen
  Bereiche in der organisierten Form eines Fachbeirates.

Eine Diskussion von Struktur- und Leistungscharakteristiken
des Systems hat grundsätzlich zumindest von zwei Standorten
zu erfolgen:

1. Jenem des Benützers, der Aufschluß darüber geben soll, wie
   der Benützer das System wahrnimmt.
2. Jenem des Systemtechnikers, der die konkrete EDV-technisch
   gewählte Lösung betrachtet.

Ich werde dementsprechend mein Referat in zwei Hauptstücke
teilen. Ich beginne mit der Benützersicht.

Die Struktur des Systems und deren Elemente

Bezüglich seiner inhaltlichen Gliederung präsentiert sich
das System dem Benützer gegenüber als Baumstruktur, deren
Wurzel allgemein als Informationssystem bezeichnet wird.
Die nächste Stufe bezeichnen wir als Hauptsysteme, die
ISIS in mehrere thematische Hauptaspekte zerlegt; ent-

sprechend erfolgt eine weitere Zerlegung in Subsysteme
(Bild 1).

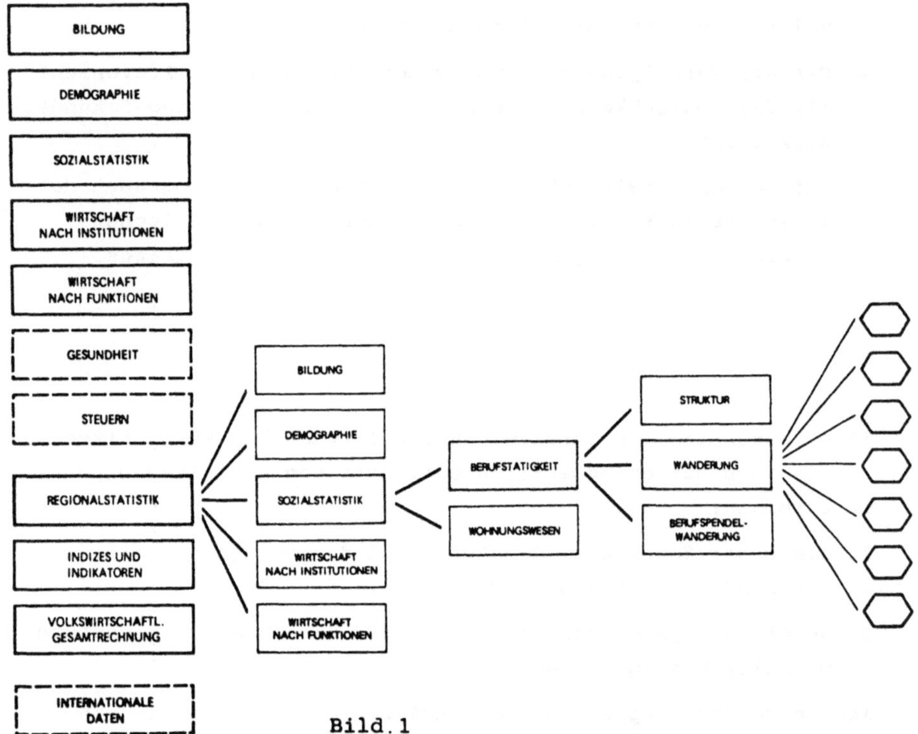

Bild.1

Die Anzahl der hierarchischen Stufen ist beliebig, die
Anzahl der jeder Stufe zugeordneten Unterstufungen innerhalb der im Systementwurf vorgesehenen Maximalzahl beliebig. Die thematische Baumentwicklung ist sohin einer
freien Gestaltung und Veränderung offen.

Zwei Bemerkungen seien hier angebracht: Erstens ist das
gewählte hierarchische Konzept nichts mehr als eine
Suchhilfe für den Benützer, es kommt ihm keine tiefere
infologische Bedeutung zu. Zweitens bezieht sich die
hierarchische Struktur auf die Menge der Aspekte, also
der Bezeichnungen für die einzelnen Haupt- bzw. Subsysteme, nicht jedoch streng auf die dort verzeichneten
Informationsobjekte. Da nämlich ein- und demselben In-
formationsobjekt mehr als ein Aspekt wesentlich zukommen
kann, sind die Mengen der den Haupt- bzw. Subsystemen
zugeordneten Informationsobjekte im allgemeinen nicht
disjunkt.

Den Subsystemen der letzten Ordnung jeweils zugeordnet
sind die sogenannten Segmente, die sich im wesentlichen
als Bündel von Matrizen darstellen und - etwas vereinfacht - als die Menge einer oder mehrerer mehrdimensionaler
Grundmatrizen und der diesen zugehörigen Randverteilungen
abnehmender Dimensionszahl zu verstehen sind. Der Begriff
der Randverteilung ist hier in einem weiteren als dem
üblichen statistischen Sinn zu verstehen; er umfaßt nämlich
auch nicht-additive Aggregate. Die erzeugenden Dimensionen
der involvierten Matrizen heißen allgemein "Gliederungskriterien", die einem Segment zugeordneten entsprechend
"Segmentkriterien". Ein Segment darf maximal 6 voneinander unabhängige Segmentkriterien, und zusätzlich ein
Zeitkriterium, enthalten. Enthält allgemein ein Segment n
solcher Kriterien, so ist die Anzahl der zu dieser
n-dimensionalen Matrix gehörenden r-dimensionalen Rand-
matrizen die Kombination n zur Klasse r also

$$k_{nr} = \binom{n}{r}.$$

Das zu dieser Grundmatrix gehörende Matrixbündel, alle
Randverteilungen und die Grundmatrix selbst enthaltend,
umfaßt sohin allgemein

$$z_n = \sum_{r=0}^{n} k_{nr} = \sum_{r=0}^{n} \binom{n}{r} = 2^n$$

Matrizen. Diese Formel wird etwas komplizierter beim
Auftreten von sogenannten qualifizierten Segment-
kriterien. Es gibt zwei Typen von Qualifikationen. Das
"Mußkriterium" weist daraufhin, daß bei einer konkreten
Datenspezifikation mindestens ein Element dieses Vektors
spezifiziert werden muß, das also eine Aggregierung
über diese Dimension nicht automatisch möglich sein soll.
Eine zweite Möglichkeit der Qualifikation von Kriterien
besteht in ihrer Zuordnung zu einem sogenannten
"Parallelitätsniveau", was bedeutet, daß im gesamten
Matrixbündel Matrizen mit mehr als einem Repräsentanten
dieses Parallelitätsniveaus nicht enthalten sein sollen.
Die beiden Formen der Qualifikation sind an dem Beispiel in Bild 2 konkret veranschaulicht. Anhang 1 zeigt
eine Seite des Segmentkatalogs; sie enthält die einem
konkreten Subsystem letzter Ordnung zugeordneten Segmente.

```
I 2N   ANKUENFTE UND UEBERNACHTUNGEN IN BERICHTSGEMEINDEN
       < 25 MONATE, GLEITEND >

    M A1C   ZEITREIHE: MONATSWERTE,     VON 0174 BIS 0176
    M C84   ANKUENFTE BZW. UEBERNACHTUNGEN <2>
    1 C41   GEMEINDE <2349>
    1 C50   POLITISCHER BEZIRK <98>
    1 B00   BUNDESLAND <9>
    2 C93   HERKUNFTSLAND <39>
    2 D29   INLAENDER BZW. AUSLAENDER <2>
      D38   UNTERKUNFT <11>
```

Bild 2

Zu bemerken ist, daß auch Segmente bezüglich der von
ihnen gedeckten Matrizen nicht disjunkt sind, da verschiedene Segmente u.U. identische Teilmengen von
Randverteilungen enthalten können. Dem Benützer wird
dies allerdings nicht unmittelbar offenbar.

Das Gliederungskriterium ist eine etwas verallgemeinerte Form des statistischen Merkmals; verallgemeinert deshalb, weil ihm die Eigenschaft der Ex-
klusivität - daß nämlich die Ausprägungen einander paarweise ausschließen - nicht notwendig vorausgesetzt ist.
Anhang 2 zeigt ein Blatt aus dem Merkmalskatalog.

Der Benützer unterscheidet also in erster Sicht vier
Elementtypen: das System, das Segment, das Gliederungskriterium und die Ausprägung des Gliederungskriteriums.
(Wie wir sehen werden, braucht der Benützer die von ihm
konkret angesprochene Matrix nicht ins Auge zu fassen,
weshalb die Matrix nicht als Strukturelement zu führen ist.)
Jedem dieser Elemente entspricht ein Codetyp, der der ver-
kürzten Kommunikation dient.

Die Datenspezifikation

Die allgemeine Datenspezifikation bedeutet die Formulierung
einer Untermenge der in den Matrizen des Segments enthaltenen
Datenzellen, die der Benützer selektieren möchte. Sie erlaubt grundsätzlich die Identifikation jeder beliebigen, in
einer Matrix eines Segmentes enthaltenen Box (im box-
theoretischen Sinn). Formal besteht eine Datenspezifikation
aus dem Code des angesprochenen Segmentes, gefolgt von einer
Menge von Ausprägungslisten zu gewünschten Segmentkriterien.
Die implizit angesprochene Matrix erkennt das System aus den
angeführten Gliederungskriterien; die Auswahl der konkreten
Box ergibt sich aus den Ausprägungslisten. Jede Ausprägungs-
liste ist eine Auswahlmenge der dem Segmentkriterium zuge-

ordneten Ausprägungen. Sie kann durch einzelne Ausprägungen, Folgen von Intervallen oder in gemischter Form
formuliert werden; Wiederholungen sind zulässig. Das
Schlüsselwort ALLE steht für die Gesamtheit der Ausprägungen eines Kriteriums in der vom Systemverwalter festgelegten Reihenfolge. Die Dimensionszahl der Box ist um
die Anzahl der Gliederungskriterien, für die nur eine
Ausprägung gewählt wurde, kleiner als die Dimensionszahl der Argumentmatrix.

Die Datenspezifikation hat also Matrizencharakter. Ihre
Dimensionszahl ist gleich oder kleiner jener der implizit
angesprochenen Matrix.

Benützungsinstrumente

Als interaktive Komponenten stehen DB/1 und DB/2 zur Verfügung. DB/1 ist hauptsächlich ein Auskunftssystem. Es
enthält als wesentlichste Elemente die Präsentation der
sachlichen Struktur, deren schrittweise Verfolgung, die
Präsentation der Segmente, der Gliederungskriterien und
ihrer Ausprägungen sowie eine dynamische Gestaltung der
Datenspezifikation. Letzteres bedeutet, daß eine einmal
formulierte Spezifikation schrittweise verändert, ausge-
weitet oder eingeschränkt werden kann, ohne daß gültig
bleibende Teile neu einzugeben sind. Ferner sind Diagnose-
hilfen inkorporiert, sowie die Verwendung von sogenannten
Benützerkriterien, die als Funktionen von Gliederungskriterien zu verstehen sind und benützerseitig aufgebaut
bzw. verändert werden können. Der Benützer kann sodann
solche Kriterien innerhalb einer Datenspezifikation anstelle
von Segmentkriterien verwenden. Die daraus resultierenden
Aggregierungsleistungen vollzieht das System automatisch;
diesbezüglich geht DB/1 also über ein reines Retrieval-
system hinaus. Zu erwähnen ist noch die Mehrsprachigkeit des

Systems: Es kann während einer Sitzung auf eine andere
Sprache (Englisch) umgeschaltet werden. Die Bilder 3 und
4 zeigen eine Datenspezifikation und das Ergebnis am
Bildschirm

```
C9F   ANZAHL DER GEWANDERTEN BERUFSTAETIGEN, AM 12.5.1971

      1 F50   POLITISCHER BEZIRK DES WOHNORTES <98>
      1 F32   BUNDESLAND DES WOHNORTES <9>
      2 B19   POLITISCHER BEZIRK DES HERKUNFTSORTES BZW. AUSLAND <99>
      2 B28   BUNDESLAND DES HERKUNFTSORTES BZW. AUSLAND <10>
        C11   GESCHLECHT <2>

  : C9F F50 44 B19 45 BIS 61 C11 ALLE =
```

Bild 3

```
C9F   ANZAHL DER GEWANDERTEN BERUFSTAETIGEN, AM 12.5.1971

      F50 POLITISCHER BEZIRK DES WOHNORTES <98>
          44 LINZ                                      <401>

      B19 POLITISCHER BEZIRK DES HERKUNFTSORTES BZW. AUSLAND <99>
          C11 GESCHLECHT <2>

      45 STEYR                                   <402>
          1 MAENNLICH..................................................    117
          2 WEIBLICH...................................................     76
      46 WELS                                    <403>
          1 MAENNLICH..................................................    137
          2 WEIBLICH...................................................     85
      47 BRAUNAU AM INN                          <404>
          1 MAENNLICH..................................................     53
          2 WEIBLICH...................................................     45
      48 EFERDING                                <405>
          1 MAENNLICH..................................................    117
          2 WEIBLICH...................................................    108
      49 FREISTADT                               <406>
          1 MAENNLICH..................................................    821
```

Bild 4

DB/2 ist das rechenhafte Dialoginstrument. Es bringt die
Möglichkeit der Anwendung von Funktionen von Datenspe-
zifikationen in beliebig geschachtelter Gestalt. Das
Operationsobjekt von DB/2 ist somit allgemein ein Aus-

druck, der regressiv definiert ist als Funktion eines
Ausdrucks oder eine Datenspezifikation oder eine be-
nützerseitige Dateneingabe. Ausdrücke können grundsätzlich unbenannt, es kann mit diesem Namen weiter operiert
werden. Sie verbleiben - über den Ablauf der Sitzung
hinaus - in einer Benützerbibliothek bis zur ausdrück-
lichen Löschung. Der Funktionsbegriff hat eine sehr
weite Grundfassung, z.B. gestattet der Begriff der Semi-
kongruenz die direkte funktionale Verknüpfung von mehreren
Argumenten verschiedener Dimensionszahl. DB/1 ist als
Subset von DB/2 zu verstehen (siehe Bild 5).

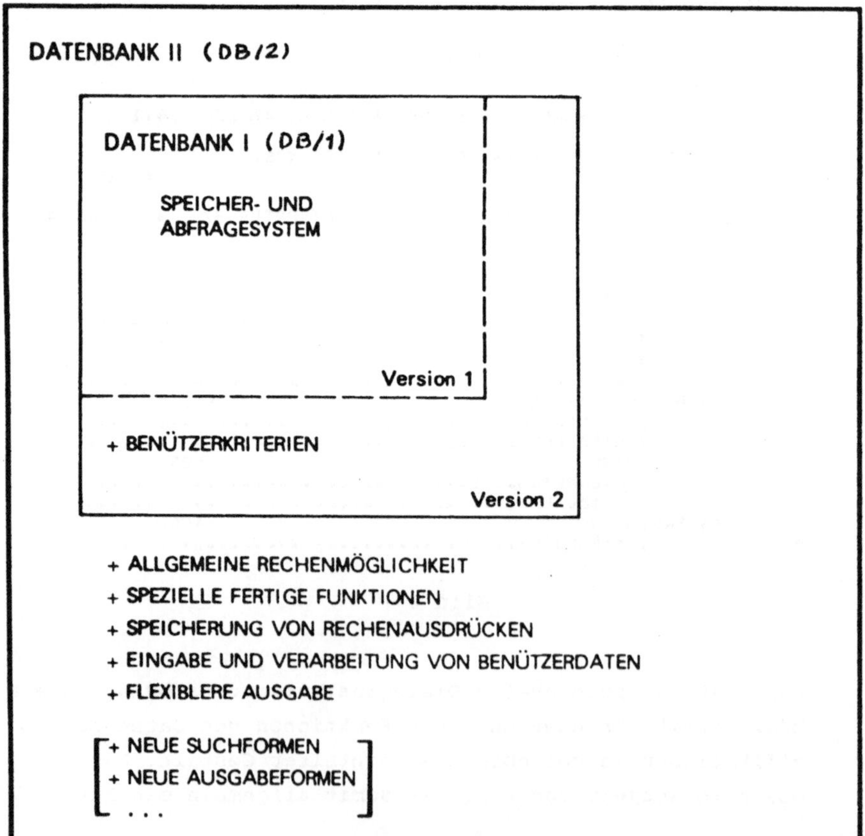

Bild 5

Als Batch-Instrumente stehen DBAUSZUG und TABGEN zur Verfügung. DBAUSZUG ist das Pendant zu DB/1; es dient insbesondere für Fälle umfangreichen Outputs bzw. dem Benützer ohne Terminal. Diese Komponente bietet natürlich zusätzlich Gestaltungsmöglichkeiten bezüglich Druckaufbereitung. Die Bilder 6 und 7 zeigen die Formulierung einer Anfrage in DBAUSZUG und das entsprechende Ergebnis.

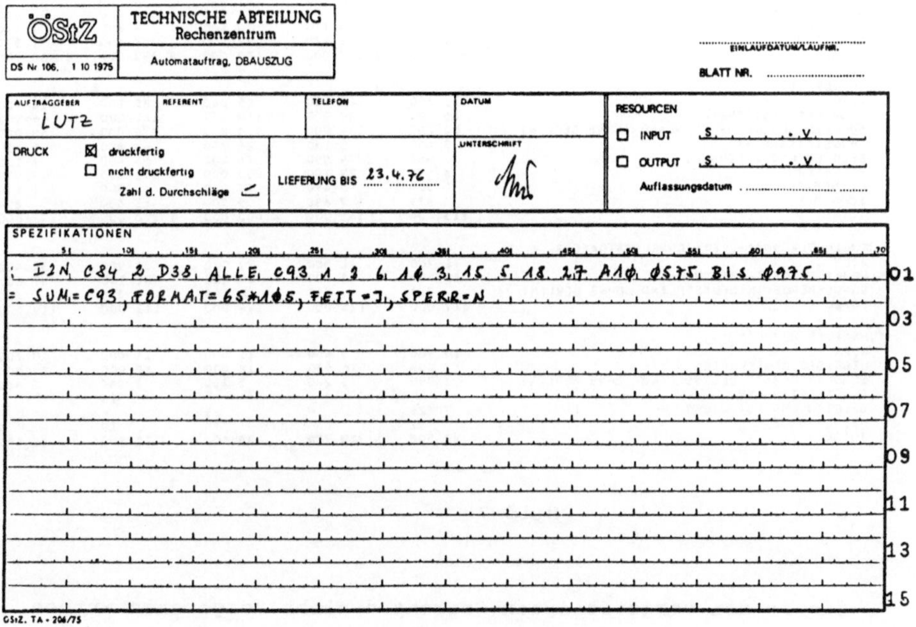

<table>
<tr><td colspan="2">ÖStZ
DS Nr 106. 1 10 1975</td><td colspan="2">TECHNISCHE ABTEILUNG
Rechenzentrum
Automatauftrag, DBAUSZUG</td><td colspan="2">EINLAUFDATUM/LAUFNR.
BLATT NR.</td></tr>
<tr><td>AUFTRAGGEBER
LUTZ</td><td>REFERENT</td><td>TELEFON</td><td>DATUM</td><td colspan="2">RESOURCEN
☐ INPUT S.   . V.
☐ OUTPUT S.   . V.</td></tr>
<tr><td>DRUCK ☒ druckfertig
☐ nicht druckfertig
Zahl d. Durchschläge <</td><td colspan="2">LIEFERUNG BIS 23.4.76</td><td>UNTERSCHRIFT</td><td colspan="2">Auflassungsdatum</td></tr>
</table>

SPEZIFIKATIONEN

```
  I2N C84 2 D38, ALLE C93 1 3 6, 10 3, 15, 5, 18, 27 A10 0575, BIS 0975.      01
= SUM=C93, FORMAT=65*105, FETT=J, SPERR=N                                     03
```

Bild 6

TABGEN schließlich akzeptiert als Input den sequentiellen Teil der Datenbasis, über den ich noch nicht gesprochen habe. Er ist aus Gründen des Datenschutzes externen Benützern nicht direkt zugänglich. Diese Komponente erlaubt Ausweitungen,

```
073/008/00                                      20/04/76  16.20.52  BLATT      1
D B A U S Z U G      T A B .   1
```

ZEIT

	MAI 1975	JUNI 1975	JULI 1975	AUGUST 1975	SEPTEMBER 1975
GEWERBLICHER BEHERBERGUNGSBETRIEB					
WIEN	367 000	535 000	949 000	1 090 000	545 000
UEBRIGES OESTERREICH	482 000	541 000	763 000	923 000	655 000
BUNDESREPUBLIK DEUTSCHLAND (OHNE BERLIN)	1 630 000	3 120 000	6 820 000	6 710 000	3 200 000
GROSSBRITANNIEN	99 700	191 000	233 000	260 000	147 000
BELGIEN UND LUXEMBURG	26 200	61 400	327 000	228 000	57 600
NIEDERLANDE	119 000	398 000	940 000	473 000	169 000
DAENEMARK	23 200	54 900	123 000	80 000	38 900
SCHWEDEN	30 600	71 100	125 000	64 100	36 900
FINNLAND	5 280	11 000	12 900	10 500	4 840
TOTAL	2 780 000	4 950 000	10 300 000	9 830 000	4 850 000
PRIVATQUARTIER					
WIEN	140 000	310 000	851 000	1 080 000	349 000
UEBRIGES OESTERREICH	77 100	128 000	420 000	614 000	194 000
BUNDESREPUBLIK DEUTSCHLAND (OHNE BERLIN)	590 000	1 950 000	7 050 000	6 330 000	1 750 000
GROSSBRITANNIEN	3 530	7 300	14 600	22 800	6 360
BELGIEN UND LUXEMBURG	3 320	12 600	149 000	98 700	12 300
NIEDERLANDE	25 700	122 000	611 000	218 000	42 800
DAENEMARK	3 510	9 710	26 500	23 800	7 410
SCHWEDEN	1 010	5 420	21 700	7 190	1 370
TOTAL	844 000	2 550 000	9 150 000	8 390 000	2 360 000
CAMPINGPLATZ					
WIEN	33 300	29 500	85 000	85 100	18 700
UEBRIGES OESTERREICH	16 500	29 900	119 000	121 000	14 900
BUNDESREPUBLIK DEUTSCHLAND (OHNE BERLIN)	50 200	186 000	973 000	776 000	69 000
GROSSBRITANNIEN	3 640	8 180	25 200	43 800	9 120
BELGIEN UND LUXEMBURG	687	4 990	76 200	45 400	3 150
NIEDERLANDE	8 470	89 100	633 000	173 000	14 900
DAENEMARK	1 500	6 490	57 800	15 900	1 610
SCHWEDEN	573	7 630	35 700	13 400	854
TOTAL	115 000	361 000	2 000 000	1 270 000	132 000
KURHEIM DER SOZIALVERSICHERUNGSTRAEGER					
WIEN	31 700	31 500	29 900	31 900	31 400
UEBRIGES OESTERREICH	85 500	82 800	84 000	81 100	87 800
BUNDESREPUBLIK DEUTSCHLAND (OHNE BERLIN)	213	298	144	396	208
TOTAL	117 000	115 000	114 000	113 000	119 000
SONSTIGES KURHEIM					
WIEN	10 900	9 450	11 000	11 000	10 700
UEBRIGES OESTERREICH	17 000	16 900	18 000	18 900	15 300
BUNDESREPUBLIK DEUTSCHLAND (OHNE BERLIN)	2 390	3 280	3 280	2 840	2 480
GROSSBRITANNIEN	-	-	-	24	-
BELGIEN UND LUXEMBURG	225	-	21	-	-
NIEDERLANDE	1	-	40	12	7
TOTAL	30 500	29 700	32 400	32 800	28 500

Bild 7

die in den vorgefertigten Segmenten nicht vorgesehen wurden.

Dem numerischen System steht ein Textsystem gegenüber, das es grundsätzlich erlaubt, zu jedem Vertreter eines jeden Codetyps verbale Informationen aufzunehmen und wiederzugeben. Wir nennen diese Information allgemein "Kommentare". Es ist im Grundsätzlichen zweistufig aufgebaut, sodaß eine angemessene Strukturierung kommentierender Texte nach der

Menuetechnik möglich ist. Bild 8 zeigt als Beispiel die
Kommentarklassen eines Segments, Bild 9 den Ausgabetext
zu einer gewählten Klasse.

```
      WAEHLEN SIE BITTE EINE DER FOLGENDEN KOMMENTARKLASSEN:
1     DATENPROVENIENZ UND GESETZLICHE GRUNDLAGE
2     DATENERMITTLUNG UND AUSWERTUNG
3     ERLAEUTERUNGEN ZUM SEGMENTTITEL
4     GENAUIGKEIT UND DATENQUALITAET .
6     EINSCHLAEGIGE VEROEFFENTLICHUNGEN; BEARBEITUNGSNACHWEIS

3
```

Bild 8

```
    DIE ANGABEN UEBER WANDERUNG BERUHEN AUF EINER FRAGE NACH DER WOHN-
GEMEINDE 5 JAHRE VOR DEM ZAEHLTAG DER VOLKSZAEHLUNG. ES SIND DAHER NICHT
ERFASST:
1. WANDERUNG VON KINDERN UNTER 5 JAHREN'
2. WEGZUEGE INS AUSLAND
3. MEHRMALIGER WOHNORTSWECHSEL IM BEFRAGUNGSZEITRAUM
4. WANDERUNG VON VOR DEM ZAEHLTAG DER VOLKSZAEHLUNG VERSTORBENEN.
    ALS 'BERUFSTAETIG' HATTE SICH NACH DEN ERLAEUTERUNGEN IM ERHEBUNGS-
BLATT DER VOLKSZAEHLUNG EINZUTRAGEN, WER DURCHSCHNITTLICH WENIGSTENS
14 STUNDEN IN DER WOCHE ARBEITETE. IM RAHMEN DER AUFARBEITUNG WURDEN
DARUEBER HINAUS AUCH JENE PERSONEN DEN BERUFSTAETIGEN ZUGERECHNET, DIE
BEI DEN 'FRAGEN AN BERUFSTAETIGE' VOLLSTAENDIGE ANGABEN GEMACHT HATTEN.
DER BEGRIFF 'BERUFSTAETIGE' IN DEN TABELLEN UMFASST AUCH PERSONEN, DIE
SICH ALS ARBEITSLOS BEZEICHNET HABEN, SOWIE JENE PRAESENZDIENER, DIE VOR
DEM PRAESENZDIENST EINEN BERUF AUSGEUEBT HABEN.
    PERSONEN UNTER 15 JAHREN GELTEN GRUNDSAETZLICH NICHT ALS BERUFS-
TAETIG, DA BEI DIESEN ALS SCHULPFLICHTIGEN EIN ANDERER UEBERWIEGENDER
LEBENSUNTERHALT ALS DIE BERUFSTAETIGKEIT VORAUSGESETZT WIRD.
    GEGENUEBER DER VOLKSZAEHLUNG 1961 BLIEB ES DIESMAL DEN EHEFRAUEN VON
LANDWIRTEN - IM RAHMEN DER ERLAEUTERUNGEN - SELBST UEBERLASSEN, SICH ALS
BERUFSTAETIG EINZUTRAGEN ODER NICHT. BEI DEN VORANGEGANGENEN VOLKS-
ZAEHLUNGEN WURDEN, IN DER ANNAHME EINER FAST AUSNAHMSLOSEN MITHILFE DER __
BAEUERINNEN IN DER LANDWIRTSCHAFT, PRAKTISCH ALLE EHEFRAUEN VON LAND-
WIRTEN ALS BERUFSTAETIG ANGESEHEN.
```

Bild 9

Es gibt noch ein zweites Einteilungskriterium für Kommentare,
"normale" und "wichtige". Die letzteren sind als eine Untermenge der Gesamtheit aller Kommentare zu verstehen und enthalten jene Information, deren Kenntnis für den Benützer
für die richtige Interpretation der zugehörigen Daten unerläßlich erscheint. Das Vorhandensein eines solchen
Kommentars wird in der normalen Arbeit im numerischen Bereich

durch ein Sonderzeichen angezeigt.

Ich komme nun zum zweiten Hauptstück, das Ihnen einen
Überblick zur gewählten EDV-technischen Lösung vermitteln
soll. Ich beziehe mich zunächst auf Bild 10, das die
Kernteile des Systems in grober Form skizziert; eine
Reihe zusätzlicher Komponenten sind hier aus Gründen der
Übersichtlichkeit weggelassen.

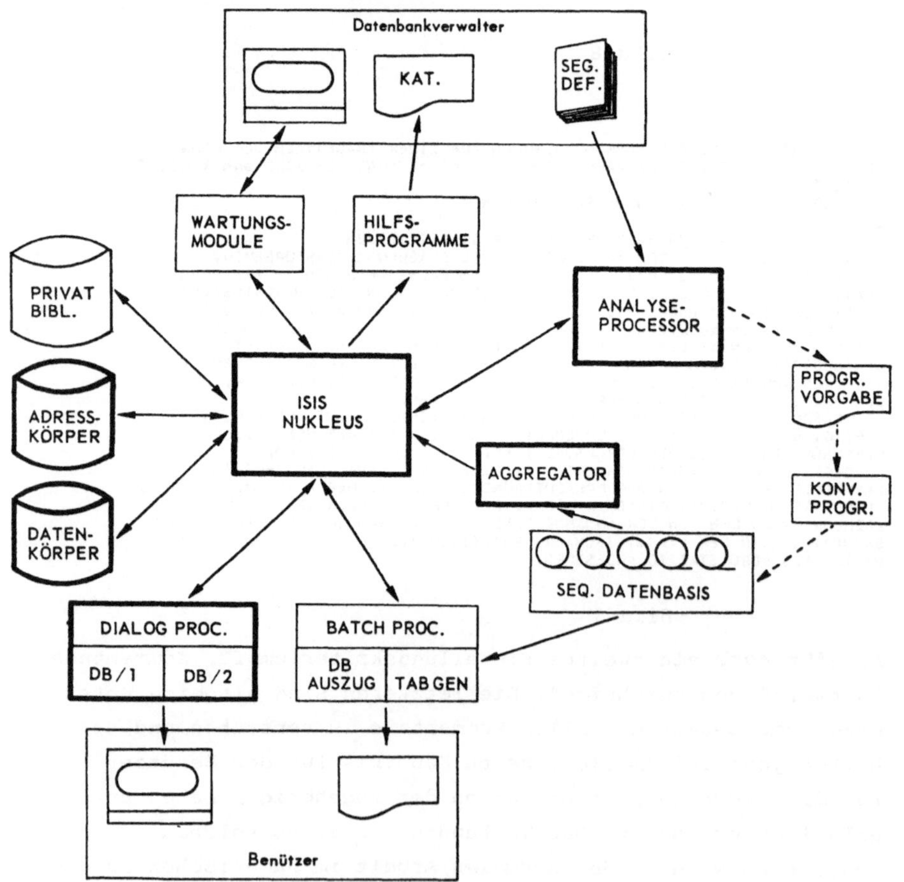

Bild 10

Formalisierung und Analyse der Segmente

Zum Verständnis der Vorarbeiten soll Bild 11 zeigen,
wie es im einzelnen zur inhaltlichen Gestaltung der
Segmente des Systems kommt. Wie Sie sehen, wirken hier

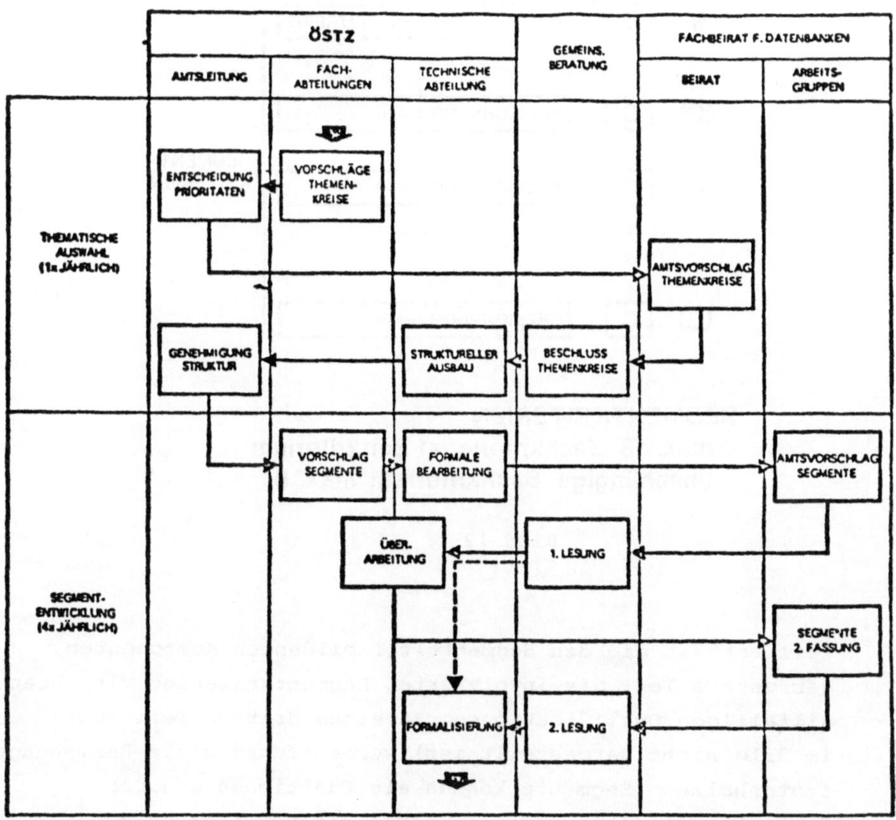

Bild 11

der Fachbeirat für Datenbanken, die Amtsleitung, die zu-
ständige Fachabteilung sowie die Technische Abteilung des
Amtes zusammen.

Die Formalisierung eines Segmentes zeigt Bild 12. Der obere

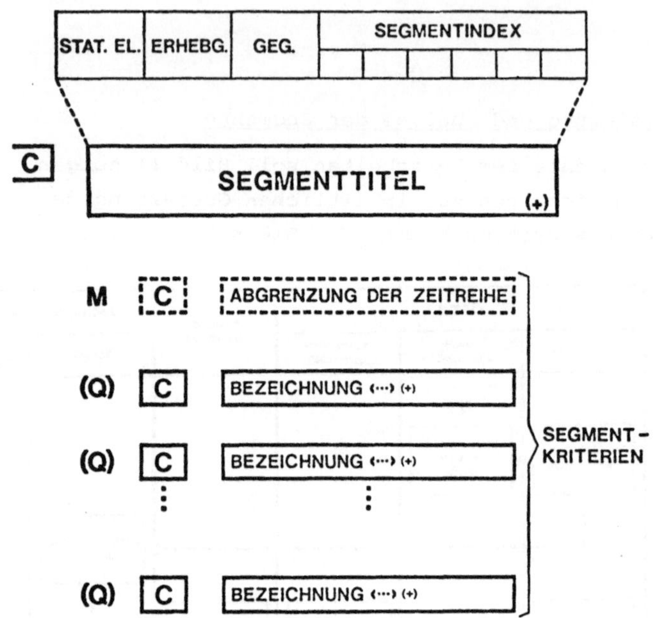

SEGMENTKRITERIEN:
max. 13 Sachkriterien+1 Zeitkriterium
unabhängige Sachkriterien: max. 6

Bild 12

Teil enthält die den Segmenttitel bildenden Komponenten,
der untere Teil die involvierten Segmentkriterien mit ihren
allfälligen Qualifikationen. In einem dritten Teil (der
im Bild nicht dargestellt ist) werden funktionale Beziehungen
festgehalten (Segmente können als Funktionen anderer
Segmente definiert werden), sowie die dem Segment zugeordneten numerischen Attribute, die aus zwei Parametern
bestehen und für alle seine Matrizen gelten.

Der Analyse-Processor

Der Analyse-Processor leistet für eine vorgelegte Menge
von Segmenten (Charge) im wesentlichen folgendes:

1) Für jedes Segment wird - mit Hilfe der oben skizzierten
   Erzeugungsregeln - für jede von ihm umschlossene Matrix
   eine Matrixcharakteristik erzeugt.

2) Es wird die Vereinigungsmenge dieser Matrixcharakteristiken
   erzeugt (Eliminierung identischer Matrizen aus verschiedenen Segmenten).

3) Eliminierung aller Matrizen, die in mindestens einer
   anderen enthalten sind.

4) Kennzeichnung der Matrizen, die aus mindestens einer
   Matrix der gleichen Charge ableitbar sind, wobei ein
   Planungsparameter - der sogenannte Aggregatabstand -
   berücksichtigt wird, welcher die höchste zugelassene
   Anzahl von Zugriffen festlegt, die im Falle des Aufbaues eines Elementes der abgeleiteten Matrix erforderlich sein werden.

Der letzte Schritt dient zur Bestimmung der sogenannten
virtuellen Matrizen. Diese werden im weiteren Verlauf
zwecks Speicherentlastung nicht physisch erzeugt, ihre
Zellenwerte werden bei der On-line-Abfrage automatisch
aus der günstigsten Argumentmatrix - Stützmatrix genannt -
errechnet.

Bezüglich der Austauschbarkeit von Matrizen ist hier der
Autarkiebegriff zu erwähnen: Unter einer Autarkie verstehen wir jede Menge von Matrizen, die auch sämtliche
ihrer Stützmatrizen enthält. Bildet man aus der Gesamtheit der Matrizen disjunkte Autarkien, die selbst nicht
mehr in disjunkte Autarkien zerlegbar sind, dann erhält
man die kleinstmöglichen selbständig austauschbaren Matrix-
mengen.

mengen.

Der Analyse-Processor liefert ferner verschiedene
Planungsauswertungen, sowie eine konkrete Programmier-
vorgabe für die Erstellung der erforderlichen Basis-
bänder (Beispiel Anhang 3), sofern solche noch nicht bestehen.

Der Aggregator

Diesem kommt die Aufgabe zu, alle aus einem vorgelegten
Basisbestand zu erzeugenden Matrizen - es können dies
mehrere tausend sein - in einem Programmlauf herzustellen.
Er muß gleichermaßen größten Input (z.B. Volkszählungs-
Bestände) zu verkraften wie größte Output-Matrizen zu
generieren imstande sein. Die programmtechnische
Lösung hatte sich also in erster Linie mit der Bewältigung
der Probleme zu befassen, die sich aus der ungewöhnlichen
großen Variationsbreite der Objekte ergeben. Ich erläutere
kurz die wesentlichsten Punkte.

Die Steuerung läuft über eine Kontrolldatei, die sämtliche
involvierten Matrizen - einschließlich des Basisbestandes,
der im wesentlichen als eine hochdimensionale Matrix verstanden werden kann - als Knoten eines gerichteten Graphs
enthält, dessen Kanten Ableitungsprozesse sind. Die Aufgabe ist, diesen "Ableitungsgraph" so zu gestalten, daß
die Laufzeit bei der Exekution - unter der Randbedingung
der zur Verfügung gestellten Resourcen - minimiert wird.

Als erstes wird die Menge der Matrizen unterhalb des Basis-
knoten (bzw. unterhalb allfälliger Zeitknoten) in kleinste
Autarkien gruppiert (Bild 13). Für jede Autarkie wird nun

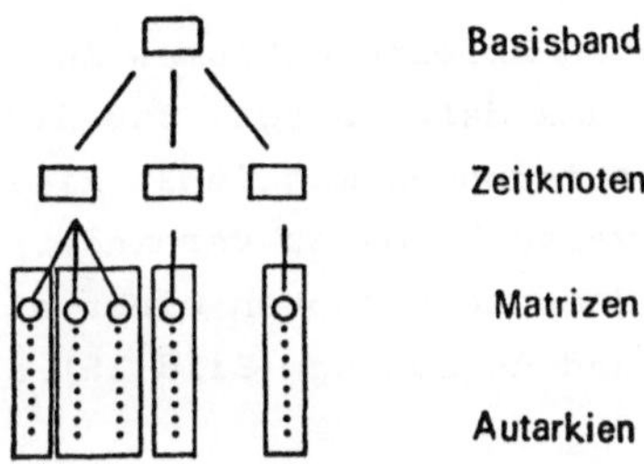

Bild 13

durch paarweise Untersuchung der Ableitbarkeit je zweier
Matrizen eine 'Schichtung' nach Generationen durchgeführt.
Der daraus entstehende Graph ist noch kein Aggregierungs-
baum, da im allgemeinen eine Matrix aus mehreren Matrizen
einer niedrigeren Generation ableitbar ist (Bild 14).

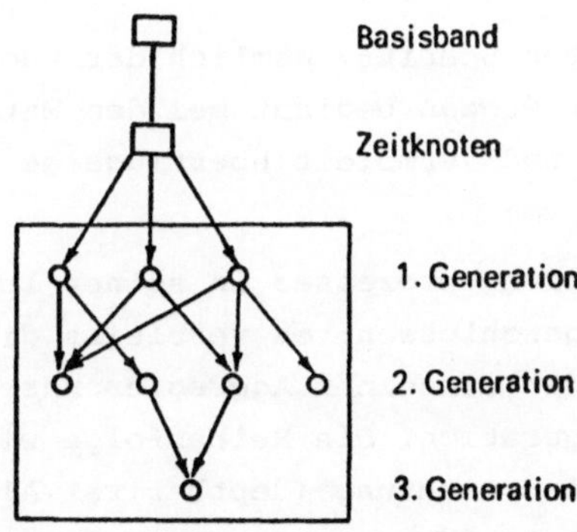

Bild 14

Die Herstellung des konkreten Ableitungsbaumes leistet
ein Optimierungsverfahren, das dafür sorgt, daß die Anzahl der erforderlichen Sortierungen möglichst klein
wird: Vereinfacht gesagt, versucht es zu verhindern, daß
mehrere Knoten an ein und demselben Knoten einer niedrigeren
Generation hängen. Die gefundene Lösung (Bild 15) ist

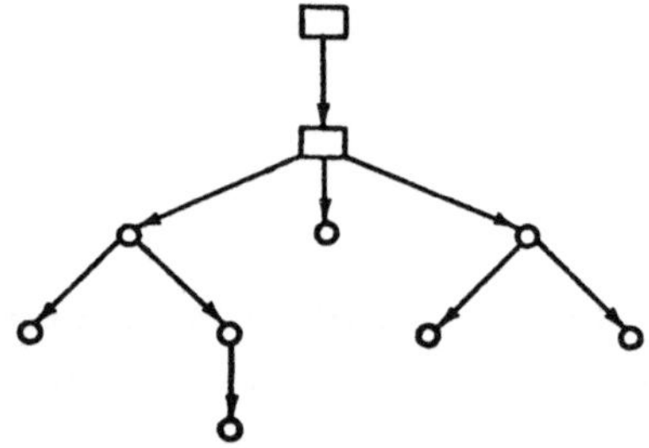

Bild 15

Grundlage für den nächsten Schritt, nämlich der Zuordnung
der Sortierränge. Dieser Prozeß beginnt bei den Matrizen
der höchsten Generation und vermeidet überflüssige Um-
sortierungen.

Die Planung des Aggregierungsprozesses in seiner logischen
Durchführung ist nun abgeschlossen; es verbleibt die Fest-
legung der Reihenfolge der einzelnen Aggregierungsprozesse
und deren interne Konfiguration. Die Reihenfolge wird mit
Bevorzugung der vertikalen Richtung (depth-first-Algorithmus,
Bild 16) bestimmt. Die Durchführung hängt von der Größe
des zur Verfügung stehenden Hauptspeicherbereichs und von der
Beschaffenheit des jeweiligen Inputs und Outputs ab.

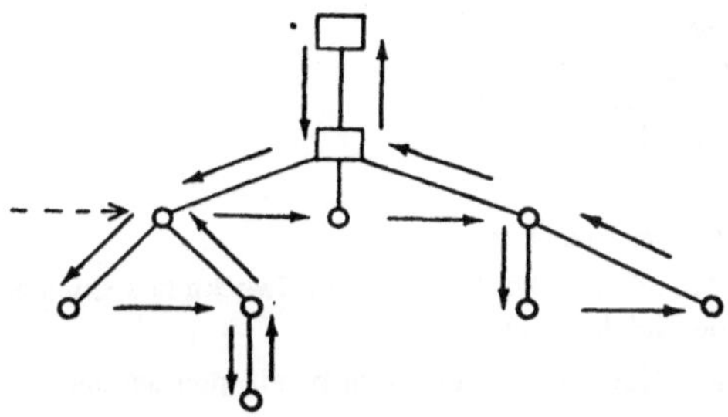

Bild 16

Demgemäß werden folgende "Operationswege" unterschieden:

Operationsweg 1: Der Output-Knoten (O-Knoten) kann durch Gruppenwechselbildung aus dem Input-Knoten (I-Knoten) erzeugt werden. Voraussetzung dazu ist richtige Sortierlage des I-Knotens.

Operationsweg 2: Der O-Knoten kann nicht durch Gruppenwechselbildung aus dem I-Knoten erzeugt werden, aber der O-Knoten kann komplett im Hauptspeicher aufgebaut werden (Zellengröße ist ein Vollwort).

Operationsweg 3: Der O-Knoten kann nur nach Vorsortierung mit Hilfe eines SORT-Aufrufs aus dem I-Knoten erstellt werden, da er für den Hauptspeicher zu groß ist.

Operationsweg 4: Nur für den SORT des Basisfiles. Dieser wird nach den Angaben der Kontrolldatei vom Aggregator vorsortiert, da richtige Sortierlage nicht vorausgesetzt werden kann.

Die Infrastruktur der Knotenerzeugung, die eigentliche Aggregierung, besteht aus den Programmblöcken wie sie Bild 17

LESEN:	Liest einen Satz vom Input-File
PERM:	Permutiert die Ausprägungskombination, für Zwecke des Gruppenwechsels und der Selektionsroutine
ABSPALT:	Selektionsroutine: Übergehen eines nicht benötigten Satzes
DECKEN:	Routine zur Durchführung des Gruppenwechsels
REPERM:	Zurückpermutieren der Ausprägungskombination
SCHREIBEN:	Schreibt einen Satz auf den Output-File
ENDFILE:	Abschlußroutine.

Bild 17

zeigt. Zwecks Reduzierung der Einleseleistung werden - wenn
es der Hauptsprecher erlaubt - mehrere benachbarte Matrizen
in einem erzeugt (Bild 18), was also eine lokale Durch-

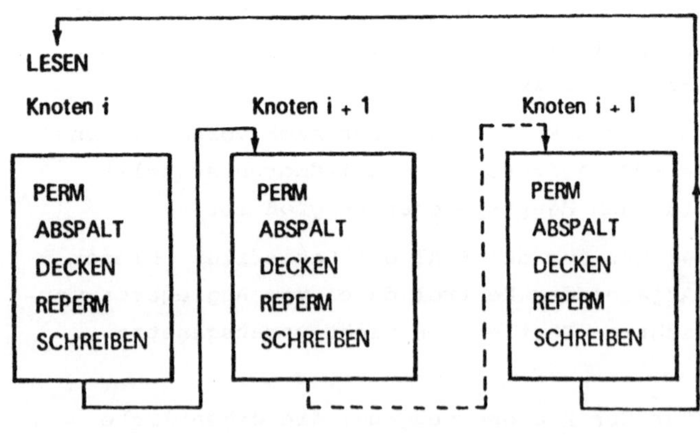

Bild 18

brechung des depth-first-Prinzips zugunsten der Laufzeit
bedeutet.

Das Laden der Matrixkette

Der Aggregator liefert als Endprodukt eine sequentiell ge-
speicherte Matrixkette, die alle aus demselben Basisbestand erstellbaren real herzustellenden Matrizen umfaßt.
Beim Laden dieser Matrizen in den im direkten Zugriff
stehenden Datenpool werden matrixweise zwei Entscheidungen
exekutiert die wesentlichen Bezug auf die Speicher-
ökonomie haben.

Die erste betrifft die Zahlendarstellung einer Matrixzelle. Jedem Segment werden - abhängig von seiner inhaltlichen
Bedeutung - bei der Formalisierung die individuellen
Parameter "Darstellungsschärfe" und "maximale Genauigkeit"
zugeordnet. Der erste Parameter legt die Zahl der wert-
habenden Stellen fest, die jedoch eingeschränkt wird durch
den zweiten Parameter, wenn der Stellenbereich einer
konkreten Zahl den durch ihn bezeichneten Stellenwert rechts-
seitig überziehen würde (siehe dazu die Beispiele Bild 19).

Darstellungsschärfe: 3
maximale Genauigkeit: 10^1

vorgegebene Zahl	Darstellung in ISIS
473 199	473 000
11 380	11 400
418	420
81.7	80

Darstellungsschärfe: 4
maximale Genauigkeit: 10^{-2}

vorgegebene Zahl	Darstellung in ISIS
473 199	473 200.00
11 388	11 390.00
21.8	21.80
3.479	3.48

Bild 19

Die Anzahl der möglichen Zahlenwerte einer Matrix wird
dadurch erheblich reduziert. Er ist Funktion dieser
beiden Parameter sowie des größten und des kleinsten
in dieser Matrix vorkommenden Wertes; diese beiden letzten
Werte werden während der letzten Phase des Aggregator-
prozesses festgestellt. Mittels eines Transformations-
algorithmus werden nun die möglichen Werte auf die ersten
natürlichen Zahlen projiziert und diese binär gespeichert.
Byte-Grenzen werden dabei ignoriert, die Anzahl der Bits
pro Datenstelle ist also matrixspezifisch (nicht segment-
spezifisch, da eine Matrix in verschiedenen Segmenten enthalten sein kann). Wir haben also für jede Matrix zunächst
eine Bit-Kette, deren Struktur erst mit Hilfe von Matrix-
parametern interpretiert wird. Beachtlich ist der Erfolg
dieser Kompressionsform: Der totale Durchschnitt des
Speicherbedarfs pro Zahl für das gesamte On-line-System
beträgt 1,42 Bytes.

Die zweite Entscheidung betrifft die adresslogische Speiche-
rungsform einer vorgelegten Matrix. Wir unterscheiden
zwischen "vollständiger" und "unvollständiger" Speicherungs-
form. Die vollständige verzeichnet die Zahlenwerte einer
jeden Matrixzelle; ihr Vorteil: Die Zahlenadresse ist
positionell errechenbar und verbraucht keinen Speicherraum.
Die unvollständige verzeichnet alle Stellenwerte der Matrix
bis auf einen sehr häufig auftretenden (Nullwert). Hier
wird Speicherraum für Substanzdaten gespart, dagegen muß
die Zahlenadresse für jeden Wert mitgespeichert werden. Der
Nullwert wird durch Fehlen der Adresse erkannt, das Retrieval
wird aufwendiger. Das System entscheidet zugunsten vollständiger Speicherung bei Gültigkeit der Bedingung

$$l_Z V_l \leqq V_\rho \left(l_Z + l_A\right) + C \, ,$$

andernfalls für unvollständige Speicherung.

Dabei bedeutet:

l_Z ......Länge des größten Zellenwertes in Bit

l_A ..... Länge des größten Adreßwerts in Bit, der die Raum-
koordinaten wiedergibt

V_l ..... logisches Matrixvolumen (Produkt der Kantenlängen)

V_p ..... physisches Matrixvolumen (Anzahl der werttragenden
Zellen). $V_p \leqq V_l$.

C ...... Konstante, die als Äquivalent für den Mehraufwand
bei unvollständiger Speicherung fungiert.

Während des Ladeprozesses wird also die konkrete Speicherungs-
form für jede einzelne Matrix automatisch gewählt. Die für
die Berechnung erforderliche Anzahl der "werttragenden"
Stellen wird zuvor in der letzten Aggregatorphase ermittelt. Die statistische Beobachtung zeigt, daß 95 % aller
realen Matrizen vollständig gespeichert werden und 23 %
des belegten Datenpools einnehmen; die restlichen 5 % werden
undvollständig gespeichert und verbrauchen 77 % des Datenpools.

Organisation der Hauptdateien

Die on-line zu haltenden Informationen des Systems können
im wesentlichen eingeteilt werden in Substanzdaten (das ist
die Gesamtheit der numerischen Matrizen), Organisations- und
Metadaten sowie Textinformation. Sie werden in zwei organi-
satorisch und zugriffstechnisch gänzlich unterschiedlichen
Dateisystemen gespeichert, dem "Datenpool" und dem "Adreßpool".

Wie der Name andeutet, nimmt der Datenpool die Substanzdaten auf. Sein Spezifikum ist die Speicherbarkeit von
linearisierten Matrizen außerordentlich hoher Größenstreuung.

Über die gewählte Zahldarstellung wurde bereits berichtet,
auf die zugeordneten Suchalgorithmen komme ich später noch
zurück. Ein Datenpool-Verwalter ermöglicht das Einketten
von Teilmatrizen in entstandene Lücken.

Der Adreßpool nimmt alle übrigen Informationen auf: Die
Metadaten des Datenpools, alle System- und Segmentin-
formationen, die Ausprägungsmengen der Gliederungskriterien,
die Funktionsstrukturen von DB/2, alle Textinformationen
und anderes mehr. Cirka 15 verschiedene Satzarten werden
hier gespeichert und verwaltet. Die einzelnen Sätze werden
nach dem Bucket-Prinzip mittels eines Randomizers den
Blöcken des Adreßpools zugeordnet. Jeder Satz hat eine
Schlüsselzone, die für jede Satzart spezifisch strukturiert
ist. Aus dem konkreten Schlüssel errechnet der Randomizer
die zuzuordnende Blockadresse; den Überlauf nimmt eine
kleine Zahl von Sekundärblöcken auf, deren Adresse durch
weitergeführte Randomisierung ermittelt wird; ein sehr
kleiner Tertiärbereich schließlich fängt überlaufende
Sekundärblöcke auf. Die Belegungslänge eines Blocks ist -
statistisch gesehen - das Produkt einer Mehrpunktvariablen
(der Satzlänge) mit einer annähernden Poissonvariablen,
dem "seltenen Ereignis", genau einen bestimmten Block
aus mehreren tausend zu treffen.

Die interaktiven Komponenten

Auch hier muß ich mich mit der Besprechung einiger ausge-
wählter Gesichtspunkte begnügen.

DB/1, das Grundsystem, ist stark modular strukturiert, ich
möchte mich hier auf die Leistung jener Module beschränken,
die die Auflösung einer vorgelegten Datenspezifikation bis
zum Zugriff auf den Datenpool leisten. Der logische Weg ist
in Bild 20 schematisch erklärt; zu erläutern verbleibt noch

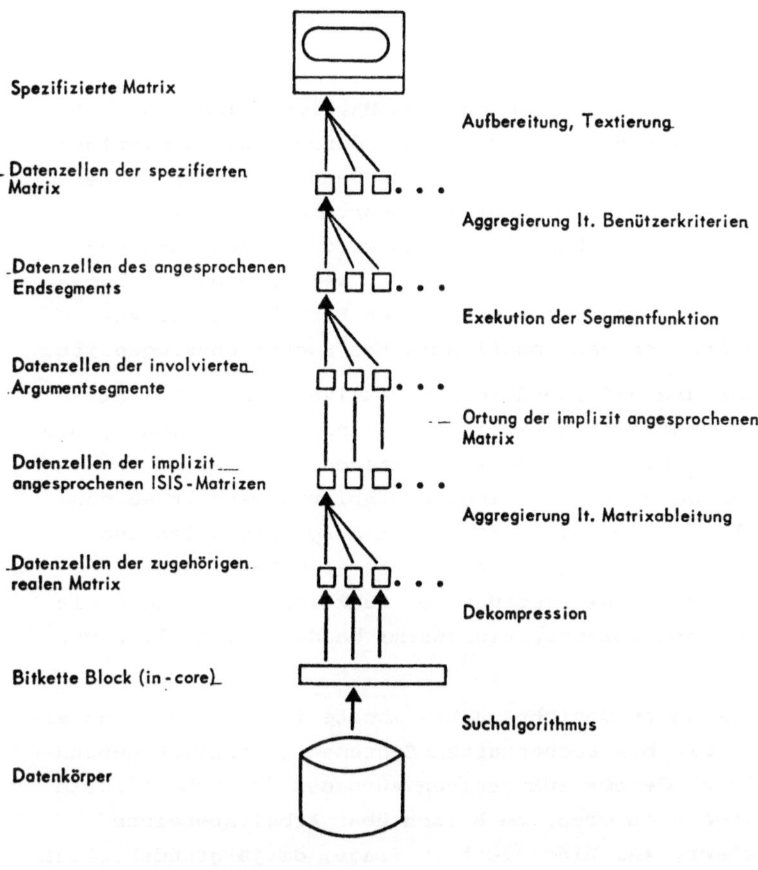

Bild 20

der Suchalgorithmus. Er benötigt zunächst die Informationen
des Datenpoolmanagements, das sind Zeigergrößen, die im
Adreßpool gespeichert werden. Sie liefert die Lokalisierung
der Bitkette bzw. deren Teile. Die Ortung des komprimierten
Datenwertes der gesuchten Zelle innerhalb der Bitkette geschieht sodann bei vollständig gespeicherten Matrizen sehr
einfach durch Linearisierung der mehrdimensionalen Adresse.

Bei unvollständig gespeicherten Matrizen wird zunächst
logarithmisch gesucht, das heißt durch jeweils mittiges
Anspringen der Kette mit anschließendem kleiner/größer-
Vergleich. Unterschreitet das geortete Intervall eine
bestimmte vorgegebene Größe, so wird für den Rest auf
sequentielles Suchen umgesteuert, weil dieses für kurze
Intervalle wegen des Wegfalls der Errechnung der An-
sprungadressen dem logarithmischen Suchen überlegen ist.

DB/2 ist die umfassendere interaktive Komponente. Sie
erlaubt eine sehr flexible Anwendung von Funktionen, die
benützerseitíge Eingabe von Vektoren (die sodann in
Matrizen gewünschter Dimensionszahl umgewandelt werden
können), die Spezifikation einer Ausgabefunktion und
ähnliches. Im übrigen enthält sie alle DB/1-Module.
Anhang 4 zeigt die verfügbaren Funktionen, Anhang 5 als
Beispiel die Dokumentationsform; beides ist on-line verfügbar.

Zwei besondere Gesichtspunkte möchte ich ausdrücklich erwähnen: Die bei rechenhaften Systemen gewöhnlich gehand-
habte Methode des sukzessiven Aufbaues der Subausdrücke
von unten nach oben, technisch über Arbeitsbereiche
realisiert, kam hier nicht in Frage, da ja grundsätzlich
auch sehr große Matrizen Argumente einer Funktion sein
dürfen, die dann im weiteren nur selektiv benötigt werden.
Die Strategie läuft hier im Prinzip in umgekehrter Richtung, wobei ausgewählte Subausdrücke voll aufgebaut werden
können. Dieser Akt der "Fixierung" eines Ausdrucks wird
teils automatisch (funktionsabhängig) realisiert, der Benützer kann aber die Fixierung auch ausdrücklich durch
Eingabe eines Schlüsselwortes verlangen, wenn er kleinere
rechenintensive Matrizen aufbaut, die im weiteren noch
benützt werden sollen. Ein eigenes In-core-Datenmanagement
sorgt für die Verwaltung und Sicherung dieser temporären bzw.

intermediären "schnellen Matrizen". Eine zweite Besonder-
heit von DB/2 besteht darin, daß es grundsätzlich die
Rechenergebnisse voll textiert. Es werden also bei jeder
funktionellen Verknüpfung innerhalb des Ausdrucksbaums
die Identifikationen der involvierten Merkmalsausprägungen
mitverfolgt, sofern dies für die betreffende Funktion
sinnvoll ist. Für den Benützer aus der Praxis, den
Statistiker, ist diese Eigenschaft entscheidend, weil er
sich in der Regel nur ungern mit anonymen mehrdimensionalen
Matrizen herumschlägt.

Auf die Technik der Ausdrucksanalyse kann ich im einzelnen
nicht eingehen. Es sei nur gesagt, daß der Ausdrucksgraph
vor seiner Exekution unter anderem auf allfällige Identität
von Şubausdrücken (soweit eine solche automatisch erkennbar ist) untersucht wird und im positiven Fall entsprechende
Umkettungen durchgeführt werden.

Am Ende dieser Rundschau muß ich nochmals betonen, daß ich
manch Essentielles weglassen mußte. Es sei nur erwähnt, daß
es die dem Datenschutz dienende Abgrenzung von Benützerklassen
gibt; automatische Plausibilitätskomponenten für eine über-
blicksweise Prüfung von Basisbeständen vor der Aggregierung;
schließlich auch eine eigene Systemkomponente, die die Ein-
speicherung nicht-formatierten Materials, das nicht auf
Datenträgern zur Verfügung steht, in das System ermöglicht.

Noch ein Wort zum quantitativen: Gegenwärtig bestehen insgesamt 448 "Systeme", 3.305 aktive Segmente und 179.000
Matrizen. Das Volumen der physisch gespeicherten Datenzellen
beträgt gegenwärtig 141 Millionen, das logische 66 Milliarden;
dieser frappierende Unterschied ist auf die Existenz relativ
weniger übergroßer, schwach besetzter Matrizen zurückzuführen,
wie etwa die Strommatrizen des Außenhandels.

Im letzten Quartal wurden on-line 4.161 Mal Segmente an-
gewählt, und mehrere hundert Batch-Auswertungen via
DBAUSZUG und TABGEN durchgeführt. Benützer sind mehrere
Ministerien, fast alle Bundesländer, Kammern, Institute
aber auch Banken und private Firmen.

Zur Masse der eingearbeiteten statistischen Matrix möge
Anhang 6 einen ungefähren Überblick geben.

Gestatten Sie mir, meine Damen und Herrn, zum Abschluß
noch zwei Bemerkungen, die jenseits des Technischen liegen,
und zwar zu der Frage: Was meinen wir eigentlich mit
"Integration", wenn wir von einem integrierten statistischen
Informationssystem sprechen?

Zum einen: Wir haben ein technisch integriertes System vor
uns, inwieweit bedeutet dies aber Integration im inhaltlichen Sinn des Merkmalsraumes unserer statistischen Arbeit?
Ich möchte hier behaupten, daß es eine integrierende Kraft
eines benützten Systems gibt, wenn dieses konzeptionell eine
solche Integration erlaubt; einfach deshalb, weil integrierende Bestrebungen - die es ja immer gegeben hat -
nicht im esoterischen Raum hängen bleiben müssen, sondern
unmittelbar und sofort nutzbar werden können. Der Nutzen
vereinheitlichter Systematiken etwa ist für den Praktiker
recht reduziert, wenn er die Zusammenführung verschiedener
Datenmaterien nur mit erheblichem Aufwand realisieren kann.
Hier liegen Segmente verschiedenster Provenienz dicht
nebeneinander; ihre funktionelle Verknüpfung ist unmittelbar möglich, die konzeptive Leistung integrierender Be-
mühungen sofort lukrierbar. Ich glaube deshalb, daß die
wachsende Gruppe der ISIS-Benützer langfristig viel eher

als das gescheiteste Schreibtischkonzept zu dem er-
wünschten Maß an inhaltlicher Integration der statistischen Merkmalswelt führen kann. Förderlich wäre
hiebei eine Vertiefung des Kontaktes dieser Benützer,
wofür das ÖStZ in Zukunft auch zu sorgen beabsichtigt.

Zum zweiten, und im Anschluß daran, ist zu sagen, daß
wir nicht so naiv sind, an eine kristallklare, ein
für allemal erreichbare Welt von Systematiken zu
glauben. Jedes Integrationskonzept setzt Abstraktion
voraus, und diese ist stets mit ein wenig Vergewalti-
gung der Wirklichkeit verbunden, die wir ja zu beschreiben suchen und die sich immerzu ändert. Wir erblicken im Begriff der Integration deshalb nicht etwa einen
erreichbaren Zustand, sondern ein immerwährendes Be-
mühen, wobei uns ISIS wertvolle Dienste leisten kann.

HC/1

BERUFSTAETIGKEIT - WANDERUNG <HALPTSYSTEM REGIONALSTATISTIK>

C9F ANZAHL DER GEWANDERTEN BERUFSTAETIGEN, AM 12.5.1971

```
1 F50   POLITISCHER BEZIRK DES WOHNORTES <98>
1 F32   BUNDESLAND DES WOHNORTES <9>
2 B19   POLITISCHER BEZIRK DES HERKUNFTSORTES BZW. AUSLAND <99>
2 B28   BUNDESLAND DES HERKUNFTSORTES BZW. AUSLAND <10>
  C11   GESCHLECHT <2>
```

C8G ANZAHL DER ZUGEZOGENEN BERUFSTAETIGEN, AM 12.5.1971

```
1 F41   GEMEINDE DES WOHNORTES <2345>
1 F50   POLITISCHER BEZIRK DES WOHNORTES <98>
1 F32   BUNDESLAND DES WOHNORTES <9>
  C11   GESCHLECHT <2>
```

C7H ANZAHL DER ZUGEZOGENEN BERUFSTAETIGEN, AM 12.5.1971

```
1 F50   POLITISCHER BEZIRK DES WOHNORTES <98>
1 F32   BUNDESLAND DES WOHNORTES <9>
  C50   ALTER IN 5-JAHRESGRUPPEN <12>
  B26   ENTFERNUNGSKATEGORIE <4>
  C11   GESCHLECHT <2>
```

```
1 F50   PCLITISCHER BEZIRK DES WOHNORTES <98>
1 F32   BUNDESLAND DES WOHNORTES <9>
  C23   ZUSAMMENGEFASSTE WIRTSCHAFTSKLASSEN <27>
  B26   ENTFERNUNGSKATEGORIE <4>
  C11   GESCHLECHT <2>
```

```
D3N  ANZAHL DER WEGGEZOGENEN BERUFSTAETIGEN, AM 12.5.1971

1 B37   GEMEINDE DES HERKUNFTSORTES BZW. AUSLAND <2350>
1 B19   PCLITISCHER BEZIRK DES HERKUNFTSORTES BZW. AUSLAND <99>
1 B28   BUNDESLAND DES HERKUNFTSORTES BZW. AUSLAND <10>
  C11   GESCHLECHT <2>
```

```
D2L  ANZAHL DER IN EINEN ANDEREN POLITISCHEN BEZIRK GEZOGENEN BERUFSTAETIGEN,
     AM 12.5.1971

1 B19   PCLITISCHER BEZIRK DES HERKUNFTSORTES BZW. AUSLAND <99>
1 B28   BUNDESLAND DES HERKUNFTSORTES BZW. AUSLAND <10>
  C50   ALTER IN 5-JAHRESGRUPPEN <12>
  B62   ENTFERNUNGSKATEGORIE <3>
  C11   GESCHLECHT <2>
```

C93

C93	HERKUNFTSLAND <39>
1	WIEN
2	UEBRIGES OESTERREICH
3	BELGIEN UND LUXEMBURG
4	BULGARIEN
5	DAENEMARK
6	BUNDESREPUBLIK DEUTSCHLAND (OHNE BERLIN)
7	BERLIN
8	FRANKREICH (UND MONACO)
9	GRIECHENLAND
10	GROSSBRITANNIEN
11	ISRAEL
12	ITALIEN
13	JUGOSLAWIEN
14	KANADA
15	NIEDERLANDE
16	POLEN
17	RUMAENIEN
18	SCHWEDEN
19	SCHWEIZ UND LIECHTENSTEIN
20	TSCHECHOSLOWAKEI
21	UNGARN
22	USA
23	VEREINIGTE ARABISCHE REP.(AEGYPTEN)
24	ARGENTINIEN
25	AUSTRALIEN UND NEUSEELAND
26	BRASILIEN
27	FINNLAND
28	INDIEN UND PAKISTAN
29	IRLAND (REPUBLIK)
30	JAPAN
31	MEXIKO
32	NORWEGEN
33	PORTUGAL
34	UDSSR
35	SPANIEN
36	REPUBLIK SUED-AFRIKA
37	TUERKEI
38	SUEDAMERIKA OHNE ARGENTINIEN U.BRASILIEN
39	UEBRIGES AUSLAND

30/103/00
SISBANDVORGABE - CHARGE 37

LENUMMER: 32   METHODE 1
HEBUNG: 14   HAEUSER-UND WOHNUNGSZAEHLUNG 1971
EMENT: 2   WOHNUNG
IT: 552   (1971)

```
                    CODE NY      DISPL TEXT
GENSTAENDE:          1   O          O   ANZAHL
                     4  -1 --       4   MONATLICHER AUFWAND IN 1000 S
                    11  -2 --       8   NUTZFLAECHE IN 1000 M2
                    15   O --      12   BEWOHNERANZAHL
                    16   O --      16   WOHNRAUMANZAHL

SISKRITERIEN:
CODE LAENGE DISPL VERGR TEXT
 A26    1     20    J -  EIGENTUEMER 3
 A35    1     21    N -  ALTER DES HAUSHALTSVORSTANDES 4
 A55    1     22    J -  STAATSBÜRGERSCHAFT DES EIGENTUEMERS 2
 A64    1     23    N -  VORHANDENSEIN EINES AUFZUGES 2
 A73    1     24    J -  BEWOHNERANZAHL 5
 A80    1     25    N -  BEWOHNUNGSART 5
 B00    1     26    J -  BUNDESLAND 9
 B07    1     27    N -  RECHTSVERHAELTNIS 4
 B16    1     28    J -  WOHNRAUMANZAHL 4
 B24    1     29    N -  BEWOHNT JA/NEIN
 B25    1     30    J -  GEBAEUDEART 2
 B34    1     31    N -  NUTZFLAECHE 5
 B42    1     32    N -  WOHNUNGSAUFWAND ANGEGEBEN JA/NEIN
 B43    1     33    N -  GESCHOSSLAGE 5
 B51    1     34    N -  NUTZFLAECHE ANGEGEBEN JA/NEIN
 B61    1     35    N -  AUSSTATTUNGSTYP 3
 B70    1     36    N -  BEWOHNERANZAHL 10
 C06    1     37    N -  KINDERANZAHL 5
 C15    1     38    N -  WOHNUNGSAUFWAND PRO QUADRATMETER NUTZFLAECHE 9
 C24    1     39    N -  WOHNUNGSANZAHL 6
 C33    1     40    N -  RECHTSVERHAELTNIS 7
 C41    2     41    J -  GEMEINDE 2349
 C50    1     43    J -  POLITISCHER BEZIRK 98
 D04    1     44    N -  GEBAEUDEART 5
 D10    1     45    N -  AUSSTATTUNGSTYP 5
 D13    1     46    J -  GEMEINDE, 10000 UND MEHR EINWOHNER 65
 D22    2     47    N -  ZAEHLSPRENGEL 8302
 D40    1     49    N -  BAUPERIODE 6
 D43    1     50    N -  LEBENSUNTERHALT BZW. STELLUNG IM BERUF D.
                                 HAUSHALTSVORSTANDES 8
 D52    1     51    N -  ALTER DES HAUSHALTSVORSTANDES 4
 E00    1     52    N -  WOHNRAUMANZAHL 5
 F02    1     53    N -  WOHNQUALITAET 4
 F05    1     54    N -  ALLE BEWOHNER UEBER 60 JAHRE JA/NEIN
 F20    1     55    N -  EIGENTUEMER 7
 F23    1     56    N -  MIET- ODER EIGENTUMSWOHNUNG JA/NEIN
 G01    1     57    J -  BAUPERIODE 5
 J01    1     58    N -  HAUSHALTSTYP DES ERSTEN HAUSHALTES 2
```

ZLAENGE: 60

CKLAENGE: 3120

ULL = N

ERGAENZENDE SYSTEMFUNKTIONEN
     C .... CHANGE-FUNKTION
     FILTER ...... UNTERDRUECKUNG VON WERTEN VOR DER AUSGABE
     LIST .... LISTUNGEN ALS DIALOGHILFE

MANIPULATIVE FUNKTIONEN
     DIM .... LAENGEN DER DIMENSIONEN EINES BEREICHES
     MAT .... 1-DIMENSIONALEN BEREICH IN MEHRDIMENSIONALEN UMWANDELN
     ROT .... STUERZEN DER DIMENSIONEN EINES BEREICHES
     SHIFT .... VERSCHIEBEN ENTLANG EINER BEREICHSDIMENSION
     SORT .... SORTIERUNG NACH WERTEN ENTLANG DER LETZTEN BEREICHS-
                   DIMENSION
     ZELLVOL ..... ZELLENVOLUMEN

SPEZIFISCH PRAXISBEZOGENE RECHENFUNKTIONEN
     + ... ADDITION (KOMMENTARABRUF UNTER 'ARIVER')
     - .... SUBTRAKTION (KOMMENTARABRUF UNTER 'ARIVER')
     * .... MULTIPLIKATION (KOMMENTARABRUF UNTER 'ARIVER')
     / .... DIVISION (KOMMENTARABRUF UNTER 'ARIVER')
     ** .... POTENZ (KOMMENTARABRUF UNTER 'ARIVER')
     RUND .... RUNDEN VON ZAHLEN
     SUM1 .... SUMMIERUNG UEBER DIE ERSTE BEREICHSDIMENSION
     SUM .... SUMMIERUNG
     KUMUL .... KUMULIERUNG IN DER LETZTEN BEREICHSDIMENSION
     MITT .... ARITHMETISCHES, GEOMETRISCHES, HARMONISCHES MITTEL
     MITTGEW ..... GEWOGENES MITTEL - MITTEL BEI GEGEBENER HAEUFIGKEITS-
                   VERTEILUNG
     PROZ .... PROZENTRECHNUNG
     ZVGL .... WERTVERGLEICH INNERHALB EINER ZEITREIHE
     MULT1 .... PRODUKTBILDUNG UEBER EINE BEREICHSDIMENSION

MATHEMATISCHE FUNKTIONEN
     MIN .... MINIMUM
     MAX .... MAXIMUM
     SEL .... SELEKTIONSFUNKTION
     ABS .... ABSOLUTBETRAG
     SIGN .... VORZEICHENBESTIMMUNG
     SORT .... QUADRATWURZEL
     LOG .... NATUERLICHER LOGARITHMUS
     LOG2 .... LOGARITHMUS DUALIS
     LOG10 .... LOGARITHMUS ZUR BASIS 10
     EXP .... EXPONENTIALFUNKTION
     FAK .... FAKULTAET
     GAM .... GAMMAFUNKTION - DICHTE
     LOGAM .... LOGARITHMUS DER GAMMAFUNKTION
     VEKPROD ..... PRODUKT EINES SPALTENVEKTORS MIT EINEM ZEILENVEKTOR

STATISTISCHE FUNKTIONEN
```
MED ........... MEDIAN
STA ........... STANDARDABWEICHUNG
VAR ........... VARIANZ
VARGEW ........ GEWOGENE VARIANZ - VARIANZ BEI GEGEBENER HAEUFIGKEITS-
                VERTEILUNG
GLD ........... EINFACHER GLEITENDER DURCHSCHNITT (LINEARE ANPASSUNG)
                UEBER DIE LETZTE BEREICHSDIMENSION
NLGLD ......... NICHTLINEARER GLEITENDER DURCHSCHNITT UEBER DIE LETZTE
                BEREICHSDIMENSION
INDIFF ........ INDIFFERENZTABELLE ZU GEGEBENER ZWEIDIMENSIONALER
                KONTINGENZTABELLE
CHIKONT ....... PRUEFGROESSE FUER KONTINGENZTAFELN DES TYPS R MAL C
CC ............ KONTINGENZKOEFFIZIENT NACH PEARSON
CCKORR ........ KORRIGIERTER KONTINGENZKOEFFIZIENT NACH PAWLIK
CORR .......... KORRELATIONSKOEFFIZIENT
COVAR ......... KOVARIANZ
COVARMAT ...... KOVARIANZMATRIX
AUTOCORR ...... AUTOKORRELATION
COVGEW ........ GEWOGENE KOVARIANZ - KOVARIANZ BEI GEGEBENER
                ZWEIDIMENSIONALER HAEUFIGKEITSVERTEILUNG
CORRGEW ....... KORRELATIONSKOEFFIZIENT FUER GRUPPIERTE DATEN
N ............. NORMALVERTEILUNG - DICHTEFUNKTION
NV ............ NORMALVERTEILUNG - VERTEILUNGSFUNKTION
ERF ........... GAUSS'SCHES FEHLERINTEGRAL (ERROR FUNCTION)
ERFC .......... KOMPLEMENT DES GAUSS'SCHEN FEHLERINTEGRALS
T ............. STUDENTVERTEILUNG - DICHTEFUNKTION
TV ............ STUDENTVERTEILUNG - VERTEILUNGFUNKTION
CHI ........... CHIQUADRATVERTEILUNG - DICHTEFUNKTION
CHIV .......... CHIQUADRAT-VERTEILUNGSFUNKTION
F ............. F-VERTEILUNG - VERTEILUNGSFUNKTION
POIS .......... POISSONVERTEILUNG
BINK .......... BINOMIALKOEFFIZIENT
BINV .......... BINOMIALVERTEILUNG
LOR ........... KONZENTRATIONSMASS NACH LORENZ-MUENZNER
ENT ........... ENTROPIE (ALS STREUUNGS- ODER KONZENTRATIONSMASS FUER
                QUALITATIVE MERKMALE)
POTMITT ....... POTENZMITTEL
```

ZVGL --- WERTVERGLEICH INNERHALB EINER ZEITREIHE

FORM ----------->   ZVGL(1.PARAMETER,2.PARAMETER:ARGUMENT)

ARGUMENT ------->   1- BIS 6-DIMENSIONALE MATRIX: DAS ZEITKRITERIUM MUSS
                     DIMENSIONSBILDEND SEIN

PARAMETER ----->   1.PARAMETER: PROZ ... PROZENTUELLE VERAENDERUNG
                                  QUOT ... QUOTIENT
                                  DIFF ... DIFFERENZ
                                  FEHLT: PROZENTUELLE VERAENDERUNG
                     2.PARAMETER: NEGATIVE ZAHL ... VERSCHIEBUNG DER
                                      VERGLEICHSREIHE UM DIE ANGEGEBENEN
                                      ZEITEINHEITEN IN DIE VERGANGENHEIT
                                  POSITIVE ZAHL ... VERSCHIEBUNG DER
                                      VERGLEICHSREIHE UM DIE ANGEGEBENEN
                                      ZEITEINHEITEN IN DIE ZUKUNFT
                                  FEHLT: VERSCHIEBUNG UM EINE ZEITEINHEIT
                                      IN DIE VERGANGENHEIT
                     BEI SPEZIFIKATION DES ZWEITEN PARAMETERS IST FUER DEN
                     ERSTEN ZUMINDEST EIN BEISTRICH ZU SETZEN

ERGEBNIS ------->   MATRIX MIT GLEICHER DIMENSION WIE DAS ARGUMENT
                     TEXTAUSGABEN SCHLAGEN IM ERGEBNIS DURCH, LEDIGLICH
                     NICHT EXISTENTE WERTE WERDEN UEBERGANGEN

BEMERKUNGEN --->   DIE ZEITREIHE SOLLTE AUS NUR EINEM DICHT LIEGENDEN
                     INTERVALL BESTEHEN
                     WENN DIE REIHE WEITER EXISTIERT ALS SIE SPEZIFIZIERT
                     WURDE, WIRD DIE BERECHNUNG NACH MOEGLICHKEIT BIS AN
                     DIE SPEZIFIZIERTEN GRENZEN DURCHGEFUEHRT

BEISPIELE ----->   ZVGL(H9I A10 0176 BIS 1276)=
                     ZVGL(,-12:H9I A10 0176 BIS 1276)=
                     ZVGL(,5:H9I A10 0176 BIS 1276)=
                     ZVGL(QUOT,-12:H9I A10 0176 BIS 1276)=STD(NY=-3)
                     ZVGL(DIFF,-1:H9I A10 0176 BIS 1276)=

Bevölkerungsstatistik

Volkszählung 1971 (Demographie, Sozialstatistik, Bildung, Berufsstatistik)
Volkszählung 1961 (Vergleichsdaten zu 1971)*
Natürliche Bevölkerungsbewegung
Hochschulstatistik
Schulstatistik
Kindertagesheime
Krankenstatistik der Krankenanstalten
Anzeigepflichtige Infektionskrankheiten
Statistik des Personals und der Einrichtungen des Gesundheitswesens
Krebsstatistik
Kriminalstatistik

Land- und Forstwirtschaft

Land- und forstwirtschaftliche Betriebszählungen 1960 und 1970
Allgemeine Viehzählung
Geflügelbrütereien und -schlächtereien
Schlachtungsstatistik
Milchberichterstattung
Besondere Ernteermittlung (Ertrag)
Feldfruchtberichterstattung (Ertrag)
Obsternteberichterstattung (Ertrag)
Gemüseberichterstattung (Ertrag)
Weinernteerhebung (Ertrag)
Weingartenerhebung (Flächendaten)
Bodennutzungserhebung (Flächendaten)
Landwirtschaftliche Maschinen und Geräte

Gewerbliche Wirtschaft

Nichtlandwirtschaftliche Betriebszählung 1964 (Betriebsdaten)
Personenstands- und Betriebsaufnahme 1967 (Arbeitsstättendaten)
Arbeitsstättenzählung 1973
Industrie (Produktionsindizes 1964, 1971, Produktivitätsindex, Produktion,
           Betriebsdaten, Auftragseingang, Auftragsbestand)
Großgewerbe (Produktion, Betriebsdaten)
Kleingewerbe (Betriebsdaten)
Dienstleistungsgewerbe (Betriebsdaten)
Index der Sachgütererzeugung
Bauindustrie und Baugewerbe (Betriebsdaten, Baugeräte, Auftragsbestand)
Baupreisindex
Groß- und Einzelhandelserhebung 1971 (Betriebsdaten)
Index der Großhandelspreise 1964
Index der Großhandelspreise 1976
Umsatz- und Wareneingangsindizes des Groß- und Einzelhandels
Beherbergungs- und Gaststättenwesen 1972 (Betriebsdaten)
Bereichszählungen 1976
Energiestatistik
Energiebilanz

Außenhandel und Verkehr

   Außenhandel
   Kraftfahrzeugbestand *
   Kraftfahrzeugzulassungen
   Straßenverkehrsunfälle
   Fremdenverkehr

Sozial- und Wohnungsstatistik

   Häuser- und Wohnungszählung 1971
   Wohnbaustatistik
   Mikrozensus (Berufstätigkeit, Wohnungswesen)
   Konsumerhebung 1974 *
   Verbraucherpreisindex 76
   Verbraucherpreisindex 66 und verkettete Indizes
   Kollektivvertragsstatistik
   Tariflohnindex 66 und verkettete Indizes
   Bundeskammer der gewerblichen Wirtschaft: Lehrlingsstatistik, Lohn-, Gehalts-
        strukturerhebung, Arbeitskostenstatistik, Beschäftigtenstatistik
   Hauptverband der Österreichischen Sozialversicherungsträger: Beschäftigung,
        soziale Sicherheit
   Arbeitsmarktverwaltung: Berufstätigkeit
   Österreichischer Gewerkschaftsbund: Streikstatistik

Finanzstatistik

   Umsatzsteuer *
   Einkommensteuer *
   Lohnsteuer *

Volkswirtschaftliche Gesamtrechnung

   Bruttonationalprodukt
   Verteilung des Volkseinkommens
   Verfügbares Güter- und Leistungsvolumen
   Standard-Kontensystem
   Öffentliche Verwaltung

Topographische Basisdaten *

Internationale Daten aus folgenden Publikationen

   UN Statistical Yearbook
   UN Demographic Yearbook
   OECD Main Economic Indicators
   OECD Quarterly Supplement to Main Economic Indicators
   Eurostat — General Statistics
   Monthly Bulletin of Statistics
   Statistical Indicators of Short Term Economic Changes in EEC Countries
   Production Yearbook of FAO
   Annual Bulletin of Transport Statistics
   Yearbook of National Accounts Statistics
   International Financial Statistics
   Mitteilungen des Direktoriums der Österreichischen Nationalbank
   Die Presse (Dow Jones Index)

PROBLEME DER ANWENDUNG STATISTISCHER METHODEN AUF DATEN DER AMTLICHEN WIRTSCHAFTS- UND SOZIALSTATISTIK

Walter Krug[+]

1. Einführung

1.1 Gewinnung amtlicher wirtschafts- und sozialstatistischer Daten

Die Realisierung der Zusammenarbeit zwischen den beiden Trägern der Statistik, nämlich der Universitätsstatistik und der Verwaltungsstatistik oder amtlichen Statistik, ist ein seit langem erstrebtes, wenn auch bis heute nicht in vollem Umfang erreichtes Ziel. Gerade in jüngster Zeit geht durch die Aufstellung von statistischen Informationssystemen ein neuer Impuls zur Erreichung dieses Ziels aus, denn "der Unterschied zur Datenbank besteht darin, daß ein Informationssystem zusätzlich noch ein ausgebautes Auswertungs- und Analysesystem und eine ausgefeilte Dokumentation enthält."[1]

Mit Menges und Skala ist ein statistisches Informationssystem durch drei Haupttransformationsstufen zu kennzeichnen: "Die gemessenen Realisationen der Phänomene werden durch die Erhebung in Daten, die Daten durch Übermittlung (Verarbeitung) in Informationen und die Informationen durch Entscheidung in Aktionen transformiert."[2] Demnach sind Daten Symbole, welche aus der Erhebung (Messung) der Realisationen von Phänomenen hervorgehen und durch geeignete Verarbeitung zu Informationen werden. Streng genommen sind das Ergebnis der Erhebung noch nicht die Daten, sondern eine Vorstufe derselben, die "Urliste" oder das "Urmaterial". Die Transformation des statistischen Urmaterials in die nach bestimmten Kriterien angeordneten (numerischen) Daten erfolgt durch die Aufbereitung und Messung. Unter Messung kann eine Abbildung einer Menge von empirischen Objekten auf ein mathematisches System, gewöhnlich der reellen Zahlen, verstanden werden. Dabei sind verschiedene Realisationen zwischen den Objekten dieses Systems möglich: Es entstehen dabei nominal-, ordinal-, verhältnis-, intervallskalierte Daten.

[+] Univ.-Prof. Dr. rer.pol. Walter Krug, Statistik, Universität Trier

[1] Zindler, H.-J.: Statistische Informationssysteme - Versuch einer Definition. Sonderheft zum ASTA, Heft 15 (1979), S. 23

[2] Menges, G.; Skala, H.-J.: Grundriß der Statistik, Teil 2: Daten - Ihre Gewinnung und Verarbeitung. Opladen 1973, S. 25

Hauptträger dieser Gewinnungs- oder Produktionsphase der Daten ist die amtliche Statistik[1], deren Arbeitsgebiet sich auf die Wirtschafts- und Sozialstatistik erstreckt. Hierbei geht es - auch geschichtlich gesehen - zunächst um die Erhebung und Aufbereitung von Individualdaten. Um die Vielfalt der erhobenen wirtschafts- und bevölkerungsstatistischen Tatbestände zu zeigen, die neben metrisch skalierten häufig durch nominalskalierte Daten charakterisiert sind, sind in Übersicht 1 und 2 aus dem Arbeitsgebiet des Statistischen Bundesamtes der BRD[2] die wichtigsten wirtschafts- und bevölkerungsstatistischen Erhebungen zusammengestellt worden.

1.2 Verarbeitung der Daten

Die Verarbeitung der Daten ist durch die Gewinnung eines Datenmaßes gekennzeichnet. Nach dem Zweck, den das Datenmaß erfüllen soll, sind mehrere Typen von Datenmaßen zu unterscheiden:

(a) Die Beschreibung des Phänomens selbst im Sinne einer "erklärenden" ("deutenden") Deskription erfolgt mit Hilfe deskriptiver Maßzahlen.

(b) Die Beschreibung eines nicht direkt beobachtbaren Konstrukts als Indikator für einen bestimmten wirtschaftlichen und gesellschaftlichen Sachverhalt erfolgt durch ein Verfahren, bei dem es sich um ein geschicktes Kombinieren und Aufeinanderabstimmen von wirtschafts- und sozialstatistischen Daten unter

---

1) Neben der amtlichen Statistik gibt es vor allem im Bereich der wirtschaftswissenschaftlichen Forschungsinstitute, der Verbände und bei einigen gesellschaftlichen Gruppen eine Vielzahl statistischer Arbeiten. Diese nicht amtliche Statistik ist oft auf die statistische Beobachtung und Analyse der für die jeweiligen Zwecke wichtigen Tatbestände gerichtet. Im Vordergrund steht bei den wirtschaftswissenschaftlichen Instituten die spezielle statistische Analyse ökonomischer Entwicklungen.

2) Vgl. Statistisches Bundesamt: Das Arbeitsgebiet der Bundesstatistik 1976, Stuttgart und Mainz 1976

Übersicht 1: Gegenstand und Erhebungen der Wirtschaftsstatistik

Sachgebiete	Land- und Forstwirtschaft, Fischerei	Produzierendes Gewerbe Unternehmen u. Arbeitsstätten	Bautätigkeit Umweltschutz	Handel Gastgewerbe Reiseverkehr
Gegenstand	Betriebe Arbeitskräfte Bodennutzung Ernte Viehwirtschaft Fischerei Ernährungswirtschaft	Bergbau Verarbeitendes Gewerbe Baugewerbe Elektrizitäts-Gas-, Fernwärme- und Wasserversorgung Handwerk Arten, Bilanzen, Kosten von Arbeitsstätten	Baugenehmigung -fertigstellung Tiefbau Wohnungen Abfallbeseitigung Wasserschutz	Großhandel Einzelhandel Außenhandel Beherbergung Gastgewerbe
Ausgew. Erhebungen	Landwirtschaftszählung, Agrar- und Ernteberichterstattung Viehzählung, Statistiken der Geflügel, Schlachtungen, Tierseuchen, des Weinbaus, Fischerei und der Ernährung	Erhebungen bei Betrieben und Unternehmungen Sonderstatistiken für einzelne Industriezweige Handwerkszählung Handwerksberichterstattung Arbeitsstättenzählung Statistiken der Bilanz, Kostenstruktur, Kapitalgesellschaften	Statistik der Bautätigkeit, Finanzierung des Wohnungsbaus Gebäude- und Wohnungszählung, Wohnungsstichprobe Statistik der Abfall- und Abwasserbeseitigung, der Investitionen in Umweltschutz	Handels- und Gaststättenzählung, Statistiken des Groß-, Einzelhandels, des Gastgewerbes des Reiseverkehrs in Beherbergungsstätten Zusatzerhebung des Mikrozensus, Außenhandelsstatistik

Fortsetzung der Übersicht 1:

Gegenstand und Erhebungen der Wirtschaftsstatistik

Sachgebiete	Verkehr	Geld und Kredit	Öffentliche Sozialleistungen	Finanzen und Steuern	Preise Löhne Wirtschaftsrechnungen
Gegenstand	Eisenbahn- und Strassenverkehr Binnen-und Seeschiff-fahrt Luftver-kehr- Rohrfern-leitungs-verkehr Post- und Fernmelde-wesen	Kreditin-stitute Geldvolu-men Bankenli-quidität Geldwesen Wertpa-piermärk-te	Gesetzliche u. private Versicherungen Sozialhilfe Behinderten-, Jugendhilfe Arbeitslosen-hilfe	Öffent-liche Haushal-te Steuern	Erzeuger-, Großhan-delsver-kaufsprei-se Verdienste Lohnstruk-tur Einkommen und Ausga-ben der Haushalte
Ausgew. Erhebungen	Eisenbahn-, Straßensta-tistik Statistiken der Perso-nalbeförde-rung und des Güterver-kehrs; Statistik der Binnen-schiffahrt, Seeschiff-fahrt und Luftfahrt	Bundesbank-ausweise Statistiken der Kredit-institute (Zwischen-bilanz); Kredite, Einlage-u. Wertpapier-Kundende-pots-,Be-stände, Emissions-Investment-Renditen, Börsenum-satzstati-stik Statistiken der Devi-senkurse, Zinssätze Ausgleichs-forderungen	Statistiken d. gesetzlichen Renten-,Krank-ken-,Unfall-, Arbeitslosen-versicherung Statistik über die Vermögens-anlagen der Versicherungs-unternehmen; Statistik der Lebensversi-cherung; Pen-sions-u.Ster-bekassen, pri-vate Kranken-versicherung, Schaden- und Unfallversi-cherung	Statisti-ken der Haushalts wirt-schaft, Steuer-haushalt Schulden Statisti-ken der einzelnen Steuern	Statistiken der Ein-kaufs-,Ver-braucher-preise, Baupreise, Ein-und Ausfuhr-preise, Laufende Verdienst-statisti-ken Gehalts-u. Lohnstruk-turerhe-bungen, Statisti-ken der Tariflöhne und Gehäl-ter, Wirt-schafts-rechnungen privater Haushalte, Einkommens Verbrauchs stp.

Übersicht 2:   Gegenstand und Erhebungssystem der Bevölkerungs- und Erwerbsstatistik

	Bevölkerungsstatistik		Erwerbsstatistik		
Sachgebiete	Statistik der Bevölkerungs-bewegung		Statistik des Bevölkerungs-standes(sowie der Erwerbs-struktur)	Arbeitsmarkt-statistik der Arbeitsverwal-tung (Arbeitsämter)	Statistik der Streiks und Aussperrungen
	natürliche Bevölkerungsbewegung	Wanderungen			
Gegenstand	Statistiken der Geburten, Eheschließungen, Sterbe-fälle (einschl. Todeser-klärungen- u. Todesursa-chenstatistik), Ehelösun-gen, Gerichtsurteile in Ehesachen	Statistiken der Bin-nen-,Außen-und Pen-delwanderung,Erfas-sung der wandernden Personen nach per-sönl. Merkmalen,bis-herigem u.neuem Wohn-ort usw.	Erhebungen von Bestandsdaten (d.h.Bestands-massen zu einem Stichtag) der Bevölke-rungs-,Erwerbs-u.Sozialstruktur (demographische und sozioökono-mische Merkmale)	Monatliche Statistiken der Arbeitslosen,offenen Stel-len,Arbeitsvermittlungen u. der Kurzarbeit,ferner Statistiken über Berufsbe-ratung,ausländische Arbeit-nehmer,Heimarbeiter und Arbeits-, Berufsförderungs-und Umschulungsmaßnahmen	
Erhebungen	Laufende Registrierung bei entsprechenden Be-hörden (also Sekundärstatistik) und periodi-sche Auswertung. Erhebungen bei: Standesämtern und Landgerichten	Einwohnermeldeämtern (Erfassung der Pen-delwanderung in Volkszählungen)	Primärerhebung durch Befragung der Personen an bestimmten Stichtagen: Volkszählung als Totalerhe-bung Mikrozensus als laufende Stich-probe Statistiken des Gesundheitswe-sens,derBildung u.Kultur,der Rechtspflege	Laufende Berichterstattung über die Geschäftstätigkeit der Bundesanstalt für Arbei-und ihrer Arbeitsämter (d.h eine Geschäftsstatistik. Beschäftigtenstatistik die-ser Ämter unter Mitwirkung der Rentenversicherungs-träger.	

Quelle: v.d. Lippe, P.: Wirtschaftsstatistik, UTB 209, Stuttgart 1973,S.23 und eigene Ergänzungen.

teilweiser Verwendung von deskriptiven Maßzahlen[1] handelt.

(c) Der theoretisch universellste Typus eines Datenmaßes ist das Inferenzmaß[2]: Seien $x_1, \ldots, x_n$ die Einzeldaten (= gemessene Elemente der Erhebungsmenge), die einen Datenvektor $\underline{x}$ = $(x_1 \ldots x_n)$ ergeben. Das (unbekannte) Phänomen sei mit θ bezeichnet, seine möglichen empirischen Ausprägungen füllen einen Raum Ω. Es wird θ als Parameter oder Parametervektor der Verteilungsfunktion $F(x)$ der möglichen Realisationen (Daten) der Zufallsvariablen X interpretiert. Das Inferenzmaß ist dann einfach ein Maß ϕ über dem Parameterraum (= Raum der empirischen Ausprägungen des Phänomens), gegeben der Datenvektor $\underline{x}$: $\phi(\theta|\underline{x})$ Die eigentliche statistische Problematik besteht darin, $\phi(\theta|\underline{x})$ zu spezifizieren.

---

1) Hierbei wird zur Unterscheidung   der Aggregation als "Anhäufung mehrgliedriger, quantifizierbarer Einheiten" von Agglomeration als wirtschaftsstatistisches Verfahren einer "über mehrere Rechenoperationen bewirkten Verschmelzung inhomogener Zahlen" gesprochen. Vgl. Esenwein-Rothe, I.: Die Methoden der Wirtschaftsstatistik, Teil 2, UTB 560, Göttingen 1976, S. 265.
Rinne charakterisiert das Vorgehen am umfassendsten wirtschaftsstatistischen Agglomerat, dem Sozialprodukt, wie folgt: "Die zur Anwendung gelangenden mathematisch-statistischen Verfahren sind im allgemeinen sehr einfach, schwierig sind nur die substantiellen Überlegungen, die zu einem bestimmten Verfahren führen. Das rührt daher, daß oft die Beziehung zwischen den vorhandenen Daten und den zu schätzenden Größen sehr indirekt ist, so daß man schrittweise vom Ausgangsmaterial zum erstrebten Endresultat übergeht." Ein weiteres Kennzeichen des Verfahrens liegt nach Rinne in der Detaillierung, wobei das Aggregat in so viele homogene Komponenten aufgespaltet wird, die unabhängig voneinander auf möglichst verschiedene Weise geschätzt werden, wie nötig sind, um die verfügbaren Daten gezielt einzusetzen. Weiterhin ist für das Schätzverfahren charakteristisch, daß es sich in einem logisch geschlossenen System wirtschaftlicher Beziehungen befindet, die zum Beispiel durch ein Kontensystem dargestellt werden. Vgl. Rinne, W.: Das Sozialprodukt. Unzulänglichkeiten des Konzepts und Ungenauigkeiten der Schätzung. Dissertation. Technische Universität Berlin 1967, S. 105 f.

2) Menges, G.; Skala, H.-J.: a.a.O., S. 44

Das Datenmaß wird in einem weiteren Transformationsschritt in das
statistische Resultat[1] transformiert; letzteres ist entweder

   eine Schätzung von θ oder
   die Präferenz einer Hypothese bezüglich θ oder
   die Prognose einer zukünftigen Ausprägung von $\theta \epsilon \Omega$

Der Weg der Daten ist mit dem statistischen Resultat dann zu Ende,
wenn, wie in der amtlichen Statistik, das statistische Resultat auf
Band oder Lochkarte belassen wird bzw. in einem Quellenwerk veröffentlicht wird, so daß eine Information vorliegt.

Über die Gewinnung wirtschafts- und sozialstatistischer Daten hinaus
ist der Einsatz beschreibender Statistik, insbesondere die Berechnung einer Vielzahl von Indizes, und vor allem die Agglomeration im
Rahmen der volkswirtschaftlichen Gesamtrechnung in jüngerer Zeit auch
Aufgabengebiet der amtlichen Statistik geworden. Übersicht 4 zeigt
die Vielfalt der Daten, die aufgrund der Indexberechnung auf wirt-
schaftsstatistischem Gebiet im Statistischen Bundesamt vorliegen;
Übersicht 5 gibt Einblick in die Daten, die seitens der volkswirtschaftlichen Gesamtrechnung ausgewiesen werden.

1.3 Problemstellung

   Während die Transformation der Daten in ein Datenmaß vor allem
in Form der Inferenzstatistik stets Domäne der Universitätsstatistik
gewesen ist, und sich beide Träger der Statistik beklagenswerterwei-
se zeitweise unabhängig voneinander entwickelt haben, sind in jüngster Zeit in der amtlichen Statistik zunehmend Bestrebungen zu erkennen, auch inferenzstatistische Auswertungen zu betreiben, zumindest diese Möglichkeiten durch Installierung von Methodenbanken im
Rahmen von Informationssystemen vorzusehen. Umgekehrt wird bei ver-
mehrtem Einsatz statistischer Methoden zur Entscheidung wirtschafts-
und gesellschaftspolitischer Fragen die Universitätsstatistik verstärkt auf die Daten der amtlichen Wirtschafts- und Sozialstatistik
zurückgreifen müssen.

---

1) Vgl. Menges, G.; Skala, H.-J.: a.a.O., S. 45

Übersicht 3: Indizes der amtlichen Wirtschaftsstatistik der BRD

Bereich	Arten
Produzierendes Gewerbe	Auftragseingang der Industrie Auftragsbestand in der Industrie Industrielle Nettoproduktion; Industrielle Bruttoproduktion für Investitions- und Verbrauchsgüter; Arbeitsproduktivität in der Industrie; Auftragseingang, Auftragsbestand, Produktion für das Baugewerbe
Handel	Ein- und Ausfuhr
Geld und Kredit	Aktienkurse
Preise	Erzeugerpreise industrieller landwirtschaftlicher und forstwirtschaftlicher Produkte; Grundstoffpreise; Großhandelsverkaufspreise; Einkaufspreise landwirtschaftlicher Betriebsmittel; Einfuhr-/Ausfuhrpreise; Einzelhandels-, Lebenshaltungspreise; Bauwerke Preisindizes in der Sozialproduktberechnung
Löhne und Gehälter	Wochenstunden; Bruttostunden-, Wochenverdienste der Arbeiter der Industrie und Handel; Tarifliche Wochenarbeitszeiten, Tariflöhne und -gehälter in der gewerblichen Wirtschaft sowie die Gebietskörperschaften

Übersicht 4:   Die Kontengliederung der Volkswirtschaftlichen Gesamtrechnung

Kontengruppe	Dargestellte Vorgänge	Aggregate in den Konten	Im Konto ermittelter Saldo
1 Produktions- konten	Abzug der Vorprodukte vom Produktionswert (Bereinigung von Doppelzählungen)	Verkäufe (Umsatz), Käufe für laufende Produktion (= Vorleistungen), Eigenverbrauch (bei den Sektoren 2 und 3)	Beitrag zum Bruttoinlandsprodukt zu Marktpreisen
2 Einkommens- entstehungs- konten	Ermittlung der in der Produktionsleistung enthaltenen Faktoreinkommen und Gewinne (Erwerbs- und Vermögenseinkommen)	Abschreibungen, geleistete indirekte Steuern, von Unternehmen empfangene Subventionen.	Beitrag zum Nettoinlandsprodukt zu Faktorkosten
3 Einkommens- verteilungs- konten	Aufteilung der Erwerbs- und Vermögenseinkommen auf die Sektoren (einschl. Übrige Welt), die die Produktionsfaktoren bereitgestellt haben.	Empfangene und verteilte (=geleistete) Einkommen aus unselbständiger Arbeit (empfangen nur vom Sektor 3, geleistet von allen Sektoren) und aus Unternehmertätigkeit und Vermögen (empfangen von allen Sektoren, geleistet nur von Sektor 1 u.2)	Anteil am Volkseinkommen (= Beitrag zum Nettosozialprodukt zu Faktorkosten);besteht bei Unternehmen aus verteilten Gewinnen der Untern. mit eigener Rechtspersönlichkeit
4 Einkommensum- verteilungs- konten	Geleistete und empfangene Einkommensumverteilungen (vor allem Transaktionen mit dem Sektor Staat). Umverteilung des Volkseinkommens über Steuern, Subventionen usw.	Geleistete direkte Steuern (der Sektoren 1 und 3), empfangene direkte und indirekte Steuern (beim Staat), laufende Übertragungen, geleistete Subventionen des Staates an Unternehmen.	Verfügbares Einkommen des Sektors (d.h.das nach der Verteilung und Umverteilung verbleibende Einkommen)
5 Einkommens- verwendungs- konten	Verwendung des Einkommens zum Verbrauch und zur Ersparnisbildung (bei Unternehmen: verfügbares Einkommen = Ersparnis)	Letzter Verbrauch (Privater und Staatverbrauch), Ersparnis;Verbrauch enthält Käufe sowie tatsächlichen und unterstellten Eigenverbrauch	Ersparnis des Sektor d.h. nichtverbrauchter Teil des verfügbaren Einkommens
6 Vermögensver- änderungs- konten	Bildung von Sach- und Geldvermögen durch nicht verbrauchte Produkte bzw. Einkommen also durch Investieren (insbes. bei Unternehmen) bzw. Sparen (insbes. bei Privaten Haushalten), Vermögensübertragungen zwischen den Sektoren	Nichtentnommene Gewinne der Unternehmen ohne eigene Rechtspersönlichkeit, Brutto-Anlageinvestitionen u. Vorratsänderungen, empfangene und geleistete Vemögensübertragungen, Abschreibungen, Käufe und Verkäufe von bestehenden (gebrauchten) Anlagen und Land.	Finanzierungssaldo (besagt, grob gesprochen, ob mehr investiert als gespart wurde, d.h. die Kreditaufnahme die Geldvermögensbildung überschritt - dann is er positiv - oder umgekehrt)
7 Finanzierungs- konten	Die im Zuge der Vermögensbildung entstandene Kreditverflechtung zwischen Sparer und Investor.	Veränderung der Forderungen und der Verbindlichkeiten (wird detailliert dargestellt in der Finanzierungsrechnung).	Statistische Differenz (der VGR gegenüber der Finanzierungsrechnung der Bundesbank.

Von den Problemen, die sich bei der gegenseitigen Zusammenarbeit von
Universitätsstatistik und amtlicher Statistik im Rahmen der Anwendung von statistischen Methoden auf wirtschafts- und sozialstatistische Daten stellen, sind der Nachweis der Genauigkeit der Daten, die
Adäquation zwischen Daten, Methode und Fragestellung und die Verwendung von Methoden mit weniger rigorosen Voraussetzungen im Sinne des
"soft modelling" m.E. die Wichtigsten und sollen im folgenden behandelt werden.

2.1 Genauigkeit der wirtschafts- und sozialstatistischen Daten

   Im Gegensatz zu den Daten in den Naturwissenschaften, die in der
Regel "reine Meßdaten" sind, die teilweise durch maschinelles Able-
sen von Instrumenten entstehen, ist zur Erfassung der meisten wirt-
schafts- und sozialstatistischen Daten die Mitwirkung des Menschen
unabdingbar notwendig oder aus technischen Gründen zweckmäßig. Die
Beteiligung des Menschen als "Berichtspflichtiger" und als "Erheber"
verursacht bewußt fehlerhafte Eintragungen in das Zählpapier; Irrtü-
mer bei der begrifflichen Abgrenzung hinsichtlich der zu erhebenden
Tatbestände entstehen.
Die Rolle, die ein möglicher Beobachtungsfehler im Gewinnungsprozeß
quantitativer Informationen spielt, zeigt sich in den Wirkungen, die
fehlerhafte Erhebungsergebnisse bei der Verwendung in den nachfolgenden Stufen mit sich bringen, wenn die für die Fehlerfortpflanzung
gültigen Zusammenhänge beachtet werden. Obwohl in bezug auf bestimmte Grundrechnungsarten bedeutsame Möglichkeiten der Fehlerfortpflanzung nachzuweisen sind, wird dieser Sachverhalt beim Aufbau und Einsatz statistischer Methoden im allgemeinen nicht ausreichend berücksichtigt. Die mögliche Wirkung des Beobachtungsfehlers steht gegenwärtig noch nicht in angemessener Relation zu dem Ausmaß, in dem solche Fehler bei der Anwendung statistischer Auswertungsmethoden in Kauf
genommen werden. Der Stand der Ökonometrie im Hinblick auf dieses
Problem läßt sich mit Schneeweiß wie folgt charakterisieren: "Daten
können gelegentlich so stark fehlerbehaftet sein, daß sie zur Analyse ökonometrischer Beziehungen praktisch untauglich sind. Dennoch werden in der ökonometrischen Praxis zumeist ziemlich unbekümmert aus

den verschiedensten Quellen stammende Daten verwendet, ohne daß man sich über ihre Qualität ausreichend Rechenschaft ablegt."[1] Abweichungen des ökonometrischen Modells von der Realität, die mit Hilfe ökonometrischer Gleichungen, in denen die statistischen Daten eingehen, zu erfassen versucht werden, werden gewöhnlich auf "verborgene Variable", das heißt: im Modellansatz vernachlässigte Bestimmungsfaktoren zurückgeführt, ohne zu prüfen, inwieweit Fehler in den Daten für die Diskrepanzen verantwortlich zu machen sind. Solange der Beobachtungsfehler außer acht gelassen wird, kann nicht verläßlich nachgewiesen werden, daß weitere, bisher beim Aufbau des Modells nicht beachtete Einflußgrößen einzubeziehen sind, um eine bessere Anpassung ("fitting") zu erreichen. Obwohl sich neuerdings Ansätze einer teilweisen Berücksichtigung des Beobachtungsfehlers in den Variablen zeigen, bleibt seine Behandlung in der Ökonometrie ein schwieriges Problem. Theil weist insbesondere auf die gravierenden Wirkungen der Beobachtungsfehler in den erklärenden Variablen hin, wenn die beobachteten Werte der Multikollinearitätssituation nahe kommen. Die Koeffizientenschätzungen können dann selbst durch relativ kleine Fehler drastisch in den Variablen beeinflußt werden.[2]

Aber auch bei der Abschätzung des Fehlers wirtschaftsstatistischer Aggregate spielt der Nachweis des Fehlers in den Erhebungen ("Primärstatistiken") eine wichtige Rolle. Wenn es jedoch gelingt, die Fehler in den Erhebungen zu quantifizieren, deren Ergebnisse in wirtschaftsstatistische Agglomerate eingehen, ist es unter Beachtung der Wirkungsweise der Fehlerfortpflanzung möglich, wenigstens einen wichtigen Teil des Gesamtfehlers der Agglomerate objektiv abzuschätzen; es verbleibt dann noch der Agglomerationsfehler, dessen objektiver Nachweis Schwierigkeiten bereitet.[3] Insoweit stellt al-

---

1) Vgl. Schneeweiß, H.: Ökonometrie, 3. Auflage, Würzburg, Wien 1978, S. 2162

2) Vgl. Theil, H.: Principles of econometrics. New York, London, Sidney, Toronto 1971, S. 612

3) Vgl. z.B. Rehm, N.: Die Ermittlung des privaten Verbrauchs, ein neuer Beitrag zur Fehlertheorie. Wiesbaden 1976.

so die Quantifizierung des Beobachtungsfehlers der "Primärstatistiken" den ersten Schritt zur Abschätzung des Fehlers wirtschaftsstatistischer Agglomerate dar.

2.2 Quantifizierung des systematischen Fehlers

Es wird zwischen zwei Formen, dem zufälligen (random error) und dem systematischen Fehler (bias) unterschieden: Mit der ersten Fehlerart wird die zufällige Abweichung, mit der zweiten die nicht-zufällige, systematische (verzerrende) Abweichung des Ergebnisses einer Beobachtung von seinem wahren Wert bezeichnet.
Sei das aufgrund des Erhebungsergebnisses zu gewinnende Stichprobenmittel mit $\bar{z}$ und der entsprechende wahre Wert mit $\bar{x}$ bezeichnet, so gibt die Differenz zwischen $\bar{z}$ und der mathematischen Erwartung von $\bar{z}$, $E(\bar{z})$, den zufälligen Fehler des Erhebungsergebnisses wieder, während die Differenz aus $E(\bar{z})$ und $\bar{x}$ den systematischen Fehler bezeichnet. Das Erhebungsergebnis ist genau, wenn: $\bar{z}-E(\bar{z}) = 0$; es ist richtig, wenn: $E(\bar{z})-\bar{x} = 0$.

Die Ermittlung des zufälligen Fehlers ist seit langem der zentrale Gegenstand der Theorie von Stichprobenerhebungen. Ausgeklügelte Stichprobenpläne und Schätzmethoden sind entwickelt worden, um effiziente Stichprobenerhebungen im Hinblick auf Kosten und Genauigkeit zu erzielen. Zwar mangelt es noch an der Veröffentlichung der Abschätzung des zufälligen Fehlers(für die einzelnen Erhebungsergebnisse) zu den vielfältigen Merkmalen und ihren Ausprägungen bei Großzählungen, jedoch bestehen keine prinzipiellen Schwierigkeiten des Nachweises.[1] Der erfolgreichen Behandlung des zufälligen Fehlers durch Anwendung der Gesetze der Wahrscheinlichkeitsrechnung steht jene nicht in gleichem Maße befriedigende Entwicklung hinsichtlich des systematischen Fehlers gegenüber. Sie wird durch Jabine und Tepping treffend charakterisiert: "The last thirty years have seen remarkable progress both in the development of the theory of survey sampling and in the application of that theory. Thus, there are now many extremely useful guides to the optimum design of a sample if one takes account of sampling error alone, yet the control of non-sampling errors, which may be of overriding importance, has been under-

---

1) In diesem Zusammenhang ist zu erwähnen, daß das deutsche Statistische Bundesamt demnächst ein maschinelles allgemeines Fehlerrechnungsprogramm (YFANAL) installiert, das bei Stichprobenstatistiken Fehlernachweise und deren Analyse (Schichtungseffekt, Vergleichsrechnung usw.) ermöglicht.

taken on a purely intuitive basis for the most part."[1] Hinsichtlich
des systematischen Fehlers gilt noch immer, daß er sich weitgehend
einer Meßbarkeit entzieht. Dieser Mangel ist größtenteils darin be-
gründet, daß eine unter Anwendung des Wahrscheinlichkeitskalküls be-
stimmbare Approximation für den wahren Wert eines Merkmals in der Regel nicht angegeben werden kann.

Es kann jedoch ein indirektes Kriterium gefunden werden, das erlaubt,
Erhebungsverfahren zu entwickeln, die als Kontroll- oder "Standardverfahren" anzusehen sind. Eine solche Möglichkeit besteht in der Gewinnung von Informationen beispielsweise darüber, mit welcher Sorgfalt die Kontrollerhebung durchgeführt worden ist, in welchem Umfang
die Instruktionen seitens des statistischen Personals befolgt worden
sind, und welche Schwierigkeiten während der einzelnen Erhebungspha-
sen aufgetreten sind. Diese auf kleinere, sorgfältige Untersuchung
sich stützenden Hinweise ermöglichen ein (letzten Endes subjektives)
Urteil darüber, ob die Ergebnisse des Kontrollverfahrens jenen der
Grunderhebung überlegen sind. Dieses Verfahren zur Approximation des
wahren Wertes von Erhebungen entspricht jenem in den Naturwissenschaften, bei dem der wahre Wert im Sinne eines "bevorzugten" Wertes
durch einen Experten zugewiesenen Wert darstellt.

Wird also zur Schätzung des wahren Wertes eines Erhebungsmerkmals
ein Verfahren akzeptiert, das auf Plausibilitätsannahmen beruht, so
kann der systematische Fehler operational mit Deming wie folgt definiert werden: "The bias of any unprefered or biased procedure is
the difference between the results that it produces and the results
that would be produces had a prefered procedure been used instead."[2]
Ein systematischer Fehler in diesem Sinne ist unter bestimmten Voraussetzungen zu schätzen.

---

1) Vgl. Jabine, T.B.; Tepping, B.J.: Controlling the Quality of Oc-
   cupation and Industry Data, Bulletin of the International Statistical Institute, Bd. 45 (1973), S. 384

2) Deming, W.E.: Some Theory of Sampling. New York 1950, S. 16

Dazu sind Nacherhebungen durchzuführen[1] oder zumindest durchgeführte Erhebungen der amtlichen Statistik zu überprüfen, ob sie als "Standardverfahren" für eine ebenfalls gegebene Grunderhebung dienen können. Beispielsweise ist der Mikrozensus als Nacherhebung zur Volkszählung (mit Einschränkungen) dann geeignet, wenn es um den Nachweis fehlerhafter Zuordnungen der Erwerbs- und Nichterwerbspersonen zu den Merkmalen "überwiegender Lebensunterhalt", "Stellung im Beruf", "weitere Tätigkeit", "Wirtschaftszweig" und "Beruf" geht.[2] Zur Quantifizierung des systematischen Fehlers ist neben anderen Ansätzen[3] ein zweistufiges Modell entwickelt worden, das eine Intervallschätzung des systematischen Fehlers erlaubt.[4] Die zufällige Komponente setzt sich aus dem Stichprobenfehler aufgrund der Nacherhebungsstichprobe und aus der Antwortvariabilität zusammen, die dadurch entsteht, daß die Stichprobe bei unterschiedlicher Wahrscheinlichkeit der Befragten, eine falsche Angabe zu machen gezogen wird.

Das Ergebnis von Berechnungen des systematischen Fehlers in der Statistik der Erwerbstätigkeit im Rahmen der Volkszählung 1961 ist in Übersicht 6 angegeben. Beispielsweise liegt eine Überschätzung der Erwerbspersonen mit dem Merkmal "Stellung im Beruf: Angestellter" zwischen 3 % und 6 % (bei 95 % Sicherheit) vor; eine Unterschätzung (negativer systematischer Fehler) von 1 % bis 3 % ist im Falle des Merkmals "Stellung im Beruf: Arbeiter" gegeben.

---

1) Vgl. Strecker, H.: Nachprüfungen als Mittel zur Feststellung systematischer Angabefehler bei einer Erhebung - Viehzählung in Belgien. In: Strecker, H. und Bihn, W. (Hrsg.): Die Statistik in der Wirtschaftsforschung. Berlin 1967, S. 439 ff.
2) Vgl. Krug, W.: Quantifizierung des systematischen Fehlers in wirtschafts- und sozialstatistischen Daten. Dargestellt an der Statistik der Erwerbstätigkeit. Volkswirtschaftliche Schriften, Heft 251, Berlin 1976
3) Vgl. z.B. Strecker, H.: Ein Modell zur Ermittlung von Angabefehlern in statistischen Erhebungen. Metrika, Bd. 17 (1971), S. 140 ff. Derselbe: Fehler in statistischen Erhebungen sowie die Bestimmung des Angabefehlers bei Erhebungen - Viehzählung - in Belgien. Österreichische Gesellschaft für Statistik und Informatik. Mitteilungsblatt, 5. Jg. (1975), S. 29 ff.
4) Vgl. Krug, W.: Quantifizierung..., a.a.O., S. 50 ff. Das Modell ist im Anhang verkürzt angegeben.

Übersicht 6:   Zweistufiger 95 %-Vertrauensbereich der systematischen Fehler (Normalverteilung)

Grundge-samtheit (1)	Merkmal (2)	Untergrenze (%) (3)	Obergrenze (%) (4)
I	Überwiegender Lebensunterhalt: Erwerbstätigkeit	1,2	2,4
I	Überwiegender Lebensunterhalt: Angehörige	- 2,3	- 1,1
E	Stellung im Beruf: Angestellter	2,7	6,o
I	Stellung im Beruf: Arbeiter	- 3,8	- 1,6
I	Stellung im Beruf: Angestellter	2,7	6,5
E	Stellung im Beruf: Arbeiter	- 2,5	- o,9
I	Weitere Tätigkeit: keine	- o,8	- o,2
I	Weitere Tätigkeit: landwirtschaft-lich	2,3	13,o
E	Wirtschaftsunterabteilung 25	- 4,5	- o,2
I	Organisation ohne Erwerbscharak-ter und Private Haushalte	-11,9	o,o

3. **Adäquation zwischen Daten, Methode der Auswertung und wirt-
schafts- und sozialwissenschaftlicher Fragestellung**

3.1 Anpassungsprobleme

Die Notwendigkeit der gegenseitigen Anpassung der Daten, Analyse-
methoden und Fragestellung der Wirtschafts- und Sozialwissenschaften
wird im letzten Vierteljahrhundert verstärkt gesehen, was sich insbesondere in einer Spezialisierung und Fortentwicklung der statistischen Methoden zu den sogenannten "Metrien" (z.B. Ökonometrie, So-
ziometrie, Biometrie usw.) zeigt. Trotzdem klafft noch immer eine
Kluft zwischen diesen drei Bestandteilen, die geschlossen werden muß,
will man zu aussagefähigen empirischen Ergebnissen kommen. Dieser immer noch notwendige Anpassungsprozeß soll am Beispiel der Logitanalyse der personellen Einkommensverteilung der BRD gezeigt werden.
Ausgehend von der wirtschaftswissenschaftlichen Fragestellung, wichtige Einflußgrößen der personellen Einkommensverteilung wie die Ausbildung der Erwerbspersonen und andere Bestimmungsgrößen zu quantifizieren und zu prognostizieren, ist zunächst die wirtschafts- und
sozialstatistische Datenbasis in Form aggregierter Daten und das ökonometrische Instrumentarium einander anzupassen. Beides wird dann
wieder die Fragestellung hinsichtlich der Auswahl, der Art und Zahl der
Einflußfaktoren bestimmen (vgl. Übersicht 7).

Übersicht 7: Zusammenhänge zwischen Daten, Methoden und Fragestellung am Beispiel der Analyse der personellen Einkommensverteilung

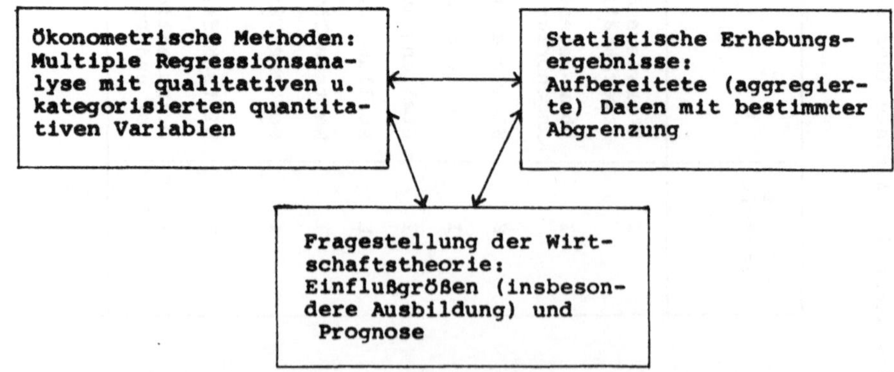

Aus der Datensituation, die durch das Erhebungssystem der amtlichen Einkommensstatistik (Übersicht 8) charakterisiert ist, ergibt sich, daß für die Aufgabenstellung am ehesten die Ergebnisse der Volkszählung und des Mikrozensus geeignet sind, da in diesen Erhebungen mehrere Ausprägungen des Merkmals Ausbildung erhoben worden sind. Da letzterer jährlich durchgeführt wird und auch ein geringerer systematischer Fehler insbesondere hinsichtlich der Einkommensangaben zu erwarten ist, sind mit ihm die aktuelleren und genaueren Ergebnisse gegeben. Trotz der jährlichen Periodizität sind der Regressionsanalyse keine Zeitreihendaten zugrundezulegen, da die Zahl der Stützwerte zu gering ist und außerdem die Einkommenskategorien im Laufe der Zeit geändert worden sind. Es sind Querschnittsdaten zu verwenden, die sich auf die 1 %-Erhebung des Mikrozensus 1978 beziehen. Aufgrund der verschärften Anwendung der Bestimmungen des Datenschutzes können der Analyse keine Individualdaten zugrundegelegt werden, sondern es handelt sich um aufbereitete (aggregierte) Daten, die kreuztabelliert nach 15 Einkommensgruppen unterschiedlicher Klassenbreite und den Merkmalen Ausbildung, Alter und Geschlecht seitens des Statistischen Bundesamtes zur Verfügung gestellt worden sind.

Aufgrund der wirtschaftswissenschaftlichen Aufgabenstellung und der wirtschafts- und sozialstatistischen Datenbasis ergeben sich an das ökonometrische Instrumentarium, der multiplen Regressionsanalyse, folgende Forderungen:

(a) Die zu wählenden Ansätze müssen in der Lage sein, die im Untersuchungsmaterial wirkenden Effekte der Prädiktorvariablen auf eine polytome abhängige Variable zu quantifizieren, um Prognosen zu ermöglichen. Dabei sind sowohl exogene als auch endogene Variablen qualitativer bzw. kategorisiert quantitativer Art.

(b) Die zum Einsatz gelangenden Regressionsmodelle sind nicht auf die Verwendung von Individualdaten angewiesen, sondern es sind aggregierte Daten zu verarbeiten. Außerdem ist die Analyse von Querschnittsdaten notwendig.

(c) Die Ergebnisse der Analyse sollen entsprechend der Fragestellung der personellen Einkommensverteilung interpretierbar sein. Gütekriterien hinsichtlich der Prognosequalität und der Signifikanz der Parameter sind anzugeben.

Übersicht 8: Erhebungssystem der Einkommensstatistik

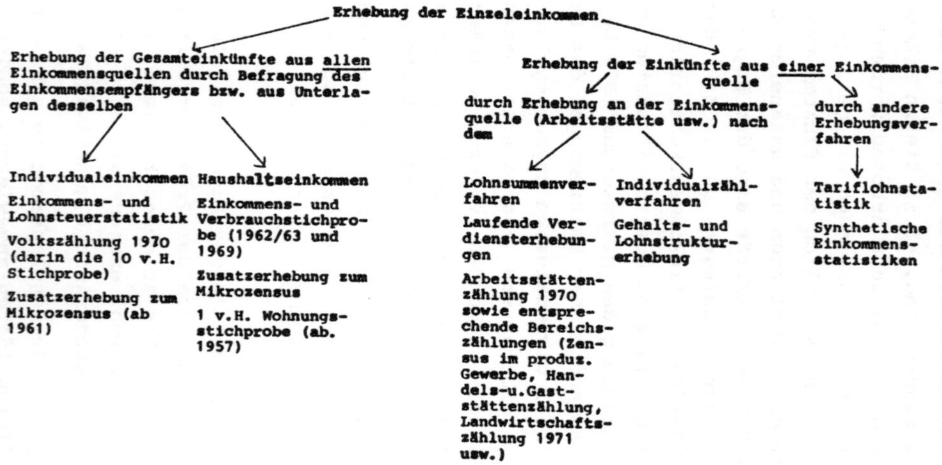

Erhebung der Einzeleinkommen

Erhebung der Gesamteinkünfte aus allen Einkommensquellen durch Befragung des Einkommensempfängers bzw. aus Unterlagen desselben

Erhebung der Einkünfte aus einer Einkommensquelle

durch Erhebung an der Einkommensquelle (Arbeitsstätte usw.) nach dem

durch andere Erhebungsverfahren

Individualeinkommen

Einkommens- und Lohnsteuerstatistik

Volkszählung 1970 (darin die 10 v.H. Stichprobe)

Zusatzerhebung zum Mikrozensus (ab 1961)

Haushaltseinkommen

Einkommens- und Verbrauchstichprobe (1962/63 und 1969)

Zusatzerhebung zum Mikrozensus

1 v.H. Wohnungsstichprobe (ab. 1957)

Lohnsummenverfahren

Laufende Verdiensterhebungen

Arbeitsstättenzählung 1970 sowie entsprechende Bereichszählungen (Zensus im produz. Gewerbe, Handels-u.Gaststättenzählung, Landwirtschaftszählung 1971 usw.)

Individualzählverfahren

Gehalts- und Lohnstrukturerhebung

Tariflohnstatistik

Synthetische Einkommensstatistiken

Quelle: Lippe, P.v.d.: Wirtschaftsstatistik, UTB 209, Stuttgart 1973, S. 189

Hinsichtlich dieser Anforderungen sind mehrere Modelle denkbar, die sich zunächst in der Wahl der Funktionsform voneinander unterscheiden. Ein Vergleich des linearen Dummy-Regressionsmodells, des Probit- und des Logit-Modells hinsichtlich der theoretischen Grundlagen, der Güte und Aussagefähigkeit der Ergebnisse[1] ergibt eine Entscheidung für letzteres. Der Aufbau eines solchen der Fragestellung adäquaten Logit-Modells ist an anderer Stelle vorgetragen worden.[2], wobei es gelungen ist, eine Maximum-Likelihood-Schätzung für die Parameter aufgrund aggregierter Daten durchzuführen.

Zur Erfüllung der Aufgabenstellung reichen jedoch die statistischen Prüfkriterien wie der t-Signifikanztest der Parameter und der χ^2-Test für die Prognosegüte nicht aus, was deutlich wird, wenn es um die adäquate Wahl der Zahl und Breite der Einkommensklassen geht.

Würde die im Mikrozensus erhobenen und aufbereiteten 15 Einkommensgrößenklassen unter Einbezug der Ausprägungen der Prädiktoren Berufsausbildung, Schulabschluß, Alter (8 Altersgruppen) und Geschlecht einer Logitanalyse unterzogen, so handele es sich um 210 Parameter, die geschätzt, statistisch geprüft und sinnvoll interpretiert werden müßten. Deshalb ist es notwendig, eine Klassenzahl zu wählen, welche der begrenzten Informationsverarbeitungskapazität des Menschen und der Maschine und der Interpretierbarkeit der Ergebnisse Rechnung trägt, ohne daß der Informationsverlust durch Zusammenfassen der Größenklassen entscheidend wird. Allerdings ist dabei zu beachten, daß die Ergebnisse sehr wohl durch die Zahl der Klassen beeinflußt werden. Unter diesen Aspekten und aus sachlogischen Gründen haben sich vier Einkommensklassen, die inhaltlich untere, mittlere, gehobene und höhere Nettoeinkommen bezeichnen, und drei Altersgruppen als zweckmäßig und empirisch befriedigend erwiesen.

---

1) Vgl. Krug, W.: Lineare und nicht-lineare Regressionen zur personellen Einkommensverteilung bei aggregierten Daten. Jahrbücher für Nationalökonomie und Statistik (erscheint demnächst).

2) Vgl. Krug, W.: Lineare..., a.a.O. und derselbe: Logit-Analyse der Beziehungen zwischen Ausbildung und Einkommen. Schriften des Vereins für Socialpolitik (erscheint demnächst).
Eine Kurzfassung des Modells ist im Anhang enthalten.

3.2 Interpretationsprobleme

Zunächst ist festzustellen, daß das Logit-Modell Daten auf nominalskalierte bzw. kategorial klassifizierte Daten verarbeitet. Die
zusätzliche Information, die in den klassifizierten Einkommensdaten
enthalten ist, indem die Einkommensklassen eine steigende bzw. fal-
lende Reihenfolge aufweisen, kann modellmäßig bisher noch nicht berücksichtigt werden.
Sind die exogenen Variablen Dummy-Variablen, so liegt formale Multi-
kollinearität vor, da die Matrix der exogenen Variablen linear abhängige Zeilen und Spalten aufweist. Werden diese Abhängigkeiten durch
Null-Restriktionen beseitigt, so wird die zu "streichende" Ausprägung
jedes Merkmals zur Standardgruppe.
Zwar verändert die Wahl der Standardgruppe nicht die theoretischen
Vorhersagewerte und läßt somit den χ^2-Test unberührt, jedoch ist sie
von Einfluß auf die Standardfehler und damit auf das Signifikanzni-
veau der Parameter. Die empirische Analyse ergibt, daß die Wahl "ex-
tremer" Standardgruppen generell günstigere t-Werte zeigt als die
Verwendung "mittlerer" Standardgruppen. Wird außerdem noch die Notwendigkeit beachtet, sinnvolle Interpretationen der Ergebnisse zu ermöglichen, so erweist sich die Kategorie "männliche Erwerbstätige mit
Hochschulabschluß im Alter von 30 bis unter 50 Jahren" als die zweck-
mäßige Standardgruppe für die Analyse der beruflichen Ausbildung.
Die zunächst errechneten Regressionskoeffizienten geben im Gegensatz
zur Regressionsschätzung mit quantitativen Variablen nicht partielle
Differentialquotienten an, sondern stellen ein Maß für das relative
Einflußgewicht der unabhängigen Variablen auf die abhängige dar, das
nicht unabhängig von der Standardgruppe zu interpretieren ist. Um
die Interpretation der Parameter zu erleichtern, werden sie in Wahrscheinlichkeiten umberechnet.
Das Ergebnis ist in Übersicht 9 ausgewiesen. Die Wahrscheinlichkeiten der Standardgruppe $(H/M/A_2)$, das gleichzeitig das Absolutglied
im Regressionsansatz darstellt, sind in der ersten Zeile angegeben,
alle weiteren Zellen stellen Veränderungen der Wahrscheinlichkeiten
gegenüber der Standardgruppe dar. Beispielsweise weisen Akademikerin-
nen im Alter von 30 - unter 50 Jahren eine 14 % größere Wahrscheinlichkeit auf, in die untere Einkommensklasse zu fallen, und eine um
38 % geringere Wahrscheinlichkeit, am höheren Einkommen zu par-
tizipieren, als die Standardgruppe der männlichen Akademiker.

Übersicht 9: Wahrscheinlichkeiten und deren Veränderung[1] aufgrund des Einflusses der beruflichen Ausbildung, des Alters und des Geschlechts auf die Nettoeinkommen der Erwerbstätigen

Berechnungen aufgrund des Mikrozensus 1978

Netto-einkom-men Prä-[2]diktoren	unter 1000 DM	1.000 bis unter 2000 DM	2.000 bis unter 3000 DM	3.000 DM und mehr
$H/M/A_2$	o.9$^+$	11.4	39.1$^+$	48.6
$L/M/A_2$	+ 1.3$^+$	+ 59.4$^+$	- 18.o$^+$	- 42.7
$F/M/A_2$	+ o.4	+ 28.9$^+$	+ 2.8	- 32.2
$FH/M/A_2$	- o.3	+ 2.o	+ 1o.4$^+$	- 12.1
$H/W/A_2$	+ 13.8$^+$	+ 19.3$^+$	+ 4.9$^+$	- 38.o
$H/M/A_1$	+ 14.2$^+$	+ 31.1$^+$	- 3.3$^+$	- 42.o
$H/M/A_3$	- o.3	- 6.3$^+$	- 2o.7$^+$	+ 27.2

1) Die positiven und negativen Vorzeichen in der Tabelle geben positive und negative Änderungen der Wahrscheinlichkeiten gegenüber den entsprechenden in der Standardgruppe an.

2) H = Hochschulabschluß, L = Lehre, F = Fachschulabschluß, FH = Fachhochschulabschluß. Außerdem bedeuten: M = Männlich, W = weiblich, A_1 = 20 - unter 30 Jahre, A_2 = 30 - unter 50 Jahre, A_3 = 50 Jahre und mehr

+) Die in Wahrscheinlichkeiten umgerechneten Parameter (Regressionskoeffizienten) sind auf dem 10 %-Niveau signifikant. Aufgrund programmtechnischer Umstände können für die letzte Einkommensklasse keine Standardfehler berechnet und damit keine Signifikanzaussagen gemacht werden.

4. Notwendigkeit des "weichen Modellierens"

4.1 Bedeutung

Mit der Anwendung der Logitanalyse auf Daten und Fragestellung zur personellen Einkommensverteilung ist an einem Beispiel gezeigt worden, wie der Prozeß der Anpassung der statistischen Methode im Speziellen vor sich geht. Es lassen sich jedoch auch einige generelle Aussagen machen, in denen die Adäquationsrichtung der statistischen Methoden fortschreiten sollte: Sie sollte von den "harten Modellen", die durch die Verwendung von relativ strengen Annahmen bei der Modellspezifikation und von direkt beobachteten Variablen bei der Strukturspezifikation charakterisiert sind, verstärkt zum "weichen Modell"[1] übergehen. Die von Wold empfohlenen Verfahren des "soft modelling" versuchen hingegen, mit relativ schwachen A-priori-Annahmen und nur indirekt gemessenen Variablen oder Indikatoren auszukommen. Auch wird der Anspruch der kausalen Erklärung gelockert zugunsten einer auf die bloße Prädiktorspezifikation gerichteten Schätzmethodik. "Ein eher technisch erscheinender, bei näherem Zusehen jedoch fundamentaler Unterschied zwischen "hart" und "weich" betrifft die Residualfehler, die im Falle "hart" additiv überlagert und denen strenge stochastische Eigenschaften wie Unabhängigkeit, verschwindende Erwartungswerte, Homoskedastizität, Normalverteilung usw. indiziert werden, während sie im Falle "weich" weitgehend unspezifiziert bleiben und nur als Abweichungen von bedingten Erwartungen interpretiert werden."[2]
Unter "soft-modelling"-Techniken im Sinne Wolds sind die kanonische Korrelation und die Hauptkomponenten Methode[3] zu verstehen. In jüngerer Zeit kommen hinzu die von Hauser und Goldberger[4] für die Ökonometrie erschlossenen Pfadmodelle und die von Wold und Lyttkens

---

1) Das Begriffspaar "hard modelling", "soft modelling" ist von H.Wold in die Literatur eingeführt worden. Vgl. Wold, H.: Non linear estimation by iterative least squares procedures. In: Festschrift für J. Neyman (Hrsg.: F.N. David), New York 1966, S. 88 ff.
2) Vgl. Menges, G.: Weiche Modelle in Ökonometrie und Statistik, Statistische Hefte, Bd. 16 (1975), S. 145
3) Vgl. Hotelling, H.: Analysis of a complex of statistical variables into principal components. Journal of Educational Psychology, Bd.24 1933, S. 417-441 und 498 - 520; ders.: Relations between two sets of variables. Biometrika 28, 1936, S. 231-377
4) Vgl. Hauser, R.M. und Goldberger,A.S.: The Treatment of unobservable variables in path analysis. In: Costner, H.L.:Hrsg.): Sociological Methodology.Jossey-Bass, San Francisco 1971, S. 81 - 117

entwickelte NIPALS-Technik.[1]

Am Beispiel der Pfadmodelle der Pfadmodelle sei das Vorgehen des
"weichen Modellierens" charakterisiert:

Für diese Modelle ist kennzeichnend, daß die latenten, indirekt beobachteten Variablen als Näherungen für Gruppen von direkt beobachteten
Variablen fungieren und daß der prognostische Fluß stets von einer
latenten Variablen her- oder zu einer latenten Variablen hinführt.
Eine einfache Version besteht darin, daß die Einwirkungen der exogenen Variablen

$$x_1, x_2, \ldots, x_m$$

(oder Indikatoren) auf die endogenen Variablen

$$y_1, y_2, \ldots, y_n$$

nicht direkt erfolgen, sondern auf dem Umweg ("Pfad") über eine latente, nur indirekt beobachtbare Variable ω, die in die Komponenten
ω_1 und ω_2 aufgespaltet werden kann.

Übersicht 10: Schema eines Pfadmodells

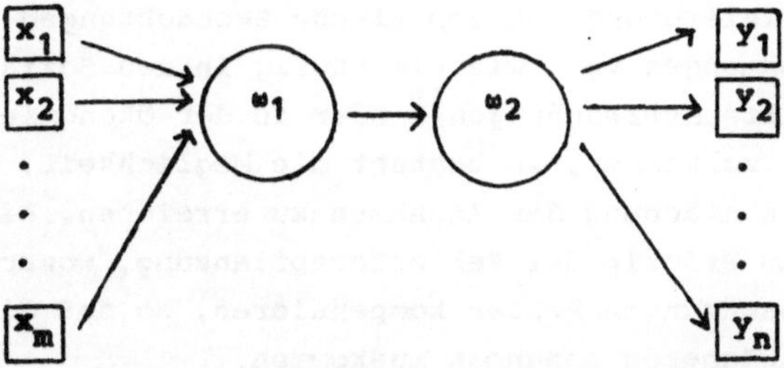

Die vielfältigen Beziehungen zwischen x_j einerseits und y_i andererseits brauchen nicht explizit gemacht zu werden. Vielmehr bündelt sich
der Einfluß der z.B. gesamtwirtschaftlichen und demographischen Indikatoren zu der latenten Variablen ω_1; die jeweiligen speziellen Variablen andererseits sind zu ω_2 als der "kausalen Empfangsstation"
gebündelt. Zwischen ω_1 und ω_2 besteht eine funktional angebbare Beziehung.

---

1) Vgl. Wold, H. und Lyttkens (Hrsg.): Nonlinear iterative partial
   least squares (NIPALS) estimation procedures. Bulletin of the International Statistical Institute 43 (1), 1969, S. 29-51

4.2 "Weiche Modelltypen"

Die parametrischen Verfahren der Ökonometrie und die meisten parametrischen Verfahren der Statistik leiten ihre guten Eigenschaften wie Optimalität, insbesondere Effizienz, aus den drei Grundannahmen ab, nämlich der Normalverteilung, Homoskedastizität, Unabhängigkeit. Inzwischen steht aber ein reichhaltiges Arsenal an nicht-parametrischen Methoden bereit[1], mit dessen Hilfe sich Schätz- und Prognoseprobleme ohne die drei genannten scharfen Annahmen im Sinne der "weichen" Modellbildung lösen lassen. Viele der nicht-parametrischen Verfahren beruhen darauf, daß mit Ordinal- oder Rangzahlen gearbeitet wird statt mit den original gemessenen Kardinalzahlen. Neuerdings wird die Idee des nicht-parametrischen Vorgehens systematisch auf die multivariate Analyse angewandt.[2]

Eine weitere Klasse von weichen Modellen wird durch die Bayesianische Analyse gebildet. Es handelt sich auch dabei um weiche Modellbildung, da die Schärfe der Annahmen der harten Modellbildung abgemildert wird, indem einige dieser Annahmen nur als vorläufige (als A-priori-Annahmen im buchstäblichen Sinn) interpretiert werden und ihre Bestätigung oder Modifizierung durch empirische Beobachtungen erfahren.[3]

Liegen große Datenmengen vor, wie sie häufig in den Sozialwissenschaften bei Querschnittsuntersuchungen[4] oder in der Ökonomie bei Input-Output-Tabellen[5] vorkommen, so besteht die Möglichkeit, durch Datenreduktion eine Abschwächung der Annahmen zu erreichen. Diese "Weichmacher" folgen dem Prinzip der Fehlerfortpflanzung, wonach sich unter bestimmten Voraussetzungen Fehler kompensieren, so daß die reduzierten Daten mit schwächeren Annahmen auskommen.

---

1) Vgl. z.B. Büning,H.; Trenkler, G.: Nichtparametrische statistische Methoden. Berlin, New York 1978
2) Vgl. z.B. Puri, M.L. und Sen, P.K.: Nonparametric Methods in Multivariate Analysis, New York 1971
3) Vgl. Zellner, A.: An Introduction to Bayesian Inference in Econometrics. New York 1971; vgl. Box, G.E.P., Tiao, G.C.: Bayesian Inference in Statistical Analysis. Reading Mass. 1973.
4) Blalock, M. (Hrsg.): Causal Methods in the Social Sciences, Chicago 1971.
5) Menges, G.; Beutel, P.: The Structure of Production of five EEC Countries. The Triangulation of the StOEC's 27-sector Input-Output-Puttables for the Year 1965. In: Dynamische Wirtschaftsnalyse, Heinz Sauermann zum 70. Geburtstag. Hrsg.: O. Becker und R. Richter. Tübingen 1975, S. 1o5 ff.

In diesem Zusammenhang sei auf ein Standardproblem der inferentiellen Statistik, die Parameterschätzung, durch "robuste" Schätzfunktionen hingewiesen. Die traditionelle Vorgehensweise besteht darin, jene Schätzfunktion zu wählen, die innerhalb des Modells möglichst überzeugende Eigenschaften besitzt, und sich auf eine Art Stetigkeit zu verlassen, so daß unterstellt wird: Was im Modell "optimal" ist, ist in der Nähe nicht wesentlich schlechter. Da diese Stetigkeitsannahme bei vielen klassischen Verfahren nicht erfüllt ist, ist es nötig, "robuste" Schätzfunktionen anzuwenden. Diese sind - bezüglich einer zu präzisierenden Zielvorstellung - in Situationen,die nahe bei der Modellsituation liegen, leistungsfähiger und in der Modellsituation selbst kaum weniger leistungsfähig als die herkömmlichen Verfahren. Verzichtet man auf eine optimale Schätzfunktion und wendet ein "robustes" Verfahren an, so vermeidet man dafür unerwünschte Konsequenzen geringer Abweichungen von den Modellannahmen. Entsprechend der Annahmen in bezug auf die endlich vielen Zufallsvariablen, die bei der Parameterpunkteschätzung unterstellt werden, stellen sich drei Teilfragen: "Robustheit" bezüglich Abweichungen von der Annahme der identischen Verteilung, Abweichungen bezüglich der Unabhängigkeit und Abweichungen von einer Verteilungsannahme (Verteilungsrobustheit).[2]

Neben dem Vorteil der größeren Realitätsnähe wird in der Regel (ausgenommen: Datenreduktion) durch das "weiche Modellieren" der Fehlerspielraum erweitert, so daß er so groß werden kann, daß die Aussagen zu weich werden, als daß sie zur Grundlage von Entscheidungen gemacht werden könnten. Als Ausweg schlägt deswegen Menges vor: "Die durch weiche Begriffe und Modelle entstehenden bzw. explizit werdenden Ungewißheiten führen zu Risiken, und diese sollten als solche behandelt werden. Die Theorie, die für die Lösung dieser Aufgabe zuständig werden könnte, sehe ich in der Theorie der statistischen Entscheidungen bei unvollständiger Information."[3]

---

1) Vgl. z.B. Cox, D.R., Hinkley, D.V.: Theoretical Statistics. New York 1974, S. 344 ff.
2) Einen Überblick über die wichtigsten verteilungsrobusten Punktschätzverfahren gibt Brachinger, H.-W.: Robuste Verfahren. Vortrag auf der Tagung des Ausschusses Neuere Statistische Verfahren der Deutschen Statistischen Gesellschaft, Frühjahr 1980 (bis jetzt unveröffentlicht).
3) Menges, G.: Weiche Modelle..., a.a.O., S. 153

Zusammenfassend ist festzustellen, daß die Datenvielfalt der amtlichen Wirtschafts- und Sozialstatistik, die neuerdings als Teil eines statistischen Informationssystems gesehen wird, nur dann zu sinnvollen statistischen Resultaten führt, wenn die Anwendungsprobleme statistischer Methoden durch Arbeitsteilung und Zusammenarbeit zwischen den Trägern der Statistik versucht werden zu lösen. Anwendungsprobleme liegen in der Feststellung der Genauigkeit der Daten in der Gewinnungs- und Produktionsphase, was vorwiegend als Aufgabe der amtlichen Statistik zu sehen ist, in der Reduktion "harter" Annahmen des klassischen Methodeninstrumentariums im Sinne des "weichen Modellierens" - eine Aufgabe, die sich die Universitätsstatistiker stellen müssen. Beide Träger der Statistik müssen jedoch in Verbindung mit dem Wirtschafts- und Sozialwissenschaftler eng zusammenarbeiten, wenn die notwendige Anpassung (Adäquation) zwischen Gewinnung statistischer Daten, ihre Auswertung vorwiegend durch inferenzstatistische Methoden und die adäquate Interpretation der statistischen Ergebnisse vollzogen werden soll.

S u m m a r y

The variety of data of the official economic and social statistics which have become a part of a statistical information system lead only to reasonable statistical results when the problems of application of statistical methods are settled by division of labour and cooperation between statisticians at universities and official agencies. Application problems lie in the evaluation of the precision and accuracy of produced data, which is expecially a task of the official statistical agencies, in the reduction of the rigorous presumptions of the classical statistical instruments according to "soft modelling" - a research project for the statisticians of the universities. Both, the statisticians of the statistical offices and universities, have to cooperate very closely, in order to achieve the necessary fit (adequacy) between the production of statistical data, its processing by inferential methods and the adequate interpretation of the statistical results.

A n h a n g

1. **Modell zur Intervallschätzung des systematischen Fehlers**

Die Ergebnisse zur Quantifizierung des systematischen Fehlers, die in Übersicht 6 ausgewiesen sind, basieren auf folgendem, verkürzt dargestelltem Modell.[1]

Um bei bestimmter Irrtumswahrscheinlichkeit $\leq \alpha$ den Vertrauensbereich des mittleren systematischen Angabefehlers nach:

$$(1.1) \quad W(\beta_1 \leq \bar{\beta}_N \leq \beta_2) \geq 1 - \alpha$$

zu bestimmen, werden zunächst die Konfidenzintervalle von C/N und B/N mit der Irrtumswahrscheinlichkeit $\leq \alpha_C$ bzw. $\leq \alpha_B$ ermittelt und die entsprechende Differenz der Vertrauensgrenzen beider Größen gebildet, die dann mit der Wahrscheinlichkeit $\geq 1 - \alpha_B - \alpha_C$ gilt. Es wird zunächst der Vertrauensbereich von C/N bestimmt; das Ergebnis ist analog für den Vertrauensbereich von B/N gültig.

Ausgehend von den empirisch zu ermittelnden "positiven Lügen"

$$c_{i_k} = c_{i_1}, c_{i_2}, \ldots, c_{i_n}$$

läßt sich eine mittlere empirische "positive Lüge" $\bar{C}$ angeben:

$$(1.2) \quad \bar{c} = \frac{1}{n} \sum_{k=1}^{n} c_{i_k}$$

Nicht mehr empirisch zu ermitteln ist dagegen die "mittlere positive Lüge" $\bar{C}$:

$$(1.3) \quad \bar{C} = \frac{1}{N} \sum_{i=1}^{N} c_i$$

Diese Gleichung stellt nur jene Stufe dar, auf der dem Stichprobenfehler im engeren Sinne Rechnung getragen wird. Die zweite Stufe, charakterisiert durch die Beachtung der Variation der Antworten in der Gesamtheit (Antwortvariabilität), wird durch (1.4) ausgedrückt:

$$(1.4) \quad \bar{P} = \frac{1}{N} \sum_{i=1}^{N} p_i$$

---

1) Eine ausführliche Fassung des Modells findet sich bei Krug, W.: Quantifizierung..., a.a.O., S. 59 ff

Hierin bezeichnet p_i die Wahrscheinlichkeit, eine "positive Lüge"
beim i-ten Befragten zu erhalten, und $\bar{P}$ gibt die entsprechende
mittlere Gesamtwahrscheinlichkeit an. Sie stellt die gesuchte
Größe dar.

Als Ergebnis ist zunächst festzustellen, daß der Vertrauensbereich
von C/N bei Beachtung der Antwortvariabilität anzugeben ist durch:

$$(1.5) \qquad W\{\bar{P}_1(\bar{C}_1(\bar{c})) \leq \frac{C}{N} \leq \bar{P}_2(\bar{C}_2(\bar{c}))\} \geq 1 - \alpha_{C_1} - \alpha_{C_2}$$

Aufgrund des zweistufigen Modells ergeben sich folgende Konfidenzintervalle: Auf der ersten Stufe errechnen sich die Unter- bzw.
Obergrenzen $\bar{C}_1(\bar{c}) = \bar{C}_1$ bzw. $\bar{C}_2(\bar{c}) = \bar{C}_2$ mit:

$$(1.6) \qquad \bar{C}_{1(2)} = \frac{2\bar{c} + \frac{z^2}{n}(\frac{N-n}{N-1})(\mp)\sqrt{\frac{z^4}{n^2}(\frac{N-n}{N-1})^2 + 4(\bar{c}-\bar{c}^2)\frac{z^2}{n}(\frac{N-n}{N-1})}}{2(1 + \frac{z^2}{n}(\frac{N-n}{N-1}))}$$

Auf der zweiten Stufe, das heißt: bei Beachtung der Antwortvaria-
bilität sind die entsprechenden Grenzen $\bar{P}_1(\bar{C}_1(\bar{c})) = \bar{P}(\bar{C}_1)$ bzw.
$\bar{P}_2(\bar{C}_2(\bar{c})) = \bar{P}(\bar{C}_2)$ des Vertrauensbereiches von C/N gegeben durch:

$$(1.7) \qquad \bar{P}(\bar{C}_{1(2)}) = \frac{2\bar{C}_{1(2)} + \frac{z'^2}{N}(\mp)\sqrt{\frac{z'^4}{N^2} + 4(\bar{C}_{1(2)} - (\bar{C}^2_{1(2)})\frac{z'^2}{N}}}{2(1 + \frac{z'^2}{N})}$$

In analoger Weise ist der Vertrauensbereich von B/N zu bestimmen,
so daß gilt:

$$(1.8) \qquad W\{\bar{P}_1(\bar{B}_1(\bar{b})) \leq \frac{B}{N} \leq \bar{P}_2(B_2(\bar{b}))\} \geq 1 - \alpha_{B_1} - \alpha_{B_2}$$

Für den Vertrauensbereich von $\bar{A}_N = \frac{C - B}{N}$ gilt somit:

$$(1.9) \qquad W\{\bar{P}_1(\bar{C}_1(\bar{c})) - \bar{P}_2(\bar{B}_2(\bar{b})) \leq \bar{A}_N \leq \bar{P}_2(\bar{C}_2(\bar{c})) - \bar{P}_1(\bar{B}_1(\bar{b}))\}$$

$$\geq 1 - (\alpha_{B_1} + \alpha_{C_1} + \alpha_{B_2} + \alpha_{C_2})$$

Beachtet man, daß $\alpha_B = \alpha_{B_1} + \alpha_{B_2}$, $\alpha_C = \alpha_{C_1} + \alpha_{C_2}$ und $\alpha_B + \alpha_C = \alpha$, so ist Gleichung (1.1) ermittelt.[1)]

Wird dieses Modell auf die erwerbsstatistischen Daten der Volkszählung 1961 angewendet, wobei der 1 %-Mikrozensus 1961 als Kontrollerhebung dient, so ergeben sich die in Übersicht 1.1 ausgewiesenen Werte, woraus die prozentualen systematischen 95 %-Fehlerintervalle der Übersicht 6 ermittelt worden sind.

---

1) Die in Gleichungen (1.6) und (1.7) verwendeten Größen z bzw. z' bezeichnen die Standardnormalvariablen z_{C_1} bzw. z_{C_2}, denen die Wahrscheinlichkeiten α_{C_1} bzw. α_{C_2} entsprechen.

Grundgesamtheit[++]	Merkmal	$\bar{P}_N(\bar{C}_1)$	$\bar{P}_N(\bar{C}_2)$	$\bar{P}_N(\bar{B}_1)$	$\bar{P}_N(\bar{B}_2)$	$\bar{P}_N(\bar{C}_1)$ $-\bar{P}_N(\bar{B}_2)$	$\bar{P}_N(\bar{C}_2)$ $-\bar{P}_N(\bar{B}_1)$
(1)	(2)	(3)	(4)	(5)	(6)	(7)	(8)
I	Überwiegender Lebensunterhalt: Erwerbstätigkeit	17,8o7	2o,661	1o,232	12,431	5,375	1o,429
I	Überwiegender Lebensunterhalt: Angehörige	9,66o	11,8oo	16,629	19,393	-9,733	-4,829
E	Stellung im Beruf: Angestellter	17,224	21,357	8,417	11,388	5,836	12,94o
I	Stellung im Beruf: Arbeiter	8,315	1o,31o	13,794	16,325	-8,o1o	-3,484
I	Stellung im Beruf: Angestellter	1o,o66	12,248	5,573	7,228	2,838	6,675
E	Stellung im Beruf: Arbeiter	1o,191	13,434	17,263	21,4oo	-11,2o9	-3,829
I	Weitere Tätigkeit: keine	2,665	3,845	4,559	6,o67	-3,4o2	-o,714
I	Weitere Tätigkeit: landwirtschaftlich	2,559	3,718	1,277	2,127	o,432	2,431
E	Wirtschaftsunterabteilung 25[+++]	o,888	2,o1o	2,144	3,761	-2,873	-o,134
I	Organisationen ohne Erwerbscharakter und Private Haushalte	o,4o9	o,937	o,957	1,7o8	-1,299	-o,o2o

+) Es wird eine einfache Zufallsstichprobe unterstellt. Die berechneten Parameter sind jeweils mit 1000 multipliziert. - ++) E = Erwerbspersonen, I: Erwerbs- und Nichterwerbspersonen. - +++) Wirtschaftsunterabteilung 25 umfaßt die Gruppen: Elektrotechnik, Feinmechanik und Optik, Herstellung von EBM-Waren, Musikinstrumenten, Sportgeräten, Spiel- und Schmuckwaren.

2. Multinomiales Logit-Modell

Zur Logit-Analyse der personellen Einkommensverteilung ist folgendes Modell verwendet worden:[1]

Die qualitative Zielvariable Y ist eine Zufallsvariable mit den Realisationen y, die in Verbindung mit einem Vektor von exogenen Variablen $\underline{x}' = (x_1, x_2, \ldots, x_q)$ beobachtet werden, wobei y mehrere alternative diskrete Werte a_j annehmen kann. Dies entspricht dem Auftreten eines von mehreren möglichen Ereignissen E_j, $j\epsilon\{1,2,\ldots,r\}$, mit Eintrittswahrscheinlichkeit p_j, die den Ereignisraum Ω vollständig zerlegen. Da es sich mit $r > 2$ um mehr als zwei alternative Ereignisse E und $\bar{E}$ (Einkommensgrößenklassen) handelt, liegt hier eine polytome qualitative Variable Y vor. Tritt E_j ein, dann nehme y den Wert a_j an.

Für die Analyse von qualitativen Variablen ist von Interesse, mit welcher Wahrscheinlichkeit bei gegebenem Vektor der exogenen Variablen eine der Ausprägungen gegeben ist. Im polytomen Fall gilt dann:

$$(2.1) \quad y = a_j, \text{ falls } \underline{x}_i'\underline{\beta}_j \geq z_{ij}; \quad a_j\epsilon\{0,1,2,\ldots\}$$

$$i \,\epsilon\{1,2,\ldots,n\}$$
$$j \,\epsilon\{1,2,\ldots,r\}$$
$$n = \text{Anzahl der Beobachtungen}$$
$$r = \text{Anzahl der Alternativen}$$

Hierin bedeutet a_j eine Dummy-Variable, die für das Vorliegen eines alternativen Ereignisses steht. Üblicherweise wird die Dummy-Vercodung wie folgt vorgenommen:

$$y_j = \begin{cases} 1, \text{ falls } E_j \\ 0, \text{ falls } \bar{E}_j \end{cases}$$

Der Parametervektor $\underline{\beta}_j$ enthält die Einflußgewichte der exogenen Variablen auf die Alternative j. Für jede Alternative von y exi-

---

1) Eine ausführliche Fassung des verwendeten Logit-Modells ist angegeben in: Krug, W.: Lineare und nicht-lineare Regressionen zur personellen Einkommensverteilung bei aggregierten Daten. Jahrbücher für Nationalökonomie und Statistik (erscheint demnächst)

stiert ein bestimmter individueller Schwellenwert $\dot{z}_{ij}$, der Zufallsvariable ist, und für verschiedene Beobachtungen unabhängig verteilt angenommen wird. Ob E_j eintritt oder nicht, hängt davon ab, ob der "Wirkungswert", der durch die Linearkombination des Vektors von Werten exogener Variablen mit den Einflußparametern beschrieben wird, einen spezifischen individuellen Wert überschreitet oder nicht erreicht. Auf den hier verfolgten Anwendungsfall bezogen wird die exogene Variable als Stimulusvariable angesehen. Überschreitet der Stimuluswert eines gegebenen Ausbildungsniveaus einen bestimmten Schwellenwert z_{ij}, dann wird das Individuum einer bestimmten Einkommensklasse angehören. Die Eintrittswahrscheinlichkeit für E_j läßt sich somit als Ordinatenwert einer kumulativen Verteilungsfunktion auffassen:

$$(2.2) \quad P\{y_i = a_j\} = P\{z_{ij} \leq \underline{x}'_i\underline{\beta}_j | z_{ik} \geq \underline{x}'_i\underline{\beta}_k\};$$

$$j, k \in \{1,2,\ldots,r\}; \qquad j \neq k;$$

$$= F(\underline{x}'_i\underline{\beta}_j)$$

Die Wahrscheinlichkeit, daß y_i einen bestimmten Wert annimmt, ist die bedingte Verteilungsfunktion von z_{ij}, wobei die Bedingung lautet, daß alle anderen Schwellenwerte größer als der Einfluß der "Stimulusvariablen" sind, die anderen Alternativen nicht zutreffen. Daher sind für eine gegebene Beobachtung i die Verteilungen $P\{z_{ij} \leq \underline{x}'_i\underline{\beta}_j\}$ und $P\{z_{ij} \leq \underline{x}'_i\underline{\beta}_k\}$; $j \neq k$ voneinander abhängig, da y nur einen der möglichen Werte $a_1, a_2, \ldots, a_r$ annehmen kann.

Die multivariate logistische Verteilungsfunktion lautet:

$$(2.3) \quad F(t_1, t_2, \ldots, t_r) = (1 + \sum_{j=1}^{r} e^{-t_j})^{-1}$$

Wird die stochastische Version des Modells

$$(2.4) \quad \dot{z}_{ij} = \underline{x}'_i\underline{\beta}_j + \varepsilon_{ij}$$

spezifiziert durch

$$(2.5) \qquad p\{y_i = 1\} = F(z_{ij})$$

und die Gleichung (2.5) die multivariate logistische Verteilungsfunktion eingeführt, so ergibt sich eine Formulierung des
Modells, die als das multinomiale Logit-Modell bezeichnet wird:[1]

$$(2.6) \qquad p_{ij} = \frac{e^{z_{ij}}}{\sum\limits_{k=1}^{r} e^{z_{ik}}} \; ; \qquad -\infty < z_{ij} < \infty ; \quad \sum\limits_{j=1}^{r} p_{ij} = 1 ;$$

$$i \in \{1,2,\ldots,n\}$$
$$j,k \in \{1,2,\ldots,r\}$$
$$j \neq k.$$

Dieses Modell, das nutzbringend zur Schätzung der Anteile von
Indikatoren, die eine bestimmte Response bei einem spezifischen
Dosis-Level zeigen, angewandt werden können, besitzt einige
nützliche Eigenschaften: Es kann eingesetzt werden, um ohne die
Notwendigkeit der Spezifikation der mögliches Responses auf
einer Ordinalskala ein einheitliches Fitting der Daten zu erreichen, und es kann simultan ein einheitliches Resultat, ohne
eine Folge mehrerer Anwendungen des einfachen Zwei-Alternati-
ven-Modells festlegen zu müssen, erzielt werden.

Wird zur Schätzung der Parameter ein Verfahren gewählt, das unter allgemeinen Bedingungen optimale Schätzvariablen liefert,
so ist es sinnvoll, das allgemeinere Prinzip der Maximum-Like-
lihood-Methode auf das Modell (2.6) anzuwenden.
Wird zur Schätzung der logarithmierten Likelihood-Funktion
($L^* = \log L$) beachtet, daß y_i multinomialverteilt ist, so ergibt sich unter Verwendung der Hilfsvariablen v_{ij} folgende

---

1) Vgl. Mantel, N.:Models for Complex Contingency Tables and
   Polytomous Dosage Response Curves. Biometrics, Bd. 22 (1966),
   S. 83

Schätzung:

$$(2.7) \qquad L^{\bullet} = \sum_{i=1}^{n} \sum_{j=1}^{r} v_{ij} \ln \frac{e^{x_i' \underline{\beta}_j}}{\sum\limits_{k=1}^{r} e^{x_i' \underline{\beta}_j}}$$

$$v_{ij} = \begin{cases} 1, & \text{wenn } y_i = a_j \\[2ex] 0, & \text{wenn } y_i = a_k, \text{ für alle } j \neq k \\ & \qquad j,k \in \{1,2,\ldots,r\} \end{cases}$$

$$\underline{\beta}_j \; : \quad \text{q-Spaltenvektor der (q x r)-Parametermatrix}$$

$\underline{\beta} = (\underline{\beta}_1 \underline{\beta}_2 \ldots \underline{\beta}_r)$, die zu jeder Alternative j einen Vektor $\underline{\beta}_j$ enthält.

Die ML-Schätzwerte für die Parameter sind unter Verwendung aggregierter Daten durchzuführen, wobei für jeden Vektor x_i' mehrere Beobachtungen vorliegen und nur die absoluten oder relativen Häufigkeiten des Auftretens von Alternative j bei gegebenen Werten der exogenen Variablen $\underline{x}_i$ vorliegen.

Die zu einem Vektor $\underline{x}_k$ einer Merkmalskombination k gehörenden n_k Beobachtungen der y_i werden für die Alternative j zur absoluten Häufigkeit aggregiert:

$$h_{kj} = \sum_{i=1}^{n_k} v_{ij} \quad \text{und} \quad \sum_{k=1}^{m} n_k = n; \; m = \text{Anzahl aller Zellen}$$

Daraus lassen sich die Anteilssätze $p_{kj} = h_{kj}/n_k$ bilden, die als Stichprobenwahrscheinlichkeiten $p\{y_i = a_j | \underline{x}_k\}$ interpretiert werden. Es gilt dann:

$$(2.8) \quad \sum_{k=1}^{m} n_k \left(\frac{e^{x_i' \underline{\beta}_j}}{\sum\limits_{l=1}^{r} e^{x_i' \underline{\beta}_l}} \right) \underline{x}_k - \sum_{t=1}^{m} h_{kj} = \underline{0} \; ; \; j,l \in \{1,2,\ldots,r\}; \; j \neq 1$$

Der Faktor n_k ist als Gewichtung des Systems mit der Anzahl
der Beobachtungen für eine bestimmte Merkmalskombination der
exogenen Variablen $\underline{x}_k$ zu interpretieren.
Sind die exogenen Variablen Dummy-Variablen, so taucht wie
beim linearen Modell der Fall der formalen Multikollineari-
tät auf, daß die Matrix der exogenen Variablen linear abhängige Zeilen und Spalten aufweist.[1] Werden diese Abhängigkeiten durch Null-Restriktionen beseitigt, so wird die zu
"streichende" Ausprägung jedes Merkmals zur Standardgruppe.

Das Logit-Modell bietet mehrere Prognosemöglichkeiten. Für den
Fall, daß die abhängige Variable y die Werte $a_1,\ldots,a_r$ an-
nimmt, kann der Wert y^t für einen neuen Vektor der exogenen
Variablen $\underline{x}^t$ dadurch prognostiziert werden, daß die logisti-
schen Parameter $\underline{\beta}_j$ des multinomialen logistischen Modells
(Gleichung (2.6)) eingesetzt werden:

$$(2.9) \qquad \hat{p}_j^t = \frac{e^{\underline{\beta}_j'\underline{x}^t}}{\sum_{l=1}^{r} e^{\underline{\beta}_l'\underline{x}^t}}$$

Daraus folgt der Prognoseschätzwert für $E(y^t)$:

$$(2.10) \qquad \hat{y}^t = \sum_{j=1}^{r} a_j\, \hat{p}_j^t$$

---

[1] Eine Matrix der exogenen Variablen mit linearen Abhängigkeiten führt dazu, daß die Hessesche Matrix der Likelihood-
Funktion singulär wird.

STICHPROBEN IN DER AMTLICHEN ÖSTERREICHISCHEN STATISTIK

Helmut Hartmann[+)]

Einleitend sei ein Überblick geboten, in welchen Bereichen die amtliche österreichische Statistik Stichproben anwendet:

- Bodennutzungserhebung
- Besondere Ernteermittlung
- Viehzwischenzählung
- Milchleistungserhebung
- Baugewerbe
- Groß- und Einzelhandel
- Klein- und Dienstleistungsgewerbe
- Mikrozensus
- Lohnsteuerstatistik

- Apfelernteprognose
- Fremdenverkehrsstatistik
- Straßenverkehrszählung
- Konsumerhebung (Verbrauch der Haushalte)
- Indizes des Österreichischen Statistischen Zentralamtes für
    Verbraucherpreise
    Großhandelspreise
    Diverse Baupreise
    Produktion und Produktivität
    Sachgütererzeugung
    Außenhandel
    Verbraucherpreise im Ausland etc.

Diese Aufstellung ist in zwei Blöcke gegliedert, nämlich in die Stichproben im engeren Sinn oder Zufallsstichproben und diejenigen stichprobenartigen Erhebungen, denen keine Zufallsauswahl zugrunde liegt.

[+)] Dipl.Ing. Helmut Hartmann, Leiter des Referates für mathematisch-statistische Methoden und statistische Planung im Österreichischen Statistischen Zentralamt.

DIE ROLLE DER STATISTIK IN DER REGIONALWISSENSCHAFT
Dieter Bökemann *)

Mein Vortrag wird sich in folgende Abschnitte gliedern:

(1) Einführung: Statistik, das "tägliche Brot" des Regional-
    wissenschaftlers

(2) Was ist Regionalwissenschaft?

(3) Regionalwissenschaftlich relevante Anwendungsbereiche
    der Statistik

(4) Statistische Bezüge in einem regionalwissenschaftlichen
    Modell: das KASIM-Modell als Beispiel

(5) Schlußbemerkung

----

*) O.Univ.Prof. Dipl.-Ing. Dr. Dieter BÖKEMANN, Vorstand des
   Institutes für Stadt- und Regionalforschung

(1) EINFÜHRUNG: Statistik, das "tägliche Brot" des
                  Regionalwissenschaftlers

Regionalwissenschaft soll vor allem Entscheidungsgrundlagen
für Regierungen und Verwaltungen liefern. Solche sind:

- Beschreibungen und Bewertungen von einzelnen Standorten
  sowie von Standortaggregaten

- Beschreibungen und Bewertungen der Wirkungen, die sich aus
  regionalpolitischen Maßnahmen ergeben. Diese können sich
  wieder sowohl auf einzelne Personen als auch auf Aggregate daraus beziehen, aber auch auf die veranlassenden
  Regierungen und Verwaltungen

- Beschreibungen und Bewertungen der Dynamik im Siedlungsgefüge sowohl analysierend-rückblickend als auch prognos-
  tisch-simulierend.

Regionalwissenschaft hat somit sowohl einen sozialwissenschaftlichen als auch einen technisch-instrumentalen Bezug, letzteres
dann, wenn es um die Definition und Bewertung materialer oder
institutioneller Maßnahmen geht.

Als empirische Wissenschaft benötigt die Regionalwissenschaft
von der Statistik

- Daten
- Analyseverfahren
- Prüfverfahren
- Methoden der schließenden Statistik

wie jeder einzelne von uns das tägliche Brot.

(2) Was ist und was leistet REGIONALWISSENSCHAFT ?

Sie ist eine junge Disziplin mit eigener Erkenntnisinteresse,
eigener Fachsprache, anerkannten Theorien und Methoden.

Es arbeiten an ihr, wenn man die Mitglieder einschlägiger
wissenschaftlicher Gesellschaften zusammenzählt, etwa
4ooo - 5ooo Wissenschaftler. Diese werden heute überwiegend
im Rahmen eigener Universitätsprogramme (meist im Rahmen
sozialwissenschaftlicher Fakultäten) ausgebildet. Die älteren
Regionalwissenschaftler entstammen jedoch meist folgenden
traditionellen Disziplinen:

- Geographie
- Wirtschaftswissenschaften
- Soziologie, Politologie
- Stadtplanung und Architektur
- Verkehrsingenieurwesen
- angewandte Mathematik, Informatik

Sie befaßt sich mit:

- der räumlichen Dimension des einzelwirtschaftlichen Verhaltens
  und des staatlichen Investierens sowie deren Rückwirkungen
  (Migrationen ....)

- der Frage nach der Entstehung und Entwicklung von Sied-
  lungsstrukturen

- den Fragen nach der optimalen Flächennutzung in Siedlungs-
  systemen

- der Frage nach dem optimalen Standort für eine Unter-
  nehmung oder eine Haushaltung

- der Frage nach der optimalen räumlichen Kombination von
  standortaufwertenden Investitionen und Nutzungsrestrik-
  tionen der Gebietskörperschaften (Stadtentwicklungs- und
  Raumordnungsplan)

- der Frage nach der optimalen zeitlichen Reihung von Maßnahmen der Gebietskörperschaften

<u>Sie prognostiziert:</u>

● die Wirkungen geplanter Maßnahmen (vor allem der Gebiets-
körperschaften) auf die Betroffenen (einzelwirtschaftliche,
Subjekte) und die Rückwirkungen auf die veranlassenden
Gebietskörperschaften

● die Effekte regionalstruktureller Veränderungen (Agglo-
merationseffekte) auf soziale Umschichtungen

● Veränderungen im Siedlungsgefüge infolge technischer und
politischer Veränderungen

<u>Dazu bedient sie sich:</u>

eigener Theorien und Modelle wie

● räumlicher Interaktionsmodelle, mit denen beschrieben wird

  - die Aufteilung der Verkehrs im besonderen der Güter-
    und Faktorströme (z.B. Wanderung von Arbeitskräften) ent-
    sprechend der räumlichen Verteilung der Standortattrak-
    tivitäten

  - der Abnahme der Standortattraktivitäten entsprechend
    der räumlichen Verteilung der Kommunikationsgelegenheiten

  - die Aufteilung der individuellen Gunst auf Standorte
    aufgrund von Ausstattung und Erreichbarkeit

● Optimierungsmodelle, mit denen bestimmt wird

  - die Standortbedingung für den größten Unternehmenserfolg

  - die optimale Nutzung eines gegebenen Standortes aus den
    Perspektiven des Eigentümers

  - die ökonomisch optimale (Gleichgewichtige) Siedlungs-
    struktur

  - die optimale raumwirtschaftliche Maßnahme zur Erreichung
    bestimmter regionalpolitischer (Wachstums- und Ver-
    teilungs-)Ziele

- 211 -

• Entscheidungsmodelle, in denen abgebildet und simuliert
  wird

  - Handlungsspielräume einzelner Subjekte und deren Wechsel-
    beziehungen bzw. Überlagerungen sowie

  - optimale Entscheidungen bei gegebenen Handlungsspiel-
    räumen bezüglich definierter Ziele

(3) Regionalwissenschaftlich relevante ANWENDUNGSBEREICHE
     der STATISTIK

Wie schon einführend festgestellt, benötigt die Regionalwissenschaft als empirische Sozialwissenschaft die Methoden der
Statistik.

Im einzelnen sehe ich in der Schnittmenge der Statistik und
der Regionalwissenschaft folgende Probleme:

(3.1.) Probleme bei der BESCHREIBENDEN STATISTIK

• Probleme der Datenproduktion:

  - Vielzweckverwendbarkeit der amtlichen Daten (VZ, AZ, GZ)
    versus problemorientierte Sonderzweckverwendbarkeit in
    der Regionalwissenschaft

  - sonderzweckbezogener Erhebungsaufwand versus Verwertbar-
    keit der regionalwissenschaftlichen Information für
    einzelwirtschaftliche und regionalpolitische Fragen

  - Abwägung von alternativen Verfahren der Datenproduktion
    nach Kosten-Nutzen-Kalkülen, wobei folgende Alternativen
    als relevant gelten

    • amtliche (Vielzweck) Statistik
      (Problem der regionalen und sektoralen Differenziert-
      heit)

- <u>Karte, Luftbild, remote-sensing</u>
  (Problem: Selektion relevanter Information)

- <u>Beobachtung, Befragung</u>
  (Problem: Stichprobenumfang, Genauigkeit)

Die Substitutionalität und Komplementarität der Daten aus verschiedenen Produktionsverfahren müßte noch überprüft werden.

● Probleme der <u>Datenreduktion</u>: Datenverarbeitungskapazität

- Vielzweckdaten müssen problemorientiert reduziert werden

- gleich ausgeprägte Merkmalsträger sollen problemspezifisch aggregiert werden

- Daten sollen methodengerecht reduziert werden

In der Regionalwissenschaft werden unter diesem Aspekt vor allem folgende Multivariatenverfahren angewandt:

Regressionsverfahren, Faktorenanalyse, Clusteranalyse, Diskriminierungsanalyse, Spektralanalyse

● Probleme bei der <u>Dateninterpretation</u>: Fehldeutungen

Das Problem beginnt bei der Kalkulation von Lage (Durchschnitt, Median...) und Streuungsparametern, von Vertrauensbereichen u.a.. Selbst bei der Interpretation von Konzentrationskurven und -indices (etwa nach LORENZ und GINI) ergeben sich Mißverständnisse. Die vielfältige Anwendung der Faktorenanalyse und anderer Multivariatenverfahren zur Daten- und Komplexitätsreduktion ist ständige Quelle für Fehlinterpretationen.

(3.2.) <u>Probleme bei der Anwendung der STOCHASTISCHEN THEORIE</u>

Aus dem Bereich der Wahrscheinlichkeitsverteilungen gelten im Rahmen der Regionalwissenschaft als relevant

- <u>Normalverteilung</u> ; Beispiel: Besuch von zentralen Einrichtungen über Räume und Öffnungszeiten

- <u>logarithmische Verteilungen</u>; Beispiel: Rank-Size-Verteilung der Bevölkerung über Gemeindegrößenklassen

- <u>Binomialverteilung</u>; Beispiel: Mindestbesatz von bestimmten regionalen oder sozialen Gruppen aufgrund gesamtstatistischer Daten

- <u>Poissionverteilung</u>; Beispiel: Versorgungssicherheit bzw. Störwahrscheinlichkeit in Infrastrukturnetzen

Die klare Unterscheidung der Verteilungstypen läßt in unserer Wissenschaft manchmal zu wünschen übrig. Dies gilt jedoch in weitaus stärkerem Maße für die Techniken der Stichprobenauswahl, etwa im Zusammenhang mit regionalwissenschaftlichen Befragungen und bei Beobachtungen etwa im Rahmen der Luftbildauswertung (Stichprobenumfang, Konfidenz, Aufwand-Ertrags-Kalkulation).

(3.3.) <u>Probleme bei der Anwendung der SCHLIESSENDEN STATISTIK</u>

Bei den Fragen:

- Besteht ein Zusammenhang zwischen Bodenpreis und Standortnutzung beispielweise ?

- Wie eng ist der untersuchte Zusammenhang ?

- Welche mathematische Form hat der Zusammenhang ?

wird bei der Auswahl unter den verschiedenen Regressions-
und Korrelationstechniken im Bereich der Regionalwissen-
schaft eher das jeweils einfachere Verfahren vorgezogen.
Solche Entscheidungen bei den komplexen und umfangreichen
Datenkörpern werden nicht selten durch die aufwendigen
Parameter-Schätzungen erzwungen, oftmals ist, das sei hier
zugegeben, jedoch auch fehlendes Wissen für eine unkritische
Methodenauswahl ursächlich.

(3.4.) Spezielle Ausprägungen einer REGIONALWISSENSCHAFT-LICHEN STATISTIK

Relativ gut sind in der Regionalwissenschaft Modelle entwickelt, die auf einfachen wahrscheinlichkeitstheoretischen
Annahmen basieren.

Unter diesem Aspekt möchte ich beispielhaft benennen:

(1) den Ansatz von David HUFF, mit dessen Hilfe standort-
     bezogene Erwartungswerte für die Aufteilung individueller
     Präferenzen zu den anderen Standorten abgebildet werden;

(2) die MARKOFF-Ketten-Analyse, mit deren Hilfe standortbe-
     zogen-zeitliche Übergangswahrscheinlichkeiten zwischen
     verschiedenen Zuständen im Siedlungsgefüge dargestellt
     werden;

(3) die von SCOTT, WILSON u.a. weiterentwickelten ENTROPIE-
     Modelle, mit deren Hilfe zwischenstandörtliche Inter-
     aktionen und standörtliche Handlungsspielräume abgebildet
     und entsprechende Verhaltensparameter geschätzt werden.

Am Beispiel der in den letzten Jahren teilweise euphorisch
weiterentwickelten ENTROPIE-Modelle zur Beschreibung der Sied-
lungsstruktur erscheint mir auch eine gewisse Skepsis bei
der Anwendung aufwendiger statistischer Modelle angebracht.
Dies gilt besonders, wenn der Zustand höchster Wahrscheinlichkeit in einem komplexeren System mit wenigen Verteilungspa-
rametern kalkuliert wird. Meine Bedenken begründe ich allerdings damit, daß einerseits eine differenzierte Modell-

aussage eine größere Zahl von Parametern erfordert, daß
andererseits jedoch der Rechenaufwand zum Schätzen mit der
Zahl der Parameter sehr schnell untragbar steigt. Zudem bleibt
bei der empirischen Arbeit immer das Problem der Interde-
pendenz der Parameter bestehen.

(4) STATISTISCHE BEZÜGE in einem speziellen regionalwissenschaftlichen Modell: das KASIM-Modell als Beispiel

An einem Modellbeispiel aus der eigenen Werkstatt möchte ich
die Arbeitsweise in der Regionalwissenschaft kurz skizzieren.

Die von der planenden Verwaltung der Stadt Karlsruhe an mich
und meine Mitarbeiter (1975) gestellte Aufgabe lautete, einen
"Ansatz zur optimalen Projektreihung" als praktischen Beitrag
zur Politikberatung zu entwickeln.

(4.1.) Das_dem_KASIM-Modell_zugrundeliegende_Problem

In der Verfolgung des Zieles, solchermaßen einen NETZPLAN
für die kommunalpolitischen Maßnahmen zur Stadtentwicklung
(sowie sie aus dem Flächennutzungsplan ableitbar sind) auszuarbeiten und zu begründen, haben wir ohne Zweifel wissenschaftliches Neuland betreten. Dies betrifft gleichermaßen
die zugrundegelegten Hypothesen (aufbauend auf der Definition
von "Standort als von Gebietskörperschaften produziertem
Gut") und die angewandten Methoden (insbesondere zur Standortbewertung, zur Wirkungsanalyse der Projekte, zu deren Dring-
lichkeitsreihung und zur Darstellung des Netzplanes).

Bei der skizzierten Problemsicht waren zu folgenden Teilaufgaben Beiträge zu leisten:

(1) Die sich aus dem Flächennutzungsplan ergebenden Inves-
     titionskonsequenzen bezüglich der kommunalen Infrastruk-
     tur sind möglichst umfassend darzustellen.

Mit dieser Teilaufgabe verbunden ist die Notwendigkeit,
die kommunalpolitischen Projekte zur Stadtentwicklung,
zunächst zu definieren und dann nach verschiedenen Auf-
wandskategorien zu bewerten.

(2) Der politische Handlungsspielraum für alternative In-
vestitionsprogramme im Bereich der kommunalen Infrastruktur ist zu ermitteln.

Diese Teilaufgabe umfaßt die Wirkungsanalyse verschiedener Infrastrukturbereiche in Bezug auf die Nutzungs-
möglichkeiten und den Wert von Standorten ("standört-
liches Nutzungspotential"), insbesondere die Substitu-
tionsbeziehungen zwischen den verschiedenen Infrastruk-
turbereichen. Ergebnis dieser Teilaufgabe ist die Erklärung von Standortwerten mit Hilfe von Infrastruktur-
elementen ("standörtliche Nutzungsfunktion").

(3) Es sind die durch die geplanten kommunalen Infrastruk-
turinvestitionen bewirkten Standortaufwertungen zu simu-
lieren.

Durch diese Teilaufgaben wird die Analyse der durch die
kommunalpolitischen Maßnahmen induzierten Wert- bzw.
Nutzungspotentialzuwächse über sämtliche Standorte (Grund-
stücke) der Stadt Karlsruhe umrissen. Damit soll früh-
zeitig erkennbar gemacht werden, wie gegenüber den Wirt-
schaftssubjekten reagiert werden kann, in deren Eigentum
die kommunalpolitisch veranlaßten Wertzuwächse fließen.

(4) Es sind die Investitionszeitpunkte für die kommunalen
Infrastrukturprojekte so zu bestimmen, daß eine möglichst frühzeitige Nutzung (unter dem Aspekt des Mittel-
rückflusses) der eingesetzten Mittel absehbar wird.

Diese Teilaufgabe entspricht der Definition eines Netzplanes für die kommunalpolitischen Infrastrukturprojekte.
Das setzt allerdings voraus, daß die Wirkungen der einzelnen Infrastrukturprojekte für jede Position in der Reihenfolge sämtlicher Projekte kalkuliert werden. Erst danach
kann durch entsprechenden Vergleich der verschiedenen
Wirkungen der einzelnen Projekte und bei Respektierung
sämtlicher technologischer, rechtlicher und wirtschaftlicher Randbedingungen der angestrebte Netzplan ermittelt
werden.

Die Karlsruhe-Studie, über welche ich hier berichte, gründet
auf folgenden Prämissen:

(1) Mit dem zugrundegelegten Stadtentwicklungsplan (Flächen-
     nutzungs-, Verkehrs- und Infrastrukturplan) ist der Ge-
     samtumfang der infrastrukturellen Bauprojekte sowie der
     flächennutzungsbezogenen Restriktionen für den kommu-
     nalpolitischen "Zielzustand" festgeschrieben. Darüber
     hinaus ist, wie immer die einzelnen Projekte definiert
     werden, deren Funktion, Einzelvolumen und Standort aus
     dem Stadtentwicklungsplan ableitbar.

(2) Als kommunalpolitische Randbedingungen für die Bewertung
     der Projektdringlichkeit bzw. für die Festlegung von
     deren zeitlicher Ausführungsfolge sind in jeder Phase
     der Stadtentwicklung unter anderem bestimmte versorgungs-,
     erreichbarkeits- und umweltschutzspezifische Normen ein-
     zuhalten. Danben sind tradierte Werthaltungen (ört-
     licher und überörtlicher Art), wie sie in den artiku-
     lierten Wünschen nach Erhaltung bestimmter historischer
     als bedeutsam bewerteter Bausubstanzen oder Ensembles
     oder nach Erhaltung bestimmter Freiflächen (Durchblicke
     o.ä.), aber auch in dem Streben nach Schutz vor Durch-
     gangsverkehr zum Ausdruck kommen ("städtebauliche Werte"),
     ebenso zu respektieren, wie ideologische Vorgaben der
     Kategorie "Begünstigung bestimmter sozialer Gruppen, wie
     alte und gebrechliche Personen, Kinder, Schüler", "Be-
     vorzugung der Systeme des öffentlichen Nahverkehrs oder
     der Fahrradwege vor dem Straßenbau für den PKW-Verkehr".

     Mit der Veränderung der regionalen Verteilung der Be-
     völkerung und der Bevölkerungsstruktur nach Alter und
     sozialer Schichtung, der Arbeitsplätze, der Versorgungs-
     und Erholungseinrichtungen u.a. im Ausführungsprozeß der
     Stadtpläne verändern sich zweifellos auch die oben ge-
     nannten kommunalpolitischen Randbedingungen.

(3) Als stadtökonomisches Ziel für die Durchführung der ein-
     zelnen infrastrukturellen Baumaßnahmen und der die
     Flächenwidmung detaillierenden Bebauungspläne gilt es,

die gemeindeseits verfügbaren Mittel (Kapital- und
Arbeitsaufwände im Rahmen der Planung und Bauausführung)
in jeder der aufeinanderfolgenden Entwicklungsphasen
möglichst effizient im Hinblick auf die angestrebten
Nutzungen einzusetzen.

(4)   Als stadtökonomische Randbedingungen bei der Ausführung
      der aus dem Stadtentwicklungsplan abgeleiteten Einzel-
      projekte gelten: die Finanzierungsmöglichkeiten aus den
      jährlichen kommunalen Budgets sowie die Finanzierungs-
      bedingungen nach der diesen übergeordneten kommunalen
      Finanzverfassung, weiters die in der Verwaltung verfüg-
      bare (und gegebenenfalls über Auftrag aus privaten Büros
      verfügbare) Planungskapazität, die am Ort vorhandene
      bzw. verfügbare bauwirtschaftliche Kapazität, sowie
      schließlich die Ausreifungszeit der einzelnen Projekte
      (umfassend u.a. die Phasen "Grunderwerb", "Planaus-
      und durchführung", "bauliche Verwirklichung").

Diesen stadtentwicklungspolitischen Bedinungen liegt die
(heroische) Vorstellung zugrunde, daß (1) die Effizienz der
eingesetzten Mittel der Stadtentwicklungsplanung am Budget-
rückfluß des Investors gemessen werden kann und (2) daß die
Gewichtung von wachstums- und verteilungspolitischen Zielen
im Rahmen des Stadtentwicklungsplanes bereits durch das
räumliche Anordnungsmuster vorgegeben ist.

(4.2.)   Skizze des Lösungsweges

Nach den so definierten Prämissen erscheint der Lösungsweg
für die skizzierten Aufgaben relativ klar vorgezeichnet. Er
wurde folgendermaßen vorgegeben:

(1)   Erstellung einer problemrelevanten Datenbank, in welcher
      sowohl die hier betrachteten standort- und nutzungs-

kennzeichnenden Bestandsdaten als auch die entwicklungs-
bestimmenden Projektdaten zusammengefaßt sind.

In diesem ersten Schritt wurden nach den routinemäßigen
Vorarbeiten etwa 50 Kategorien von standort- und nutzungs-
kennzeichnenden Informationen in einer <u>Bestandsdatei</u> gespeichert:

nach 192 Verkehrsbezirken (aggregiert aus 1553 Bau-
        blöcken) regional gegliedert
        und

in einem Graphen mit 790 Kanten (508 Netzknoten und 192
        Einfüllknoten) aufeinander be-
        zogen.

Zugleich wurden die kommunalpolitischen Projekte defini-
torisch aus dem Stadtentwicklungsplan·der Stadt Karlsruhe
nach den oben beschriebenen Zusammenhangskriterien abgeleitet, nach ihrer Funktion und nach ihrem Standort
indiziert, nach Planungs- und Bauaufwänden sowie nach
der erforderlichen Ausreifungszeit bewertet und auf die
politischen Restriktionen (wie frühestmöglicher oder
spätestnotwendiger Ausführungsendzeitpunkt des Projektes
oder frühestmöglicher - etwa durch Verfügbarkeit des
Grundstücks - Ausführungsbeginn-Zeitpunkt) bezogen
(<u>Projektdatei</u>).

Dieser erste Schritt zielt auf eine standardisierte
Standort- und Projektbeschreibung, wobei die Qualität
dieser Datenbank zweifellos die Qualität des Ergebnisses
dieser Studie wesentlich mitbestimmt. Die Projektdatei
war zweckmäßigerweise in engstem Einvernehmen mit der
planenden Verwaltung der Stadt Karlsruhe nach einem von
Gutachter entwickelten präzisen Schlüssel erarbeitet
worden. Die Bestandsdatei hingegen stammt zu einem grös-
seren Teil aus Forschungsarbeiten des Gutachters, die von
anderer Seite veranlaßt und für andere Zwecke ausgeführt
wurden.

Sowohl die Bestands- wie auch die Projektdatei (die
nicht in dieser Schrift enthalten sind) sind bereits
wichtige Teilergebnisse dieser Studie (weil so etwas bisher unüblich ist).

(2) Ermittlung der Basiswerte zum <u>standörtlichen Nutzungs-</u>
   <u>potential</u> als Grundlage zur Standortbewertung

Das standörtliche Nutzungspotential gilt hier als Maßzahl für den Standortwert, ausgedrückt in der gewichteten Zahl der alternativen Verwendungsmöglichkeiten eines
Standortes. Das standörtliche Nutzungspotential wird
hier als Aggregat einer Reihe von sogenannten Komplemen-
tärpotentialen und Ausstattungsindikatoren interpretiert,

wobei jeder standörtliche Potentialwert die durch (variable) Infrastruktureigenschaften (z.B. Entfernungswiderstände)gerichteten Mengen der komplementären Nutzungen auf den "angeschlossenen" Standorten beschreibt. Im besonderen sind im Rahmen dieser Studie kalkuliert worden: standörtliche Arbeitskraft-, Arbeitsplatz-, Kaufkraft-, Einzelhandels- und Bürointeraktionspotentiale.

(3) Bewertung der Einflußgrößen zum standörtlichen Nutzungs-
     potential: <u>Nutzungsfunktionen für Standorte</u>

Nachdem unterstellt wurde, daß die aktuellen bzw. aktualisierten Grundstückspreise die standörtlichen Nutzungspotentiale abbilden, können in einem linearen Gleichungssystem die Beiträge der verschiedenen infrastrukturellen Einflußgrößen zum standörtlichen Nutzungspotential geschätzt werden. Dabei wurden unmittelbar die Einflüsse der verschiedenen Komplementärpotentiale und Ausstattungsindikatoren und mittelbar die der verschiedenen Infrastruktursysteme kalkuliert.

Die Kenntnis von standörtlichen Nutzungsfunktionen ist eine wichtige Voraussetzung für den nächsten Schritt:

(4) <u>Simulation von standörtlichen Aufwertungseffekten</u> bei
     unterstellter Ausführung der definierten Projekte

Die unterstellten Ausführungen eines bestimmten kommunalpolitischen Projektes zur Stadtentwicklung bewirkt bei der Simulationsrechnung zunächst eine Veränderung der standörtlichen Komplementärpotentiale, z.B. indem die zwischenstandörtlichen "kürzesten Wege" in den betreffenden Infrastruktursystemen verändert werden. Ober die Komplementärpotentiale werden auf der Grundlage der standörtlichen Nutzungsfunktionen die standörtlichen Nutzungspotentiale (in der Regel) erhöht. Analog verändern Nutzungsveränderungen auf "angeschlossenen" Standorten (z.B.: Neubaugebiete) die Komplementär- und Nutzungspotentiale.

(5) <u>Bewertung alternativer Projektreihungen</u> zur Maximierung
     der stadtentwicklungspolitischen Ziele

Die Bewertung der Projektreihung mit Hilfe eines "Branch-and-Bound" - Algorithmus führt zum Netzplan der Stadtentwicklung, im Rahmen dessen allerdings noch um den "kritischen Pfad" gleichzeitig durchzuführende Maßnahmen je nach verfügbaren Mitteln und vorgegebenen Restriktionen angeordnet werden.

Die Methoden der Netzplantechnik zur Dringlichkeitsbewertung sind, das sei in diesem Zusammenhang bemerkt, im Bereich der Betriebsplanung so gut entwickelt, daß es verwunderlich erscheint, daß in der Stadtentwicklungsplanung diese Ansätze bisher kaum angewandt worden sind.

Abschließend sei festgestellt, daß sich nach dem Urteil der Stadtväter von Karlsruhe der erste Ansatz zur Bewertung der Dringlichkeit von Maßnahmen zur Stadtentwicklung bewährt hat, sind doch auf diese Weise nicht zuletzt wichtige strategische Leitlinien und Randbedingungen aufgedeckt worden. Es soll an dieser Stelle jedoch nicht verschwiegen werden, daß für die Entwicklung des Simulationsmodells zur Dringlichkeitsbewertung von Infrastrukturmaßnahmen im Rahmen der Stadtentwicklung etwa 6-8 Mann-Jahre (für wissenschaftliches Personal) und eine große Menge an Rechenzeit in sehr leistungsfähigen EDV-Anlagen (die oft bis an die Kapazitätsgrenze genutzt worden sind) augewandt worden sind.

(5) SCHLUSSBETRACHTUNG

Statistik ist, in der vieldeutigen Verwendung des Begriffs (beschreibende, erklärende und schließende Statistik) ein integraler Bestandteil der Regionalwissenschaft.

Regionalwissenschaft ist primär an der

● Gewinnung und Überprüfung inhaltlicher Hypothesen über das räumliche Verhalten interessiert.

Sie bedient sich dazu

● der Daten der amtlichen Statistik und
● erprobter statistischer Verfahren.

Allzu häufig geschieht es jedoch,ohne daß die verwendeten Methoden wissenschaftstheoretisch auf ihre Eignung hinterfragt werden. In diesem Sinne sind etwa Bedenken angebracht bei der Anwendung von Shift- und Share-Analysen, Faktoren-, Cluster- und

Diskrimnanzanalyse und neuerdings: Euphorie in der Anwendung
der Spektralanalyse.

Regionalwissenschaftler haben inzwischen jedoch gelernt, wie
andere Sozial- und Technikwissenschaftler statistische Probleme
zu begreifen und statistische Verfahren formal richtig anzuwenden. Von Regionalwissenschaftlern ist jedoch nicht zu erwarten, daß sie neue statistische Verfahren entwickeln.

Insofern gibt es wohl auch in Zukunft eine Einbahnstraße
zwischen dem Statistiker und dem Regionalwissenschaftler, wobei
letzterer Bezieher ist.

Die Rolle der Statistik in der Regionalwissenschaft ist somit
vergleichbar mit der Rolle der Statistik in anderen Bereichen
der angewandten Sozialwissenschaft, wie etwa der Ökonomie.

MULTIVARIATE ANALYSE VON DISKRETEN DATEN - DIE FERTILITÄTSSTUDIE
DES INSTITUTS FÜR DEMOGRAPHIE

Alois Haslinger[*]

In den Sozialwissenschaften fällt bei empirischen Untersuchungen
meist eine Fülle von Merkmalen an, deren Ausprägungen unterschiedliche Kategorien darstellen, für die keine exakten Abstände angegeben werden können (Ordinaldaten) oder überhaupt keine mathematischen Relationen wie Größenvergleich Gültigkeit haben (Nominal-
daten). Beispiele hiefür sind etwa Sozialschicht (Unter-, Mittel-,
Oberschicht), Familienstand (ledig, verwitwet, verheiratet), Berufstätigkeit (ja - nein), Geschlecht, Religionsbekenntnis. Aber auch
Variable, die ihrer Natur nach innerhalb eines bestimmten Bereichs
kontinuierlich variieren, lassen sich oft nur in mehr oder weniger
breiten Klassen erheben bzw. müssen spätestens bei der Aufarbeitung
der Daten zum Zwecke einer übersichtlichen Darstellung zu Gruppen
zusammengefaßt werden. Dazu zählt etwa das Lebensalter oder das
Einkommen. Unter dem Begriff diskrete Daten seien alle bisher auf-
gezählten Merkmalsarten verstanden.

Gehen wir davon aus, daß eine Zufallsstichprobe mit Hilfe eines
standardisierten Fragebogens interviewt wurde und daß die Antworten
in EDV-verwertbarer Form vorliegen. Es stellt sich dann das Problem, "eine Vielfalt von sich oberflächlich darstellenden Phänomenen einerseits so umfassend wie möglich, andererseits aber auch
noch handhabbar ... zu erfassen und darzustellen. Komplexe Analyseverfahren können uns helfen, ... die Fülle der erhobenen Daten zu
bändigen ... und ... Interdependenzen zwischen ... Variablen oder
Merkmalsbündeln differenziert und gleichzeitig in der Komplexität
reduziert - faßbar - darzustellen." (KÜCHLER, M. 1979, S.13).

Die klassischen multivariaten Analyseverfahren - Regressionsrech-
nung, Varianzanalyse, Faktorenanalyse - erfordern (zumindest für

*) Dipl.Ing. Alois HASLINGER, Mitarbeiter des Instituts für Demo-
   graphie der Österreichischen Akademie der Wissenschaften, Wien.

die abhängige Variable) metrische Daten, also Merkmale, deren Ausprägungen in wohldefinierten Abständen zueinander stehen. Darüber-
hinaus wird insbesondere für inferenzstatistische Überlegungen die
Annahme der Normalverteilung der untersuchten Variablen getroffen.
Aufgrund dieser Voraussetzungen scheint mir der Einsatz der klassischen Verfahren, die großteils für naturwissenschaftliche Problem-
stellungen entwickelt wurden, im Bereich der Sozialwissenschaften
nicht immer problemadäquat zu sein.

In den beiden letzten Jahrzehnten wurde eine ganze Reihe von Verfahren zur Auswertung nominaler und ordinaler Daten entwickelt, die
auch bereits in biometrischen, psychologischen, soziologischen oder
sozialdemographischen Arbeiten angewandt wurden. Da diese Methoden
derzeit eine sehr rasche Weiterentwicklung erfahren, ist ein Überblick noch recht schwierig. Ich möchte daher meine Ausführungen auf
das allgemeine lineare Modell von NELDER und WEDDERBURN (1972) und
auf die Kontingenztafelanalyse mittels loglinearer Modelle konzen-
trieren. Mögliche andere Ansätze sollen nur am Rande erwähnt werden.
Die Wahl gerade dieser Methode basiert auf einem sehr pragmatischen
Grund: es nützt das beste Verfahren wenig, wenn nicht auch die EDV-
Software zur Verfügung steht, um es für große Datenmengen nutzbar zu
machen.

Das Institut für Demographie der Österreichischen Akademie der
Wissenschaften hat Ende 1978 eine Befragung von ca. 2 700 jungver-
heirateten Frauen über deren Kinderzahl und Kinderwünsche sowie
damit eng verknüpfte Themenbereiche durchgeführt. Die Daten dieser
Erhebung werden in den folgenden Ausführungen zur Illustration für
multivariate Analysetechniken dienen. Es sei daher gestattet, zunächst einen kurzen Überblick über die Stichprobe und einige Ergebnisse der bisherigen Auswertung zu geben:

Die Befragten stellen eine für Österreich repräsentative Stichprobe
aus der Gesamtheit aller Frauen dar, die in den Jahren 1974 bzw.
1977 eine Erstehe eingingen und bei der Heirat das 30. Lebensjahr
noch nicht überschritten hatten. Das Sample wurde in einem drei-
stufigen, geschichteten Zufallsverfahren gezogen.

Die im Durchschnitt seit ca. drei Jahren verheirateten Frauen
hatten zum Zeitpunkt der Erhebung im Mittel ein Kind. Die insgesamt gewünschte Kinderzahl betrug 2,15 Kinder. Kinderlosigkeit wird
nur von einer Minderheit von 3% der Frauen angestrebt. Die über-
wiegende Mehrheit wünscht sich 2 Kinder (59%).

Mittels eines vorgegebenen Itemkatalogs wurde versucht, die Bedeutung von Kindern für die Eltern und Gründe gegen weitere Kinder zu
erheben. Aufgrund der Bewertung dieser Antwortvorgaben zeigte sich
der Wunsch nach Kindern vor allem persönlich motiviert: Von allen
befragten Frauen glauben 94%, der Umgang mit Kindern bedeute für
jede Mutter eine Bereicherung ihres Lebens; 83% halten das Leben
(vieler Leute) ohne Kinder für ziemlich leer; 75% meinen, der Grund
Kinder zu haben sei in der Erwartung zu suchen, diese brächten
einem (später) Liebe und Zuneigung entgegen. Daneben sind auch
soziale Normen ausschlaggebend: rund 78% glauben, Kinder "gehörten
nun einmal" zur Ehe und stärkten auf Dauer die ehelichen Bande. Nur
die Hälfte der Befragten glaubte, die Befürchtung, im Alter der-
einst einsam sein zu müssen, motiviere dazu, Kinder zu haben; 41%
erblicken in Kindern eine praktische Hilfe, sobald diese groß genug
sind.

Andere traditionelle Gründe für den Wunsch nach Kindern spielen
heute kaum noch eine Rolle: Nur 26% glauben, ohne Kinder werde ein
Mensch nie glücklich sein, ebenfalls nur 26% halten das Argument
für relevant, eine Frau werde erst für voll genommen, wenn sie ein
Kind (zur Welt gebracht) habe; nur noch ca. 30% meinen, Kinder
garantieren eine Absicherung und Betreuung im Alter. Gänzlich ir-
relevant scheinen gesamtgesellschaftliche Argumente zu sein; Nur 15%
der befragten Österreicherinnen halten es für eine soziale Verpflich-
tung gegenüber der Gesellschaft, Kinder zu haben.

Die Gründe gegen weitere Kinder zeigen sich stark von den individuellen Lebensumständen abhängig. Bei den Gattinnen von Landwir-
ten, Selbständigen und höheren Angestellten steht der Zeitmangel
für die Kinderbetreuung an erster Stelle gefolgt von der nervlichen
Belastung und der Arbeitsbelastung. Mit steigender Bildung und
steigendem Einkommen erscheint es für die Frau immer schwieriger,

Mutterschaft und Beruf zu verbinden. Bei den Frauen von Arbeitern
sind die nervliche Belastung und die Belastung im Haushalt die
häufigst genannten Motive gegen ein weiteres Kind.

Obwohl der Informationsstand über kontrazeptive Methoden durchaus
als hoch bezeichnet werden kann, werden unzuverlässige Methoden der
Empfängnisverhütung nach wie vor von einem beträchtlichen Teil der
Bevölkerung praktiziert. Zum Zeitpunkt der Erhebung verwendeten
45% der Frauen die Pille. Danach folgen in der Häufigkeit der Verwendung der Coitus interruptus (9%) und die Beobachtung des Zyklus
(8%). 11% wendeten gar keine Methode der Empfängnisverhütung an,
obwohl sie weder schwanger waren noch in näherer Zukunft schwanger
werden wollten.

Angesichts der häufigen Anwendung sehr unsicherer Verhütungsmetho-
den wundert es nicht, daß ca. 40% der Erstgeborenen ungeplante
Kinder waren.

Über die Meinung zur Verringerung der Geburtenzahlen während der
letzten Jahre angesprochen, gaben mehr als 60% an, daß sie diese
Entwicklung eher negativ einschätzten. Als Zielvorstellung wurde
von rund 70% das demographische Nullwachstum angegeben. Allerdings
lehnte eine Zweidrittelmehrheit direkte staatliche Interventionen
im Bereich des generativen Verhaltens ab.

Es ist beabsichtigt, dieselben Frauen im Verlaufe der 80er Jahre
in mehrjährigen Abständen erneut zu befragen, um auf diese Art und
Weise verfolgen zu können, ob die ursprünglich geäußerten Kinderwünsche auch realisiert werden bzw. aus welchen Gründen davon ab-
gegangen wird. Es ist zu hoffen, daß durch die fortlaufende Erhebung genauere Informationen gewonnen werden als bei einer retro-
spektiven Befragung, wo die Antworten vielfach unter Erinnerungs-
schwierigkeiten oder nachträglichen Umdeutungen und Rationalisie-
rungen leiden.

Nun zu den multivariaten Auswerteverfahren: Daten und Umfragen
werden in den Forschungsberichten vielfach in der Form von mehrdimensionalen Tabellen dargestellt, wobei Stichprobengrößen wie bei-

spielsweise einfache Summen, Prozentsätze oder Mittelwerte nach
einer Anzahl von Merkmalen - z.B. Alter, Bildung, Familienstand,
Religion - klassifiziert werden. Jedes Merkmal wird dabei durch
eine Variable dargestellt, die eine Anzahl von möglichen Ausprägungen besitzt. Jeder Kombination der Ausprägungen verschiedener
Variablen entspricht eine Zelle der Tabelle.

Falls jede Zelle die Anzahl der Personen in der Stichprobe mit der
entsprechenden Merkmalskombination angibt, spricht man von einer
Kontingenztabelle (siehe Tabelle 1 und 2). Die Häufigkeiten in
einer Kontingenztabelle beschreiben die gemeinsame Verteilung aller
betrachteten Merkmale, im Beispiel von Tabelle 2 sind das Pillenverwendung, Kinderwunsch, Religiosität, Bildung der Frau, Wohnort
und Berufstätigkeit der Frau.

Die Entwicklung multivariater Auswerteverfahren für nichtmetrische
Daten nahm ihren Ausgangspunkt in der Analyse solcher Häufigkeits-
tabellen. YULE und PEARSON beschäftigten sich bereits um 1900 mit
der Berechnung von Assoziationsmaßen für zweidimensionale Tabellen.
Durch den Statistiker BARTLETT (1935) erfuhren diese Maßzahlen eine
Erweiterung auf den Fall dreier jeweils dichotomer Variablen. Für
die Praxis der empirischen Sozialforschung wurden sie durch Paul F.
LAZARSFELD weiterentwickelt und nutzbar gemacht; interessanterweise
nicht zuletzt für die Auswertung von Mehrfachbefragungen.

Die größten wissenschaftlichen Erfolge auf dem Gebiet der Kreuz-
tabellenanalyse wurden aber erst in den 60er und 70er Jahren im
anglo-amerikanischen Raum verzeichnet, wobei die Entwicklung teilweise parallel verlief und mit den Namen Leo A. GOODMAN (1978),
BISHOP, FIENBERG und HOLLAND (1975), Shelby J. HABERMANN (1974),
GRIZZLE, STARMER und KOCH (1969) sowie NELDER und WEDDERBURN (1972)
verbunden ist. Es gibt auch eine deutsche Parallelentwicklung zum
Ansatz von GOODMAN, die von KRAUTH und LIENERT (1973) unter dem
Namen Konfigurationsfrequenzanalyse vorgestellt wurde. Da ich mich
damit nicht näher befaßt habe, möchte ich KÜCHLER (1979, S.18)
zitieren, der davon sagt, "obwohl die formalstatistischen Grundlagen weitgehend die gleichen sind, ist der GOODMAN-Ansatz geschlossener und zudem weiter ausgebaut".

Tabelle 1: Verteilung der zum Zeitpunkt der Befragung in erster Ehe befindlichen Frauen nach den verwendeten Kontrazeptiva und der Bedeutung der Religion.

Verwendete Kontrazeptiva	Bedeutung der Religion		
	große	geringe oder keine	
sichere	317 (450.7)	1139 (1005.3)	1456
unsichere	515 (381.3)	717 (850.7)	1232
	832	1856	2688

$$x^2 = \sum \frac{(\text{beobachteter Wert} - \text{erwarteter Wert})^2}{\text{erwarteter Wert}} =$$

$$= \sum_{i,j} \frac{(x_{ij} - \hat{m}_{ij})^2}{\hat{m}_{ij}} \approx 125.3$$

Das Charakteristikum des GOODMAN-Verfahrens ist das loglineare
Modell und die Tatsache,daß es sich um einen symmetrischen Ansatz
handelt, d.h. man braucht a priori nicht anzugeben, welches der betrachteten Merkmale die Zielvariable darstellt; es wird zunächst
nicht zwischen abhängigen und unabhängigen Variablen unterschieden.
Ausgangspunkt der Analyse bildet eine Kontingenztabelle mit absoluten Häufigkeiten in den Zellen wie beispielsweise Tabelle 1. Im
symmetrischen Fall übernehmen diese Häufigkeiten die Rolle einer
Zielvariablen und man versucht deren Variation zu erklären, indem
man bestimmte Annahmen (Hypothesen, Modelle) über die Beziehungen
der die Tabelle erzeugenden Variablen trifft. Es werden dann Zellenhäufigkeiten errechnet, die unter der Annahme der Richtigkeit des
Modells zu erwarten wären. Die geschätzten Werte werden mit den beobachteten verglichen und die Abweichung mittels eines Chiquadrattests auf Signifikanz überprüft. Kann die Abweichung nicht durch
den Zufallsfehler erklärt werden, so wird die Hypothese verworfen
und man kann mit einer neuen Hypothese das Verfahren wiederholen.
Was vielleicht so allgemein gehalten etwas kompliziert klingt, ist
der Grundidee nach in einem Spezialfall wohl vertraut:

Als Beispiel diene eine zweidimensionale Tabelle gebildet durch die
Merkmale Pillenverwendung und Religiosität. Will man feststellen,
ob die beiden betrachteten Merkmale unabhängig voneinander sind, so
berechnet man zunächst auf Grundlage dieser Hypothese die theoretisch in diesem Fall zu erwartenden Häufigkeiten, indem man die zugehörigen Randsummen multipliziert und durch die Gesamtzahl der
Fälle N dividiert. Das Ausmaß der Abweichungen der beobachteten von
den erwarteten Zellenhäufigkeiten wird durch eine von PEARSON entwickelte Kennziffer X^2 zusammengefaßt, die näherungsweise chiquadratverteilt ist mit einem Freiheitsgrad (im Falle zweier dichotomer Variablen). Wird die Prüfgröße zu groß, so ist die Hypothese
der Unabhängigkeit von Religiosität und Pillenverwendung zurückzu-
weisen.

Nun kann man sehr leicht zeigen (siehe Anhang 1), daß die Hypothese
der Unabhängigkeit zweier Variablen A und B damit gleichbedeutend
ist, daß sich der Logarithmus der erwarteten Zellenhäufigkeiten
additiv aus einer Konstanten, einem Beitrag der Variablen A und

einem Beitrag der Variablen B zusammensetzt,in Zeichen:

$$\log m_{ij} = u + u_i^A + u_j^B \qquad \text{für alle } i,j$$

$$\text{wobei } \sum_i u_i^A = \sum_j u_j^B = 0 \text{ ist.}$$

u ist das Gesamtmittel der logarithmierten Zellenhäufigkeiten,
u_i^A die Differenz zwischen dem Gesamtmittel und dem i-ten Zeilen-
mittel und u_j^B die Differenz zwischen dem Gesamtmittel und dem j-ten
Spaltenmittel.
u_i^A und u_j^B werden auch als die Haupteffekte der Variablen A bzw.
B bezeichnet.

Wird - wie in unserem Beispiel - die Hypothese der Unabhängigkeit
von A und B verworfen, so fügt man zu obigem Modell einen Inter-
aktionsterm u_{ij}^{AB} hinzu; das neue Modell lautet somit:

$$\log m_{ij} = u + u_i^A + u_j^B + u_{ij}^{AB} \qquad \text{für alle } i,j$$

wobei die Bedingung

$$\sum_i u_i^A = \sum_j u_j^B = \sum_i u_{ij}^{AB} = \sum_j u_{ij}^{AB} = 0 \qquad \text{gelten soll.}$$

Falls I=J=2, so gilt wegen letztgenannter Bedingung

$$u_{11}^{AB} = -u_{12}^{AB} = -u_{21}^{AB} = u_{22}^{AB} ,$$

d.h. die 4 Interaktionsparameter sind bis auf das Vorzeichen identisch, es genügt also ein Parameter für die Messung der Interaktion.
Man kann zeigen, daß

$$u_{11}^{AB} = \frac{1}{4} \log \alpha \qquad \text{mit } \alpha = \frac{m_{11}\, m_{22}}{m_{12}\, m_{21}}$$

α wird in der Literatur mit Kreuzproduktverhältnis (cross product
ratio oder odds ratio) bezeichnet. Verschiedene Assoziationsmaße
für dichotome Variable sind Funktionen der Maßzahl α. Zu den äußerst
wünschenswerten Eigenschaften von α zählen: Invarianz gegenüber
Zeilen- und Spaltenvertauschung und gegenüber Zeilen- und Spalten-
multiplikation, leichte Interpretierbarkeit (Quotient von Verhält-
niswerten) und die Eigenschaft, daß α genau dann den Wert 1 annimmt,

falls die Zeilen- und die Spaltenvariable unabhängig voneinander
sind. Auch bei der Interpretation von loglinearen Modellen für mehrdimensionale Tabellen spielt das odds ratio eine wichtige Rolle.

Die Verallgemeinerung des loglinearen Modells auf mehr als zwei
Variable soll am Beispiel der Tabelle 2 dargestellt werden. Es
handelt sich dabei um eine Tabelle mit 6 dichotomen Variablen,
nämlich:

B - Berufstätigkeit der Frau
G - Gemeindegröße des Wohnorts
Q - Qualifikationsniveau der Frau
R - Religiosität
K - Kinderwunsch
V - Kontrazeption.

Die Tabelle besteht aus $2^6 = 64$ Zellen. Ziel der Analyse ist es nun,
die Variation der 64 Zellenhäufigkeiten durch ein möglichst einfaches loglineares Modell zu beschreiben. Den Ausgangspunkt bildet
das saturierte Modell, das genau soviele unabhängige Parameter wie
Zellen besitzt (siehe Anhang 2). Der Logarithmus der erwarteten
Zellenhäufigkeiten wird in diesem Fall dargestellt als Summe bestehend aus einem Gesamtmittel, den Haupteffekten der sechs Variablen und allen möglichen Interaktionseffekten zwischen zwei, drei,
vier, fünf und sechs Merkmalen. Mögliche Vereinfachungen des saturierten Modells ergeben sich durch Nullsetzen bestimmter Interak-
tionseffekte.Werden beispielsweise alle Interaktionseffekte a priori
gleich Null gesetzt, so ergibt sich ein Modell, in dem die logarithmierten Zellenhäufigkeiten als Summe des Gesamtmittels und der Haupteffekte dargestellt werden, i. Z.:

$$\log m_{bgqrkv} = u + u_b^B + u_g^G + u_q^Q + u_r^R + u_k^K + u_v^V$$

(m_{bgqrkv} ist die erwartete Anzahl von Personen in der Zelle mit den
Merkmalsausprägungen B=b, G=g, Q=q, R=r, K=k, V=v).
Wie im Fall zweier Merkmale läßt sich zeigen, daß dieses Modell mit
der paarweisen Unabhängigkeit aller sechs Variablen identisch ist.

Tabelle 2: Verteilung der zum Zeitpunkt der Befragung in erster Ehe verheirateten Frauen nach der Art der Kontrazeption, dem Kinderwunsch, der Religiosität, dem Qualifikationsniveau, der Gemeindegröße und der Berufstätigkeit.

Berufstätig-keit(=B)[1]	Gemeinde-größe(=G)[2]	Qualifi-kation(=Q)[3]	Religio-sität(=R)[4]	Kinder-wunsch(=K)[5]	Kontrazeption (=V)[6] sicher	unsicher
nein	Stadt	niedrig	stark	nein	5	3
				ja	5	9
			gering	nein	50	15
				ja	32	18
		hoch	stark	nein	5	3
				ja	5	12
			gering	nein	22	7
				ja	15	13
	Land	niedrig	stark	nein	40	46
				ja	38	109
			gering	nein	131	67
				ja	113	100
		hoch	stark	nein	16	17
				ja	13	33
			gering	nein	37	9
				ja	40	27
ja	Stadt	niedrig	stark	nein	2	2
				ja	13	10
			gering	nein	55	19
				ja	73	51
		hoch	stark	nein	9	4
				ja	31	33
			gering	nein	54	12
				ja	123	76

Fortsetzung von Tabelle 2:

ja	Land	niedrig	stark	nein	19	25
				ja	69	106
			gering	nein	45	31
				ja	163	161
		hoch	stark	nein	7	8
				ja	40	95
			gering	nein	43	22
				ja	143	89

Anm.: (1) als nicht berufstätig gelten in dieser Tabelle Frauen, die sich als unbezahlte Mithel-
fende, nichtberufstätige Hausfrauen oder Schülerin einstuften; alle anderen gelten als
berufstätig

(2) Stadt: Gemeinden mit über 20 000 Einwohnern

(3) niedrige Qualifikation: Pflichtschule; Höhere Schule, vor Ablegung der Matura ausge-
schieden; Lehre.
hohe Qualifikation: Fachschule (ohne Matura), Matura

(4) stark: Religion spielt im Leben der betreffenden Person eine große Rolle
gering: Religion spielt im Leben der betroffenen Person eher geringe oder praktisch
gar keine Rolle

(5) nein: kein (weiteres) Kind gewünscht
ja: (noch ein) Kind gewünscht

(6) dzt. bzw. (falls dzt. schwanger) vor der Eheschließung verwendete Kontrazeptiva
sicher: Pille, Intrauterinpessar, Sterilisation

Jedoch nicht alle Modelle lassen sich so schön interpretieren wie obiges. Bei der Auswahl beschränkt man sich daher auf eine bestimmte Klasse von Modellen, die durch folgende hierarchische Eigenschaften gekennzeichnet sind: Zu jedem nicht im Modell vertretenen Effekt darf auch kein auf diesem Effekt aufbauender Effekt höherer Ordnung im Modell vertreten sein. Ist also der Haupteffekt u^B der Berufstätigkeit B nicht im Modell berücksichtigt, dann darf der Ansatz auch keinen Interaktionseffekt, der B miteinschließt, mehr enthalten; also keinen Effekt der Form u_{bg}^{BG}, u_{brk}^{BRK} etc. Anders formuliert:

Mit jedem Interaktionseffekt, den man im Modell berücksichtigt, muß man nach der Hierarchiebedingung auch alle darunterliegenden Effekte berücksichtigen. Ist also zum Beispiel die Interaktion BRK zwischen Berufstätigkeit, Religiosität und Kinderwunsch im Modell, so müssen auch die Haupteffekte von B,R und K sowie die Einfachinteraktionen BR, BK und RK im Ansatz vertreten sein.

Auf Grund der Hierarchiebedingung können die Modelle durch Angabe nur der höchsten vorkommenden Interaktionen festgelegt werden. Obiges Modell der Unabhängigkeit aller 6 Variablen wird üblicherweise mit B/G/Q/R/K/V bezeichnet. Das saturierte Modell lautet für unser Beispiel in der neu eingeführten Version BGQRKV.

Zur Schätzung hierarchischer loglinearer Modelle für Kontingenztafeln wurde von FAY und GOODMAN ein Programm mit dem Namen ECTA (Everyman's Contingency Table Analyser) entwickelt, daß auch für die Schätzung des vorliegenden Beispiels verwendet wurde. Das Programm ECTA berechnet die Maximum-Likelihood (ML-) Schätzungen $\hat{m}_{bgqrkv}$ der unter der Annahme eines bestimmten loglinearen Modells erwarteten Zellenhäufigkeiten m_{bgqrkv}. BIRCH (1963) und HABERMAN (1974) haben gezeigt, daß die ML-Schätzungen der erwarteten Zellenhäufigkeiten existieren und identisch sind, falls die beobachtete Kontingenztabelle aufgrund einer der drei folgenden Stichprobenmodelle entstanden ist:

a) die Zellenhäufigkeiten sind Beobachtungen unabhängiger Poissonverteilungen mit Erwartungswert m_{bgqrkv} ,

b) die gesamte Tabelle folgt einer Multinomialverteilung bzw.

c) dem Produkt unabhängiger Multinomialverteilungen.

Man kann weiters zeigen, daß im saturierten Modell die ML-Schätzungen gleich den empirisch ermittelten Werten sind. Für unsaturierte Modelle lassen sich die ML-Lösungen zum Teil nicht durch geschlossene Formelausdrücke angeben, sondern müssen mit Hilfe eines Iterationsverfahrens berechnet werden. Eine detaillierte Darstellung darüber findet sich bei BISHOP, FIENBERG und HOLLAND (1975). Nur am Rande sei hier erwähnt: Dieses iterative Verfahren (iterative proportionale Anpassung) wurde ursprünglich von DEMING und STEPHAN (1940) für die Zusammenfassung der Information von zwei Datenquellen verwendet (Volkszählungsdaten und Daten einer Stichprobenerhebung).

Wenn die Erwartungswerte in einem bestimmten loglinearen Modell geschätzt sind, kann man die Güte der Anpassung mit folgenden Statistiken testen:

$$X^2 = \sum \frac{(\text{beobachteter Wert} - \text{erwarteter Wert})^2}{\text{erwarteter Wert}}$$

$$\text{und} \quad L^2 = 2 \sum (\text{beobachteter Wert}) \log \left(\frac{\text{beobachteter Wert}}{\text{erwarteter Wert}} \right),$$

wobei die Summation in beiden Fällen über alle Zellen der Tabelle erfolgt.
X^2 ist die verallgemeinerte Form der Pearson'schen Chiquadrat-Statistik für zweidimensionale Tabellen und L^2 heißt Likelihood-ratio Teststatistik.

Falls das geschätzte Modell paßt und die Stichprobe "groß genug " ist , sind sowohl X^2 als auch L^2 annähernd chiquadratverteilt, wobei die Anzahl der Freiheitsgrade gleich der Differenz zwischen der Anzahl der Zellen und der Anzahl der geschätzten unabhängigen Parameter ist. Die Anschauungen darüber, wann eine Stichprobe groß genug ist, damit die beiden Teststatistiken annähernd chiquadrat-verteilt sind, sind uneinheitlich. FIENBERG (1977) gibt als Daumen-regel an, daß die Stichprobe mindestens das Zehnfache der Anzahl der Zellen betragen soll. Andere Empfehlungen lauten, daß alle

Tabelle 3: Geschätzte u-Parameter und standardisierte Werte für die Daten der Tabelle 2

u-Parameter	geschätzte Werte im saturierten Modell	standardisierter Wert
V	.144	3.219
K	-.444	-12.553
R	-.532	-15.058
Q	.178	5.029
G	-.556	-15.735
B	-.208	-5.871
VK	.176	4.972
VR	-.218	-6.153
VQ	-.030	-.862
VG	.106	3.006
VB	-.019	-.533
KR	-.104	-2.942
KQ	.059	1.665
KG	.031	.865
KB	.283	7.999
RQ	-.102	-2.886
RG	-.217	-6.147
RB	.106	2.984
QG	-.250	-7.083
QB	.203	5.734
GB	-.135	-3.812
VKR	.004	.126
VKQ	-.046	-1.307
VKG	.026	.732
VKB	.058	1.630
VRQ	.027	.770
VRG	.033	.933
VRB	-.042	-1.178
VQG	.022	.623
VQB	.017	.476
VGB	-.037	-1.051

Fortsetzung von Tabelle 3:

KRQ	-.019	-.533
KRG	-.065	-1.832
KRB	.031	.864
KQG	.005	.148
KQB	-.017	-.467
KGB	-.023	-.653
RQG	-.110	-3.099
RQB	-.035	-.998
RGB	.021	.599
QGB	.019	.525
VKRQ	-.015	-.423
VKRG	-.013	-.357
VKRB	.029	.820
VKQG	-.020	-.563
VKQB	.012	.343
VKGB	-.002	-.059
VRQG	-.031	-.880
VRQB	-.008	-.231
VRGB	.007	.195
VQGB	.040	1.140
KRQG	-.036	-1.009
KRQB	-.028	-.786
KRGB	-.019	-.532
KQGB	.002	.046
RQGB	.062	1.761
VKRQG	-.008	-.224
VKRQB	.034	.954
VKRGB	.033	.921
VKQGB	.013	.358
VRQGB	-.001	-.018
KRQGB	.069	1.953
VKRQGB	-.006	-.156

Erwartungswerte größer als 1 sein müssen und davon mindestens 80%
größer als 5 (HABERMAN, 1978). Beide Bedingungen sind in unserem
Beispiel erfüllt.

Liefert ein Test einen signifikanten Wert, so bedeutet dies, daß
das betrachtete unsaturierte Modell nicht paßt. Man muß dann ein
neues Modell ansetzen und testen. Im Falle von 3 Variablen ist es
leicht möglich, alle hierarchischen Modelle zu schätzen und sie
einem Test zu unterwerfen. Haben wir aber - wie in der Tabelle 2 -
sechs Variable in die Analyse einbezogen, so wäre der Arbeitsauf-
wand viel zu groß, alle hierarchischen Hypothesen zu untersuchen.
In diesem Fall ist es sehr hilfreich, die u-Parameter samt den entsprechenden Standardabweichungen im saturierten Modell zu berechnen.
Die standardisierten Parameter sind in großen Stichproben annähernd
gemeinsam normalverteilt mit Varianz 1 (FIENBERG 1977).

Unter der Annahme, daß ein bestimmter Parameter $u_s^S = 0$ ist, fallen
ca. 95,5 Prozent aller Beobachtungen der standardisierten Werte in
den Bereich (-2,2). Ist nun umgekehrt ein standardisierter Wert
außerhalb dieses Intervalls, so gibt es zwei Erklärungen: entweder
es liegt eine seltene Beobachtung vor oder der entsprechende Parameter ist ungleich Null. Diese Überlegungen macht man sich nun
folgendermaßen zunutze: Falls die standardisierten Parameter im
saturierten Modell dem Betrag nach größer als 2 sind, so werden sie
in einen ersten hierarchischen Ansatz aufgenommen.

Im konkreten Beispiel (siehe Tabelle 3) weist unter den Mehrfach-
interaktionen nur der Parameter u^{RQG} einen standardisierten Wert
auf, der deutlich größer als 2 ist. Die Vierfachinteraktion zwischen
den Variablen Kinderwunsch, Religion, Qualifikation, Gemeindegröße
und Berufstätigkeit liegt mit einem standardisierten Wert von 1.95
gerade im Grenzbereich. Es empfiehlt sich, diese Vierfachinteraktion in einen versuchsweisen hierarchischen loglinearen Ansatz
aufzunehmen. Das Modell Nr.1 der Tabelle 4 enthält daher diesen
Effekt und sämtliche Wechselwirkungen zwischen der Art der Kontrazeption und den übrigen Variablen. Mit 26 Freiheitsgraden und
einem L^2-Wert von 27.96 erweist sich das Modell als dem empirischen
Befund angepaßt.

Tabelle 4:   Hierarchische Modelle für die Daten der Tabelle 2

Nr	Modell	Freiheits-grad	X^2	L^2
1	KRQGB/VK/VR/VQ/VG/VB	26	27.88	27.96
2	KRQGB/ /VR/VQ/VG/VB	27	73.50*	75.14*
3	KRQGB/VK/ /VQ/VG/VB	27	124.96*	126.91*
4	KRQGB/VK/VR/ /VG/VB	27	31.29	31.68
5	KRQGB/VK/VR/VQ/ /VB	27	43.04*	42.81*
6	KRQGB/VK/VR/VQ/VG/	27	28.14	28.20
7	KRQGB/VK/VR/ /VG/	28	31.97	32.41
8	RQG/BG/QB/RB/KB/KR/VG/VQ/VR/VK	44	67.19*	67.12*

* signifikant bei p=.05

Die Modelle 2 bis 6 unterscheiden sich vom Basismodell 1 dadurch,
daß jeweils ein Interaktionseffekt zwischen der Art der Kontrazeption und den Variablen Kinderwunsch, Religion, Qualifikation, Gemeindegröße und Berufstätigkeit fehlt. Durch die Entfernung der Effekte
des Kinderwunsches, der Religiosität und der Gemeindegröße geht die
Anpassung des Basismodells an die beobachteten Daten verloren, hingegen liefern die um die Effekte VQ bzw. VB reduzierten Modelle 4
und 6 noch eine gute Erklärung. Welches der Modelle 1,4 und 6 soll
man zur Beschreibung der Daten verwenden ? Durch Weglassen der
Interaktion zwischen Pillenverwendung und Qualifikation bzw. Berufstätigkeit sinkt die Anzahl der Parameter um einen Freiheitsgrad,
dafür steigt die L^2-Statistik geringfügig an. Hier hilft folgende
Überlegung:
Will man den Beitrag einzelner Effekte - etwa VQ oder VB - testen,
so kann dies dadurch geschehen, daß man das genau um diesen Effekt
reduzierte Modell hernimmt. Es läßt sich zeigen (BISHOP et al.
1975), daß man mit Hilfe der Differenz der beiden L^2-Werte, die
näherungsweise chiquadratverteilt ist, den Beitrag des fraglichen
Effekts testen kann. Dieser Testvorgang gilt auch für die simultane
Betrachtung mehrerer Effekte. Die Zahl der Freiheitsgrade für die
Teststatistik ergibt sich durch Differenzbildung der Freiheitsgrade
des ursprünglichen und des reduzierten Modells.

Da sich die Modelle 1 und 6 nur um die Interaktion zwischen Kontrazeption und Berufstätigkeit unterscheiden, bildet man also die
Differenz $L^2(6) - L^2(1) = 28.20 - 27.96 = .24$. Dies ist ein typischer
Wert für eine Chiquadratverteilung mit einem (=27-26) Freiheitsgrad.
Wir nehmen also die Hypothese $u^{VB} = 0$ an und entscheiden uns für das
Modell 6. Da die Entfernung der Interaktion VQ aus dem Basismodell
keine allzugroße Verschlechterung der Anpassung brachte, lassen wir
sie auch aus dem Modell 6 versuchsweise weg. Der bedingte Chiquadrattest liefert einen Wert von 4.21 (=32.41-28.20) bei einem Freiheitsgrad. Dieses Ergebnis liegt ganz knapp über dem 5% - Signifi-
kanzniveau (3.84).

Obwohl das Modell KRQBG/VK/VR/VQ/VG die Daten gut beschreibt, so
möchte man in einem symmetrischen Ansatz Wechselwirkungen zwischen
mehr als 3 Variablen wegen der schwierigen Interpretierbarkeit

weitgehend vermeiden. Da im saturierten Modell von den höherran-
gigen Interaktionen einzig RQG einen standardisierten Wert größer
als 2 aufwies, so ist es naheliegend, die übrigen Interaktionen
auch einem bedingten Chiquadrattest zu unterziehen. Zu diesem Zweck
wird Modell 8 geschätzt und mit Modell 6 verglichen. Das Ergebnis
spricht gegen die Annahme, daß alle ausgeschiedenen Parameter
gleich 0 sind.

Wir könnten dieses Verfahren fortsetzen und schrittweise weitere
Parameter weglassen bzw. einfügen, um so zu einer einfacheren Beschreibung der Beziehung zwischen den sechs Variablen zu gelangen,
als sie Modell 6 leistet. Das ist aber nicht notwendig, denn wir sind
hauptsächlich am Einfluß der Merkmale Kinderwunsch, Religiosität,
Qualifikation, Gemeindegröße und Berufstätigkeit auf die Art der
verwendeten Kontrazeption interessiert. Daher ist es vernünftig,
die Zahl m_{bgqrk1} der Frauen, die sichere Verhütungsmittel verwenden,
mit der Zahl m_{bgqrk2} jener, die keine solchen verwenden, bei jeder
Kombination der unabhängigen Variablen zu vergleichen. Ausgehend
von der Darstellung der Zellenhäufigkeit im Modell 6 ergibt sich
durch einfache Subtraktion, daß der Logarithmus dieses Verhältnisses
folgendermaßen darstellbar ist:

$$\log \frac{m_{bgqrk1}}{m_{bgqrk2}} = 2 \left[u_1^V + u_{1k}^{VK} + u_{1r}^{VR} + u_{1q}^{VQ} + u_{1g}^{VG} \right]$$

$$= c + c_k^K + c_r^R + c_q^Q + c_g^G$$

Diese Form der Darstellung wird als lineares logit-Modell bezeichnet und daraus ist ersichtlich, daß der Kinderwunsch, die Religiosität, die Bildung und die Gemeindegröße die Pillenverwendung additiv beeinflussen. Interessanterweise scheinen die Mehrfach-Inter-
aktionen des loglinearen Modells im entsprechenden logit-Modell
nicht auf. Dies ist der Grund, warum wir keinen Wert darauf gelegt
haben, das loglineare Modell 6 noch weiter zu vereinfachen.

Vom symmetrischen Ansatz 6 ausgehend hätten wir natürlich auch
einen Ansatz betrachten können, in dem zum Beispiel der Kinderwunsch
die abhängige Variable gewesen wäre. In diesem Fall hätten wir
allerdings kein additites logit-Modell erhalten, sondern auch Inter-

aktionseffekte RQGB zu berücksichtigen gehabt. Allgemein gilt: Ein
Effekt bei asymmetrischer Betrachtung in bezug auf eine Zielvariable V läßt sich stets aus dem um V erweiterten Effekt bei symmetrischer Betrachtung berechnen. Daher berechnet das ECTA-Programm
prinzipiell nur symmetrische Ansätze.

Zur Interpretation des geschätzten logit-Modells wenden wir die
Exponentialfunktion an und erhalten eine multiplikative Darstellung
der Form

$$\frac{m_{bgqrk1}}{m_{bgqrk2}} = e^{c} \cdot e^{c_k^K} \cdot e^{c_r^R} \cdot e^{c_q^Q} \cdot e^{c_g^G}$$

Aus dieser Darstellung und den geschätzten Parametern der Tabelle 5
ist ersichtlich, daß unter den Frauen ohne zusätzlichen Kinderwunsch,
mit geringer Religiosität und unter Stadtbewohnerinnen überdurch-
schnittlich große Anteile eine sichere Form der Kontrazeption betreiben. Hinsichtlich der Interpretation eines logit-Modells
scheinen mir die Kreuzprodukte (odds ratio) sehr nützlich zu sein.
Unter den Frauen, die kein weiteres Kind mehr wollen, sind auf Grund
der berechneten Kreuzprodukte die Chancen, ein Paar mit perfekter
Kontrazeption versus ein solches mit mangelhafter Kontrazeption zu
finden, um ca. 85% höher als bei Frauen, die noch Kinder wollen. In
stark religiösen Familien ist das Verhältnis von perfekter zu mangelhafter oder fehlender Kontrazeption gar um 100(1/.42 - 1) = 138%
niedriger als in weniger religiösen Ehen. Im städtischen Bereich
liegt dieses Verhältnis um 43% höher als in ländlichen Gebieten. Die
Art der Kontrazeption zeigt sich dagegen in unserem Modell davon
unberührt, ob die Frau berufstätig ist oder nicht. Auch die Bildung
der Frau bewirkt überraschenderweise nur einen geringen Einfluß.

Aus diesen Ergebnissen läßt sich folgendes Resümee ziehen: Sichere
Kontrazeptiva - in der Praxis der befragten Frauen handelt es sich
dabei fast ausschließlich um die Pille - werden bevorzugt nach Erfüllung des Kinderwunsches, also zur Verhinderung weiterer Schwangerschaften, weniger häufig hingegen zur zeitlichen Planung von
Schwangerschaften eingesetzt. Dies mag ein Grund dafür sein, daß in
der erst kurz verheirateten Population nur 55% sichere Verhütungs-

Tabelle 5: Geschätzte Effekte und Kreuzprodukte für den Zusammenhang zwischen Art der Kontrazeption und den Merkmalen
Kinderwunsch, Religiosität, Qualifikation, Gemeindegröße und Berufstätigkeit.

		additive Effekte c_s^S	multiplik. Effekte $e^{c_s^S}$	Kreuzprodukte $\dfrac{\hat{m}_{11}^{VS}\ \hat{m}_{22}^{VS}}{\hat{m}_{12}^{VS}\ \hat{m}_{21}^{VS}}$
	Konstante	.222	1.249	
Kinderwunsch (S=K)	nein	.306	.736	1.85
	ja	-.306	1.358	
Religiosität (S=R)	groß	-.434	.648	.42
	gering	.434	1.543	
Qualifikation (S=Q)	niedrig	-.086	.918	.84
	hoch	.086	1.089	
Gemeindegröße (S=G)	Stadt	.180	1.197	1.43
	Land	-.180	.835	
Berufstätigkeit (S=B)	Hausfrau	.0	1.0	1.0
	Berufstätig	.0	1.0	

mittel verwenden. Als äußerst wichtiger Faktor bei der Auswahl der
Kontrazeptiva erweist sich die Bedeutung der Religion. Die von
offiziellen Stellen der katholischen Kirche wiederholt vorgenommene
Verurteilung sogenannter "nicht natürlicher" Methoden der Empfäng-
nisregelung findet offensichtlich ihren Niederschlag in der kontra-
zeptiven Praxis von Personen, für die Religion eine große Rolle im
Leben spielt. Im städtischen Bereich ist generell ein höherer kon-
trazeptiver Standard zu verzeichnen als in ländlichen Gebieten. Der
Einfluß der Bildung geht zwar in die erwartete Richtung, - höhere
Bildung geht mit sichereren Kontrazeptiva einher - erweist sich
aber als schwächer als man vielleicht erwarten würde. Möglicherweise ist die Ursache dafür in einer schlecht gelungenen Dichoto-
misierung der ursprünglich in acht Ausprägungen erhobenen Bil-
dungsvariablen zu suchen. Keinerlei Einfluß konnte hingegen von der
Berufstätigkeit der Frau festgestellt werden.

Vielfach wird es als ein Nachteil des logit-Modells empfunden, daß
das Verhältnis zweier Kategorien und nicht der Prozentsatz der
einen Kategorie - etwa der Pillenverwendung - an der Summe beider
Kategorien (Verwender und Nichtverwender) geschätzt wird, denn
Prozentsätze sind wegen ihrer häufigen Verwendung im täglichen
Leben praktisch für jedermann verständlich. Dieser Einwand hat
sicher eine gewisse Berechtigung, doch kann aus dem logarithmierten
Verhältnis w der Prozentsatz p durch die Formel $p=(1+e^{-w})^{-1}$ sofort
berechnet werden. Diese Vorgangsweise garantiert überdies, daß der
so berechnete Prozentsatz p stets zwischen 0 und 1 liegt.

Bis jetzt wurde die Analyse von Kontingenztabellen mittels loglinearer hierarchischer Modelle nach den Arbeiten von GOODMAN (1978)
und BISHOP, FIENBERG und HOLLAND (1975) vorgeführt. Wenngleich die
Ausführungen anhand eines Beispiels demonstriert wurden, in das
nur dichotome Variablen eingingen, bleibt die prinzipielle Ver-
fahrensweise auch im Falle von Merkmalen mit mehr als 2 Ausprägungen
gültig. Das einzige Problem dabei ist, daß mit steigender Anzahl von
Ausprägungen die Zahl der Zellen stark anwächst und dadurch die
Zellenhäufigkeiten bei fixer Stichprobengröße stark sinken. Für die
Gültigkeit der statistischen Tests sind aber gewisse Mindesthäufig-
keiten in den Zellen Voraussetzung. Bei dieser Gelegenheit sei auch

erwähnt, daß bisher stillschweigend davon ausgegangen wurde, daß
die erwartete Häufigkeit $m_{ij..}$ größer als Null ist, damit der Logarithmus gebildet werden kann. Ein Vorteil des loglinearen Modells
ist jedoch der, daß gewisse beobachtete Zellenhäufigkeiten null sein
dürfen und die ML-Schätzer dennoch positive Werte annehmen. Hinsichtlich des Problems von unvollständigen Tabellen (Tabellen mit
strukturellen Nullen) sei auf das Kapitel 5 von BISHOP et al. verwiesen. Falls man in die Analyse eines bestimmten Datenmaterials
Variablen mit mehreren Ausprägungen einbezieht, dann muß man eben
die Anzahl der Variablen so beschränken, daß die Häufigkeiten in
den Zellen genügend groß sind. Sind einzelne Zellen unbesetzt, so
kann man dem Problem auch begegnen, indem man zu jeder Zelle eine
Konstante, etwa 1/2, addiert.

Das Beispiel der Kontrazeption wurde nicht zuletzt deshalb gewählt,
weil man im Fall dichotomer Variablen die Äquivalenz des loglinearen und des logit-Modells zeigen kann. Der Übergang vom loglinearen zum logit-Ansatz ist gleichbedeutend einem Wechsel von der
symmetrischen zu einer asymmetrischen Betrachtungsweise. Durch
diesen Übergang werden sämtliche Effekte um eine Dimension verrin-
gert, analog dem Übergang von der Tabelle 2 zu einer Tabelle, in
der anstatt der Summe der Frauen mit und ohne sichere Kontrazeption
nur der Prozentsatz der Frauen mit sicheren Kontrazeptiva angegeben
wird. Auch dabei wird die Information, die ursprünglich in einer
sechsdimensionalen Tabelle stand, in einer fünfdimensionalen zusammengefaßt. Bei der Analyse der reduzierten Tabelle ist man an
der Variation des Prozentsatzes p bzw. der Funktion logit interessiert (logit = $\log(p/(1-p))$), die Besetzungsstärke der Zellen spielt
nur insofern eine Rolle, als sie die Genauigkeit der geschätzten
Prozentsätze bestimmt.

Die zentrale Variable einer Fertilitätsstudie ist natürlich die
Kinderzahl bzw. der Kinderwunsch. Da es sich dabei um intervallskalierte Variablen handelt, kann man sinnvollerweise Mittelwerte
bilden. Ist man am unterschiedlichen Fertilitätsniveau verschiedener
Untergruppen der Bevölkerung interessiert, so trägt man in jede
Zelle einer Tabelle, die durch die die Untergruppen charakterisie-
renden Merkmale aufgespannt wird, den Mittelwert $\bar{y}$ und die Stich-

Tabelle 6: Durchschnittliche Anzahl zum Zeitpunkt der Befragung lebendgeborener Kinder nach
der Sozialschicht, der angestrebten Bildung für die Kinder und der Gemeindegröße
(in Klammer die Anzahl der Fälle).

Gemeindegröße G	angestrebte Bildung[*] B	Sozialschicht der Frau[**] S				
		(1)	(2)	(3)	(4)	(5)
über 1 Mill. Einwohner (Wien)	(1)	1.00 (2)	– (0)	.50 (18)	.90 (20)	1.14 (7)
	(2)	.00 (1)	.83 (12)	.55 (49)	1.33 (9)	1.14 (7)
	(3)	.17 (6)	.60 (48)	.61 (119)	1.25 (16)	1.15 (26)
	(4)	.50 (2)	.20 (10)	.61 (33)	1.00 (10)	.50 (8)
10 000 bis unter 1 Mill. Einwohner	(1)	3.00 (1)	.00 (1)	.87 (37)	.86 (29)	.91 (11)
	(2)	.00 (1)	.63 (8)	.58 (76)	.93 (14)	1.33 (24)
	(3)	1.00 (4)	.65 (34)	.72 (160)	1.05 (19)	1.25 (49)
	(4)	1.00 (2)	.57 (7)	.50 (36)	.78 (9)	.80 (10)

Fortsetzung von Tabelle 6:

unter 10 000 Einwohner						
(1)	1.64 (99)	1.00 (3)	1.06 (158)	1.01 (145)	1.76 (155)
(2)	1.55 (66)	.69 (16)	.98 (187)	1.02 (89)	1.58 (112)
(3)	1.64 (42)	.71 (63)	.84 (258)	1.08 (78)	1.47 (120)
(4)	1.53 (19)	.60 (5)	.72 (64)	.76 (41)	1.30 (33)

* angestrebte Bildung für Kind: (1) Pflichtschule, Lehre

(2) berufsbildende Schule

(3) AHS, Hochschule

(4) andere Angaben

** Frauen, die sich zur Zeit der Befragung als Hausfrau oder Schülerin einstuften (Frage 5, Codes 2,9) vor der Eheschließung aber berufstätig waren (Frage 21, Code 1) und damit rechneten, in der näheren oder ferneren Zukunft berufstätig zu sein (Frage 38, Code 1) wurden dabei nach der letzten beruflichen Stellung vor der Eheschließung eingestuft. Die Kategorien wurden wie folgt gebildet:

(1) Landwirtin oder andere Selbständige

(2) Höhere Angestellte/Beamtin

(3) sonstige Angestellte/Beamtin oder Facharbeiterin

(4) Arbeiterin

(5) Hausfrau/Schulbesuch

probengröße n ein. Die Variation der Mittelwerte über die Zellen
beschreibt den Einfluß der Merkmale oder Faktoren auf die abhängige
Variable Y. Als Beispiel diene Tabelle 6 mit den drei Faktoren:

G - Gemeindegröße (3 Ausprägungen)
B - Angestrebte Bildung für Kinder (4 Ausprägungen)
S - Sozialschicht der Frau (5 Ausprägungen)

Im folgenden soll der Versuch unternommen werden, diese Tabelle
mittels des allgemeinen linearen Modells von NELDER und WEDDERBURN
(1972) zu analysieren und den Einfluß von Gemeindegröße, Bildungs-
wünschen und Sozialschicht auf die Familiengröße aufzuzeigen. Da
die abhängige Variable Kinderzahl intervallskaliert ist, könnte
man in diesem Fall auf Individualdatenebene eine Regressionsanalyse
durchführen. Falls man keinen Zugang zu individuellen Datensätzen
hat, scheidet jedoch diese Möglichkeit von vornherein aus. Davon ab-
gesehen bieten Kreuztabellen der Form wie Tabelle 6 ein auch für
den Laien und Konsumenten von wissenschaftlichen Berichten ver-
trautes Bild von multivariaten Daten ohne die doch etwas abstrak-
teren Regressionskoeffizienten im Falle von Individualdaten. Die
Grundüberlegung, warum man den Daten ein Modell anzupassen versucht,
besteht darin, die wegen der geringen Besetzungszahlen starken
Zufallsschwankungen der Stichprobenmittelwerte von systematischen
Variationen zu unterscheiden. In Tabelle 6 hat beispielsweise von
den 60 Zellen fast ein Drittel weniger als 10 Fälle aufzuweisen
und in einem Fall liegt keine einzige Beobachtung vor. Geschätzte
Mittelwerte $\hat{m}_{sgb}$ haben gegenüber den beobachteten Stichprobenwerten
$\bar{y}_{sgb}$ den Vorteil, daß sie auch für Zellen ohne Besetzung berechnet
werden können, daß sie geglättet sind und die Struktur der Daten
zum Ausdruck bringen.

Roderick J.A. LITTLE (1978) hat sich im Rahmen des World Fertility
Survey - ein internationales Forschungsprogramm des Internationalen
Statistischen Instituts und der UNO zur Erforschung des generativen
Verhaltens, an dem derzeit fast 70 Länder teilnehmen - sehr inten-
siv mit der Auswertung derartiger Tabellen beschäftigt und dazu die
Klasse von Modellen herangezogen, die von NELDER et al. (1972) ent-
wickelt wurden. Es handelt sich dabei um eine Verallgemeinerung

des klassischen linearen Modells.

Sei $\overline{y}_z$ der beobachtete Mittelwert der Variablen Y in der Zelle z
und m_z der unbekannte erwartete Wert in der Population. Das lineare
Modell ist dann folgendermaßen definiert:

1. Der Erwartungswert m_z ist für jede Zelle z als Linearkombination
   (Summe) von unbekannten Parametern darstellbar (Systematische
   Komponente).

2. Die Verteilung des beobachteten Werts $\overline{y}_z$ über dem Erwartungswert
   m_z wird charakterisiert durch die Normalverteilung, d.h. $\overline{y}_z$ ist
   normalverteilt mit Mittel m_z und Varianz $\sigma^2 k_z/n_z$ (Fehlerstruktur).
Standardmäßig wird k_z gleich 1 angenommen für jede Zelle (Homoskedastizität der Variablen Y).
σ^2 ist die unbekannte Varianz von Y.
n_z ist die Besetzungsstärke der Zelle z.

Beispiele für eine lineare Struktur sind:

(a) $m_{sgb} = \lambda$ für alle s,g und b

(b) $m_{sgb} = \lambda + \lambda_s^S + \lambda_g^G + \lambda_b^B$ für alle s,g und b

(c) $m_{sgb} = \lambda + \lambda_s^S + \lambda_g^G + \lambda_b^B + \lambda_{sg}^{SG} + \lambda_{sb}^{SB} + \lambda_{gb}^{GB}$ für alle s,g und b.

Wie im Falle der Kontingenztafelanalyse heißen die unbekannten
Größen λ Parameter oder Effekte, weil sie angeben, wie die durch-
schnittliche Kinderzahl für verschiedene Ausprägungen der Faktoren
Sozialschicht S, Gemeindegröße G und Bildungswunsch B variiert.
Beispiel (a) besagt, daß die Kinderzahl über die Zellen nicht variiert, im Beispiel (b) beeinflussen alle drei Variablen die Zielgröße
in linear additiver Weise und im letzten Beispiel kommen auch noch
Wechselwirkungen von je zwei Variablen hinzu. Jeder Modellansatz
entspricht einer Hypothese über die strukturelle Variation der
Zellenmittelwerte m_{sgb}. Die Fehlerstruktur ist das Bindeglied
zwischen dem theoretischen Ansatz und den beobachteten Daten, indem
sie die Schwankung (Verteilung) der beobachteten Werte um diese
Struktur spezifiziert.

Die Parameter (Effekte) eines Modells werden so geschätzt, daß die Schätzwerte $\hat{m}_{sgb}$ in gewisser Weise möglichst nahe den beobachteten Mittelwerten $\bar{y}_{sgb}$ liegen. Im linearen Modell können die geschätzten Werte negativ werden; dies ist im Falle einer Zielvariable, die ihrer Natur nach positiv ist, äußerst unangenehm. Diese und andere Überlegungen führten zu einer Verallgemeinerung des linearen Modells in zweierlei Hinsicht:

1. Nicht der Erwartungswert m, sondern eine (monotone und differenzierbare) Funktion f dieses Erwartungswerts wird als Summe von unbekannten Parametern dargestellt.

2. Die Verteilung der beobachteten Werte gehört zu einer Familie von Verteilungen, deren Dichte durch eine Exponentialfunktion dargestellt wird. Zu dieser Familie gehören unter anderem die Normal-,Binomial-,Poisson-,Chiquadrat- und Gammaverteilung.

Falls f die Identitätsfunktion ist und die beobachteten Werte der Normalverteilung folgen, so entsteht das klassische lineare Modell. Wird dagegen $f(m)=\log(m)$ $(m>0)$ gesetzt, so ergibt sich ein loglineares Modell. Obiges lineare Modell (b) hat die loglineare Gestalt

(b') $\log m_{sgb} = \lambda + \lambda_s^S + \lambda_g^G + \lambda_b^B$ für alle s,g,b

bzw. die multiplikative Form

(b'') $m_{sgb} = \gamma \cdot \gamma_s^S \cdot \gamma_g^G \cdot \gamma_b^B$ für alle s,g,b

$$\text{mit } \gamma = e^{\lambda} \, , \, \gamma_s^S = e^{\lambda_s^S} \, , \, \gamma_g^G = e^{\lambda_g^G} \, , \, \gamma_b^B = e^{\lambda_b^B} \, .$$

Da Summen von Ereignissen unter bestimmten Annahmen durch die Poissonverteilung beschrieben werden, geht LITTLE davon aus, daß $n_z \cdot \bar{y}_z$, die Anzahl der Kinder von Personen der Zelle z, eine Poissonverteilung mit Mittelwert $n_z \cdot m_z$ besitzt und daß die durchschnittlichen Kinderzahlen in multiplikativer Form darstellbar sind:

$$\log m_{sgb} = \lambda + \lambda_s^S + \lambda_g^G + \lambda_b^B + \lambda_{sg}^{SG} + \lambda_{gb}^{SB} + \lambda_{gb}^{GB} + \lambda_{sgb}^{SGB} \quad \text{f.a. s,g und b}$$

Sämtliche numerischen Berechnungen zur Schätzung eines solchen Modells wurden mit dem Computerprogramm GLIM (Generalized Linear Interactive Modelling) durchgeführt, das seit Beginn des Jahres 1980 am EDV-Zentrum der Universität Wien installiert ist. Da im saturierten Ansatz die Anzahl der Parameter die Anzahl der Gleichungen übersteigt, müssen bestimmte Einschränkungen getroffen werden, um die Parameter eindeutig zu bestimmen. Eine Möglichkeit, die auch das Programm GLIM in der derzeit installierten Version verwendet, besteht darin, jeden Parameter Null zu setzen, wenn einer der Indizes s,g oder b die niedrigste Ausprägung annimmt. Die Wahl der Restriktionen beeinflußt nur die Interpretation der Effekte, jedoch nicht die geschätzten Werte oder die Güte der Anpassung. GLIM liefert ML-Schätzungen der Parameter mittels eines Verfahrens, das einer iterativen gewichteten Methode der kleinsten Quadrate entspricht (Newton-Raphson- Algorithmus). Auch dieses Programm läßt nur hierarchische Modelle zu. Für die Daten der Tabelle 6 wurden 8 hierarchische loglineare Modelle geschätzt (Tabelle 7). Die absolute Güte der Anpassung kann durch die Devianz, die dem Likelihood ratio entspricht, getestet werden (letzte Spalte der Tabelle 7). Diese Maßzahl ist unter der Annahme der Korrektheit des zu testenden Modells annähernd chiquadratverteilt. Die Anzahl der Freiheitsgrade ist gleich der Anzahl der nicht leeren Zellen minus der Anzahl der geschätzten Parameter plus der Anzahl der Restriktionen. Signifikant große Werte der Devianz führen zu einer Ablehnung der Hypothese. Wie bei der Kontingenztafelanalyse kann auch die relative Güte zweier geschachtelter hierarchischer Modelle (d.h. Modell 2 entsteht aus Modell 1 durch Nullsetzen gewisser Parameter) durch die Differenzbildung der Devianzen getestet werden.

Die Anwendung dieser Überlegungen auf unsere Daten führt zur Auswahl des Modells S/B/G, eines Modells, in dem die Sozialschicht, die angestrebte Bildung für Kinder und die Gemeindegröße als Indikatoren für die realisierte Kinderzahl in loglinear additiver oder multiplikativer Weise aufscheinen.

Die geschätzten Parameter γ_s^S messen aufgrund der getroffenen Restriktionen gerade das Verhältnis der durchschnittlichen Kinderzahl in einer beliebigen Sozialschicht zur Kinderzahl von Landwirtinnen und Selbständigen bei fixen Ausprägungen der beiden anderen Variablen. Eine analoge Interpretation gilt für die Parameter γ^B und γ^G. Beispielsweise wiesen unter den befragten Ehejahrgängen höhere Angestellte und Beamtinnen nur ca. die Hälfte der Kinderzahl von

Tabelle 7: Hierarchische loglineare Modelle für die Daten der Tabelle 6

Nr.	Modell	Freiheitsgrade	L^2
1	∅	58	361.2
2	S	54	110.7
3	B	55	301.6
4	G	56	251.1
5	S/B	51	85.7
6	S/G	52	64.9
7	B/G	53	220.5
8	S/B/G	49	48.7

Geschätzte Effekte des Modells S/B/G

Haupteffekte		λ	γ	γ im Modell S/R/G für Kinderwunsch
Konstante		.1882	1.207	2.33
Sozial-schicht	S=1	.0	1.	1.
	S=2	-.6811	.506	.85
	S=3	-.5358	.585	.83
	S=4	-.3757	.687	.86
	S=5	.0146	1.015	.95
ange-strebte Bildung	B=1	.0	1.	
	B=2	-.0640	.938	
	B=3	-.0936	.911	
	B=4	-.2940	.745	
Gemeinde-größe	G=1	.0	1.	1.
	G=2	.0762	1.079	1.06
	G=3	.3177	1.374	1.20
Religio-sität	R=1			1.
	R=2			.89
	R=3			.81

Landwirtinnen und Selbständigen auf (γ_2^S = .506).

Weiters können aus den Parametern auch die Schätzungen für die
Zellen einfach berechnet werden. Nehmen wir die Zelle mit den Ausprägungen S=3, G=3 und B=3, diese entspricht niedrigqualifizierten
Angestellten und Beamtinnen sowie Facharbeiterinnen, die in Gemeinden unter 10 000 Einwohnern leben und für ihre Kinder mindestens
die Matura anstreben. Die geschätzte mittlere Kinderzahl beträgt
dann $\hat{m}_{333}^{SGB} = \gamma \cdot \gamma_3^S \cdot \gamma_3^G \cdot \gamma_3^B$ = (1.207) x (.585) x (1.374) x (.911)=
= .884. Diese Schätzung liegt ziemlich nahe beim beobachteten Wert
.84. In Zellen mit geringerer Fallzahl können die Unterschiede zwischen beobachtetem und geschätztem Wert deutlich größer ausfallen.

Die mit Sozialschicht bezeichnete Variable mißt an sich zwei Dimensionen: zum einen, ob die Frau einer außerhäuslichen Berufstätigkeit
nachgeht oder nicht, zum anderen den sozialen Status, der der von
der Frau ausgeübten Berufstätigkeit zugemessen wird. Die Kategorien
dieses Status hängen teilweise stark mit dem Quaulifikationsniveau
der Frau zusammen. Die geschätzten Kinderzahlen und Parameter be-
legen, daß Landwirte, Selbständige und Hausfrauen eine deutlich
höhere Kinderzahl aufweisen als unselbständig Erwerbstätige. Unter
letztgenannter Gruppe haben Arbeiterinnen eine höhere Fruchtbarkeit
als Angestellte und Beamtinnen.

Im Vergleich zur Sozialschicht erweist sich der Einfluß des Bil-
dungswunsches als vernachlässigbar bzw. nicht interpretierbar. Die
Standardabweichungen der Effekte der ersten drei Ausprägungen liegen
in der Größenordnung der Effekte selbst, nur der Effekt der höchsten
Ausprägung ist statistisch signifikant. Dies ist jedoch eine Restkategorie, deren Bedeutung ungeklärt ist. Die Frage zu dieser Variable lautete: "Welche Bildungsstufe würden Sie für Ihr Kind (Ihre
Kinder) wünschen ?" und wurde an alle Frauen gestellt unabhängig
davon, ob sie sich nun real ein Kind wünschten oder nicht. Es ist
anzunehmen, daß nicht alle Befragten, die noch kein Kind hatten bzw.
keines wollten, diese für sie hypothetische Frage von der Realität
abstrahieren konnten, und daß deren Antwort unter der Restkategorie
einging. Daher ist es nicht verwunderlich, daß die Kinderzahl dieser
Klasse geringer ist.

Im ländlichen Bereich liegen die Kinderzahlen der befragten Frauen
generell um ein Drittel höher als in Städten. Zwischen der Großstadt
Wien und den übrigen Gemeinden mit über 10 000 Einwohnern zeigen
sich aber interessanterweise keine signifikanten Unterschiede im
Fertilitätsniveau. Darauf hinzuweisen scheint mir besonders wichtig,
weil bei bundesländerweiser Betrachtung der Geburten- und Bevölke-
rungsentwicklung sehr leicht der Eindruck entstehen könnte, daß
Wien eine besondere - sprich kinderfeindliche - Stellung einnimmt.
Die vorliegenden Ergebnisse verdeutlichen, daß auch in den Städten
der übrigen Bundesländer kein wesentlich höheres Fruchtbarkeits-
niveau vorherrscht, dieses aber in Bundesländerstatistiken durch
die großen Anteile ländlicher Gemeinden mit hohen Kinderzahlen ver-
schluckt wird.

Es sei darauf hingewiesen, daß sich die diskutierten Fertilitäts-
unterschiede nach Untergruppen der Bevölkerung auf den Zeitpunkt
nach durchschnittlich 3jähriger Ehedauer beziehen. Da die zu diesem
Zeitpunkt erreichte Kinderzahl auch vom Tempo, mit dem die Geburten
aufeinanderfolgen, abhängt, sind über den Einfluß der Variablen
Sozialschicht, Bildungswunsch und Gemeindegröße auf die schließlich
erreichte Kinderzahl auf Grund dieser Untersuchung nur beschränkt
Aussagen möglich. Dies gilt ganz besonders für den Zusammenhang
zwischen Berufstätigkeit und Kinderzahl. Wenn nämlich zur Zeit der
Befragung berufstätige Frauen mit niedriger Kinderzahl später ihre
Berufstätigkeit aufgeben, - etwa weil sie Kinder bekommen (wollen)-
dann ändert sich nicht nur die Kinderzahl, sondern auch der Status
der Berufstätigkeit.

Man kann nun als Ersatz für die schließlich erreichte Kinderzahl
eine neue Variable bilden, die sich als Summe der derzeitigen Kinderzahl plus der zusätzlich noch gewünschten Kinder ergibt, (die
in der referierten Studie auch erhoben wurden) und damit dieselbe
Analyse durchführen wie für die Kinderzahl. Bevor auf die dabei
erzielten Resultate eingegangen wird, sei noch erwähnt, wie es
überhaupt zur Auswahl der erklärenden Variablen kam.

Aufgrund verschiedener Theorien zum generativen Verhalten wurde
eine große Zahl von Variablen als möglicherweise bedeutsam für die

Fragestellung angesehen. Durch Chiquadrattests und Berechnung von
Assoziationsmaßen stellte sich heraus, daß die Kombination der
4 Variablen Sozialschicht der Frau, Bildungswunsch, Gemeindegröße
und Religiosität die beste Erklärung der Varianz sowohl der Kinderzahl als auch des Kinderwunsches liefert. Im Falle der Kinderzahl
hat sich jedoch durch Schätzen eines loglinearen Modells gezeigt,
daß unterschiedlich religiöse Bevölkerungsgruppen bei Konstanthalten
der drei übrigen Variablen keine unterschiedlichen Kinderzahlen aufweisen. Daher wurde nur die dreidimensionale Tabelle 6 analysiert.

Hinsichtlich der insgesamt gewünschten Kinderzahl bleiben die Beziehungen zu den erklärenden Variablen im Prinzip erhalten, werden
jedoch bedeutend schwächer. Liegt die Kinderzahl zur Zeit der Befragung bei Unselbständigen um 30-50% unter der der Selbständigen,
so liegt der gesamte Kinderwunsch nur um 15% darunter. Würden die
angegebenen Wünsche auch realisiert, so wäre die schließliche Kinderzahl der Hausfrauen nur um 10% höher als bei berufstätigen Frauen,
und Bewohnerinnen ländlicher Gemeinden hätten um 20% mehr Kinder
als Wiener Ehepaare.Auch der Wunsch nach Kindern zeigt keine signifikanten Unterschiede zwischen Wien und den übrigen österreichischen
Städten.

Der bereits in einer früheren Untersuchung (HASLINGER 1979) festge-
stellte Einfluß der Religiosität auf das Timing der Geburten, kommt
auch hier zum Vorschein. Bestand hinsichtlich der Kinderzahl bei
ca. dreijähriger Ehedauer zwischen areligiösen und religiösen Personen kein Unterschied, so differieren die Erwartungen an die
schließliche Zahl zwischen beiden Gruppen um ca. 20%. Dagegen erweist sich die schließlich erreichte Kinderzahl nicht von der für
die eigenen Kinder gewünschten Ausbildung abhängig.

Neben den vorgestellten Methoden gibt es eine ganze Reihe anderer
Verfahren zur Analyse nichtmetrischer Daten, auf die in diesem Bei-
trag nicht eingegangen wurde. Zu erwähnen wäre etwa der Ansatz von
GRIZZLE, STARMER und KOCH (1969), der auch nicht hierarchische
Modelle zuläßt, und die entsprechenden Computerprogramme NONMET und
FUNCAT, wovon letzteres in der neuesten Version des Programmpakets'
SAS inplementiert ist. Im deutschsprachigen Raum gibt es diesbezüg-

liche Arbeiten von HOLM (1977), DENZ (1977), STUMPF (1977),
ARMINGER (1976) und KÜCHLER (1979).

Die abgehandelten Methoden scheinen speziell für die Anwendung in
der amtlichen Statistik geeignet, da hier in der Regel nominal skalierte Daten von großen Stichproben vorliegen. Im Falle der Kontingenztafelanalyse bietet das loglineare Modell die Möglichkeit,
rasche und informative Analysen von Strukturzusammenhängen durchzuführen, die in ihrer Aussagekraft über die übliche Analyse ein-
und zweidimensionaler Randverteilungen hinausgehen. Die andere
Situation betrifft Tabellen mit Prozentsätzen oder Mittelwerten in
den Zellen. In diesem Fall ermöglicht das allgemeine lineare Modell
die systematische Variation in den einzelnen Kategorien von Zufallsschwankungen zu unterscheiden und die relativen Beiträge der einzelnen erklärenden Variablen zu ermitteln.

Es bleibt zu hoffen, daß mit Hilfe der Analyse der Kontrazeptions-
und Fertilitätsdaten ein Einblick in die Anwendungsmöglichkeiten
beider Modelle gegeben wurde.

Literatur:

ARMINGER, G.:   Loglineare Modelle zur Analyse nominal ska-
                         lierter Variablen. Wien: Verband der wissen-
                         schaftlichen Gesellschaft Österreichs 1976

BARTLETT, M.S.:   Contingency table interactions, in: Journal
                         of Roy. Statist. Soc. Suppl.2, 248-252, 1935

BIRCH, M.W.:   Maximum likelihood in three-way contingency
                         tables, in: J. Roy. Stat. Soc. B 25, 220-233,
                         1963

BISHOP, Y.M.M., FIENBERG,St.E., HOLLAND, P.W.: Discrete Multivariate
                         Analysis: Theory and Practice. Cambridge
                         Mass.: MIT Press, 1975

DEMING, W.E., STEPHAN, F.F.: On a least squares adjustment of a
                         sampled frequency table when the expected
                         totals are known. Ann. Math. Stat. 11,
                         427-444, 1940

DENZ, Hermann: Regressionsanalyse mit ordinalen Variablen,
                         in: K. HOLM (Hrsg.): Die Befragung 5, München:
                         A. Francke Verlag, 1977

FAY, R.E., GOODMAN, L.A.: ECTA program: description for users.
                         Department of Statistics, University of
                         Chicago, Chicago, Illinois 1975

FIENBERG, St.E.:   The Analysis of Cross-Classified Categorical
                         Data. Cambridge, Mass.: MIT Press, 1977

GOODMAN, L.A.:   Analyzing Qualitative/Categorical Data: Log-
                         linear Models and Latent-Structure Analysis;
                         Jay MAGIDSON, Editor, London: Addison-Wesely
                         Publ. Co., 1978

GRIZZLE, J.E., STARMER, C.F., KOCH, G.G.: Analysis of categorical
                         data by linear models. Biometrics 25,
                         489-504, 1969

HABERMAN, S.J.:   The analysis of frequency data. Chicago:
                         University of Chicago Press, 1974

HABERMAN, S.J.:   Analysis of Qualitative Data:
                         Volume 1: Introductory Topics, New York:
                                   Academic Press, 1978
                         Volume 2: New Developments, New York:
                                   Academic Press, 1979

HASLINGER, A.:   Der Zusammenhang zwischen Kinderzahl, Bildung
                         des Mannes, Erwerbstätigkeit der Frau, Reli-
                         giosität und Ehedauer - Eine Anwendung des
                         loglinearen Modells. Unveröffentlichtes
                         Manuskript. Institut für Demographie, Wien
                         1979

HOLM, K.:   Die Befragung 5. München: A Francke Verlag
                         1977

INSTITUT FÜR DEMOGRAPHIE: Über die Motivation des generativen Ver-
                         haltens und die Einstellung zu bevölkerungs-
                         politischen Maßnahmen. Mimeogr. Forschungs-
                         bericht, Wien 1979

KRAUTH, J., LIENERT, G.A.: KFA - Die Konfigurationsfrequenzanalyse,
                         Freiburg, 1973

KÜCHLER, M.:   Multivariate Analyseverfahren, Stuttgart:
                         B.G. Teubner, 1979

LITTLE, R.J.A.:   Generalized Linear Models for Cross-Classi-
                         fied Data from the WFS, WFS, Technical
                         Bulletins, No.5, 1978

NELDER, J.A., WEDDERBURN, R.W.M.: Generalized Linear Models, in:
                         J. Roy. Stat. Soc. Ser. A 135, 370-383, 1972

NELDER, J.A.:   Loglinear Models for Contingency Tables: A
                         Generalization of Least Squares, in: Applied
                         Statistics 23, 323, 1974

STUMPF, H.:   Das Coleman-Verfahren, in: K. HOLM: Die
                         Befragung 5, München: A. Francke Verlag
                         1977.

Anhang 1

Variable A   Ausprägungen i=1...I
Variable B   "   j=1...J

x_{ij} beobachtete Anzahl von Personen der Klasse (i,j)

p_{ij} unbekannte relative Häufigkeit der Klasse (i,j) in der
           Population

x_{ij} sei eine Beobachtung von einer Multinomialverteilung mit
           Stichprobengröße N und Zellwahrscheinlichkeit p_{ij}

$$m_{ij} = E(x_{ij}) = N \cdot p_{ij}$$

A unabhängig von B $\Longleftrightarrow$ $p_{ij} = p_{i+} p_{+j}$ $\Longleftrightarrow$ $m_{ij} = N \cdot p_{i+} \cdot p_{+j}$ $\Longleftrightarrow$

$$\log m_{ij} = \log N + \log p_{i+} + \log p_{+j}$$

$$\log m_{ij} = u + u_i^A + u_j^B$$

<u>Ansatz:</u> $\log m_{ij} = u + u_i^A + u_j^B + u_{ij}^{AB}$ für alle i,j

$$\sum_i u_i^A = \sum_j u_j^B = \sum_i u_{ij}^{AB} = \sum_j u_{ij}^{AB} = 0$$

$$\mu_{ij} := \log m_{ij}$$

$$u = \frac{1}{I \cdot J} \sum_{i,j} \mu_{ij}$$

$$u_i^A = \frac{1}{J} \sum_j \mu_{ij} - u$$

$$u_j^B = \frac{1}{I} \sum_i \mu_{ij} - u$$

$$u_{ij}^{AB} = \mu_{ij} - u - u_i^A - u_j^B$$

Anhang 2

$$\log m_{bgqrkv} = u + u_b^B + u_g^G + u_q^Q + u_r^R + u_k^K + u_v^V +$$

$$+ u_{bg}^{BG} + u_{bq}^{BQ} + \ldots \qquad + u_{kv}^{KV} +$$

$$+ u_{bgq}^{BGQ} + \ldots\ldots\ldots \qquad + u_{rkv}^{RKV} +$$

$$+ u_{bgqr}^{BGQR} + \ldots\ldots\ldots + u_{qrkv}^{QRKV} +$$

$$+ u_{bgqrk}^{BGQRK} + \ldots\ldots\ldots + u_{gqrkv}^{GQRKV} +$$

$$+ u_{bgqrkv}^{BGQRKV}$$

$$\sum_b u_b^B = \sum_g u_g^G = \ldots = \sum_v u_v^V = 0$$

$$\sum_b u_{bg}^{BG} = \sum_g u_{bq}^{BQ} = \ldots\ldots = \sum_v u_{kv}^{KV} = 0$$

$$\ldots$$

$$\sum_b u_{bgqrkv}^{BGQRKV} = \ldots\ldots\ldots = \sum_v u_{bgqrkv}^{BGQRKV} = 0$$

GEDANKEN ZUM STATISTIKUNTERRICHT AN DEN UNIVERSITÄTEN ÖSTERREICHS
Gerhart Bruckmann[x]

Bevor überhaupt Gedanken zum Statistikunterricht an den Universitäten Österreichs geäußert werden können, ist es erforderlich, den Begriff "Statistik" zu diskutieren. Für den Sozialwissenschaftler war Statistik, historisch gesehen, urprünglich die "Lehre von den Staatsmerkwürdigkeiten"; noch in den Jahren nach dem ersten Weltkrieg konnte es geschehen, daß, als sich Wilhelm Winkler um die Schaffung einer (ersten) Lehrkanzel für Statistik bemühte, ihm diese nur mit dem flugs hinzugefügten Zusatz "Statistik der Minderheitenvölker" gewährt wurde. Diese Entwicklung überschnitt sich mit der Mathematisierung der Statistik, die von der Versuchsplanung ausging; Pearson, Gosset und Sir Ronald Fisher könnten - in heutigem Sprachgebrauch - insofern als Angewandte Mathematiker angesprochen werden, als sie vom konkreten Problem ausgingen und Lösungsmethoden hiefür ersannen. Es mag als kennzeichnend dienen, daß Fishers Standardwerke "Statistical Methods for Research Workers" und "The Design of Experiments" keine Ableitungen enthielten, sodaß das Gerücht nie verstummen wollte, er habe seine Ergebnisse mehr intuitiv erfühlt als tatsächlich beweisen können.

Kein Wunder, daß sich in dieser Situation die reinen Mathematiker des in wilder Frische herangewachsenen Dornröschens annahmen und die Chance wahrnahmen, die etwas kraus geartete Weltanschauung des vielversprechenden Kindes auf eine solide Grundlage zu stellen: Ein Teil einer mathematischen Teildisziplin, der Wahrscheinlichkeitsrechnung, war nämlich imstande, der Statistik ihre Grundlage zu geben, was den Mathematiker durchaus berechtigt, diesen Teil der Wahrscheinlichkeitsrechnung als Statistik zu bezeichnen. Umgekehrt jedoch bleibt für den von den Sozialwissenschaften (oder

---

[x] Univ.Prof.Dr.phil.Gerhart Bruckmann, Vorstand des Instituts für Statistik und Informatik der Sozial-und Wirtschaftswissenschaftlichen Fakultät der Universität Wien

von irgendeinem anderen Einsatzbereich) kommenden Statistiker
die Wahrscheinlichkeitsrechnung nur ein Teil der von ihm zu be-
herrschenden Methodenlehre, nämlich jener Teil, der ihm das Verständnis eines Teils seines Aufgabenbereiches, nämlich der
schließenden Statistik, verschafft, während weite Bereiche nicht
nur der angewandten Statistik,sondern auch der theoretischen
Statistik (etwa die Theorie der Indexzahlen) der Wahrscheinlichkeitsrechnung nicht bedürfen. Zur Lösung des scheinbaren Parado-
xons, daß demnach gleichzeitig die Statistik Teil der Wahrscheinlichkeitsrechnung und die Wahrscheinlichkeitsrechnung Teil der
Statistik sei, verwendet daher Walther Eberl für das, was der Mathematiker gewohnt ist, als Statistik zu bezeichnen, den Ausdruck
Stochastik, und definiert Stochastik als "die Gesamtheit der mathematischen Verfahren zur modellmäßigen Beschreibung zufälliger
Ereignisse und Vorgänge".

Diese Mehrdeutigkeit genügt jedoch noch nicht, die Lage der Statistik im Konzert der Wissenschaften zu beleuchten; es kommt noch
etwas hinzu. Einerseits ist Statistik zweifellos - so oder so interpretiert - eigenständige wissenschaftliche Disziplin, charakterisiert durch eine ihr eigene Methodenlehre, mit allen Nebener-
scheinungen einer eigenständigen Disziplin, wie etwa Modeströmun-
gen (vor 10 Jahren war Faktorenanalyse der große Hit, jetzt ist
Cluster Analysis "in") oder einem Methodenstreit selbst im exakten
Bereich (siehe etwa die Konterposision der Bayesianisten gegen
die traditionelle Neymann-Pearson'sche Gedankenwelt). Andererseits
aber - und dies mag geradezu als ein besonderes Kennzeichnen angesehen werden - ist die Statistik gleichzeitig in viel höherem
Maße als irgendeine andere Disziplin als Hilfswissenschaft in anderen Bereichen vonnöten. Eine Erhebung, die Walther Eberl vor
einiger Zeit durchgeführt hat,ergab, daß über 40 Institute der TU
Wien in ihrer Arbeit auf die Verwendung mathematisch-statistischen
Methoden angewiesen sind. Die moderne Physik beruht schon seit ge-
raumer Zeit auf stochastischen Prinzipien, auch die Verwendung der
Statistik in der Genetik, in der Physik (Thermodynamik), in der
pharmakologischen und medizinischen Forschung ist längst etabliert.
Die Entwicklung ist so rasant verlaufen, daß man heute schon danach fragen muß, ob es überhaupt noch einen Wissenschaftsbereich

gibt, der nicht statistischer Methoden bedarf; auch in geisteswissenschaftlichen Disziplinen, wie Psychologie, Anthropologie
oder Sprachwissenschaften haben statistische Methoden ihren
festen Platz errungen. Und wenn ich in diesem Kanon die Sozialwissenschaften als letzte nenne, so nicht aus Bescheidenheit, sondern umgekehrt, weil dies der erste Bereich war, in dem die Statistik zum Vollstudium (besser: zum scheinbaren Vollstudium) avan-
cierte.

Die Vorgeschichte dieser Studienrichtung weist - wie so manches
in der Geschichte der Statistik in Österreich - stark Herzmanovsky-
Orlando'sche Züge auf. Als diese Studienrichtung nämlich 1966 als
eine von sieben gleichberechtigten sozial- und wirtschaftswissenschaftlichen Studienrichtungen aus der Taufe gehoben wurde, war
bei ihrem Entwurf nicht ein einziger Statistiker beteiligt gewesen. Außerdem mußte sie,wie die anderen Studienrichtungen mit ihr,
über das Prokrustesbett eines - ich zitiere wörtlich - "nach einheitlichen Grundsätzen zu gestaltenden ersten Studienabschnittes"
gezogen werden. Im Klartext: 24 Stunden Rechtsfächer und fast keine Mathematik. Angesichts dieser Geburtskonstellation ist es ein
österreichisches Wunder, daß es gelungen ist, diese sozial- und
wirtschaftsstatistische Studienrichtung in der Praxis doch so zu-
rechtzubiegen, daß sie letztlich gar nicht so schlecht wurde (wie
wir hiebei vielfach aus der Not eine Tugend machen mußten, darauf
komme ich später noch zurück).

Und damit bin ich an jenem Punkt angelangt, der mir der wichtigste
im gesamten statistischen Ausbildungswesen zu sein scheint, und
den ich daher auch ins Zentrum meiner Überlegungen stellen möchte.
Meine zentrale These lautet: Es kommt nicht so sehr darauf an, an
welcher Universität man Statistik lernt, noch so sehr, welche statistischen Teildisziplinen man lernt, als vielmehr, _wie_ man Statistik erlernt. Die Ehrfurcht vor der statistischen Methodenlehre
kann nämlich nach zwei Richtungen hin ihren Niederschlag finden,
Denkrichtungen, die einander ziemlich diametral widersprechen:
Auf der einen Seite steht das (mehr oder weniger blinde) _Vertrauen_
in Zahl und Methode, auf der anderen Seite das _Mißtrauen_. Insbesondere sind es manche Juristen, manche Mathematiker und manche
Informatiker, die der ersten Denkweise zuneigen; wir aber versu-

chen,unseren Studenten die zweite Denkweise zu vermitteln.

Zum Juristen: Es liegt schon einige Jahre zurück, als ein Hofrat
des österreichischen Statistischen Zentralamtes in einem scharf-
sinnigen Vortrag ausführte, daß eine Statistik nur dann richtig
sei, wenn sie auf gesetzlicher Grundlage beruhe. Es ging damals
um die Schätzung der Einkommen in Österreich über die Einkommen-
steuerstatistik; seiner Auffassung nach konnte diese nur auf dem
Wege einer Vollauswertung der Einkommensteuerbescheide erfolgen.
Daß hiebei eine vieljährige Verzögerung eintreten müsse, beein-
druckte ihn nicht; insbesondere wandte er sich auf das Heftigste
gegen die Anregung, eine geschichtete Zufallsstichprobe aus den
Einkommensteuererklärungen aufzuarbeiten, d.h. mittels entsprechender Umrechnungsfaktoren nicht nur vom Teil aufs Ganze, sondern auch von Erklärungen auf Bescheide und eventuell sogar auf
tatsächliches Einkommen hochzurechnen.

Nun zum Mathematiker. In einem von einem Mathematiker (kein Öster-
reicher!) geschriebenen Lehrbuch fand ich im Kapitel über Extra-
polation von Zeitreihen, wie man durch eine aus n Werten bestehende Zeitreihe mittels der Vandermonde'schen Determinante ein Poly-
nom (n-1)ten Grades legen könne. So durchsichtig ist das falsche
Vertrauen selten; viel häufiger sind Fälle, in denen etwa angegeben wird, wie Konfidenzintervalle um eine Regressionsgerade errechnet werden können und dann so getan wird, als gäbe die "Trom-
pete" den Streubereich an, innerhalb dessen die weitere Entwicklung mit exakt angebbarer Wahrscheinlichkeit verlaufen müsse, ohne
daß hinzugefügt wird, auf welchen logischen Annahmen diese Aussage
beruht. Etwas übertrieben formuliert: Wenn ich an die Tafel
schreibe"Sei $x_1,...,x_n$ eine Stichprobe aus einer normalverteilten
Grundgesamtheit" so liegt die Hauptproblematik nicht vor uns, in
all dem, was jetzt dann auf der Tafel folgen wird, sondern hinter
uns, in all dem, was zu überlegen ist, bevor wir das überhaupt an
die Tafel schreiben dürfen, in der gesamten Problematik der man-
gelnden Entsprechung von Modell und Wirklichkeit.

Schließlich noch der Informatiker· Manche Informatiker neigen dazu, prachtvolle statistische Programmpakete auszuarbeiten, die
"alles können", sodaß der Benützer nur noch seine Daten ungeschaut

einzugeben braucht, und hinten kommt dann das Ergebnis heraus,
und diese Vorgangsweise wird noch als besonders benutzerfreund-
lich angepriesen. Hiemit wird aber einer Denkweise Vorschub ge-
leistet, für die Herbert Stappler vom interfakultären Rechenzen-
trum den Aphorismus geprägt hat: Wem Gott die Notwendigkeit gibt,
Statistik zu verwenden, dem gibt er - so wird geglaubt! - auch den
Verstand, innerhalb eines Tages alles zu verstehen.

Lassen Sie mich noch eine zweite These aufstellen, die vielleicht
auf noch größeren Widerspruch stoßen wird. Als wir 1967 an der
Hochschule Linz die sozial- und wirtschaftswissenschaftlichen
Studienrichtungen einrichteten, hatte ich eine Kontroverse mit einem eben neu berufenen Professor der Mathematik, der dezidiert er-
klärte: Ich halte es für richtig, dem Sozial- und Wirtschaftswissenschaftler ein Teilgebiet der Mathematik ganz gründlich beizu-
bringen. Damit hat der Sozial- und Wirtschaftswissenschaftler
dann gelernt, wie der Mathematiker denkt und arbeitet, und kann
sich im Selbststudium alle anderen für ihn relevanten Teilgebiete
aneignen. Ich vertrat demgegenüber die Auffassung, daß diese Vorgangsweise vielleicht bei jenem Promillesatz von Hörern angemes-
sen sein mag, die kraft besonderer geistiger und charakterlicher
Gaben zum Nobelpreisträger von morgen prädestiniert sind, daß
diese Vorgangsweise aber bei der großen Masse an auszubildenden
Betriebswirten, Volkswirten und Soziologen danebengehen müsse. In
Fächern, die für den Betreffenden nur eine Hilfsdisziplin darstellen, der er innerhalb seines Gesamtstudiums gar nicht allzu viel
Zeit und Aufwand widmen kann, muß versucht werden, ein Minimax-
problem zu lösen, d.h. gerade so viel an erforderlichem Instrumentarium zu vermitteln, wie kritisch verkraftet werden kann; das
eine Extrem, möglichst viel Stoff unreflektiert zu bringen, ist
genauso abzulehnen wie die Beschränkung auf ein schmales Teilgebiet in all seiner mathematischen und logischen Tiefe.

Dies gilt allgemein für jede Hilfsdisziplin, daher etwa für den
Sozialwissenschaftler so sehr für Mathematik wie für Statistik,
wobei allerdings im Verhältnis dieser beiden Disziplinen zueinander eine weitere Schwierigkeit hinzukommt, daß nämlich die Mathematik für den Sozialwissenschaftler nicht nur direkt propädeutischen Charakter hat, sondern auch für die von ihm propädeutisch

zu erlernende Statistik; mit anderen Worten: Wenn die Statistik
für den Sozialwissenschaftler ein propädeutisches Fach darstellt,
dann ist die Mathematik für ihn sowohl propädeutisches Fach, wie
auch propädeutisches Fach eines propädeutischen Faches.

Dies ist aber nicht nur ein Problem der Sozialwissenschaften. Wir
können und müssen damit rechnen, daß in einer wachsenden Zahl von
Studienrichtungen Statistik als Wahlfach eingerichtet werden wird,
müssen aber realistischerweise davon ausgehen, daß hiefür i.a. nur
eine Größenordnung von 5 - 10 Stunden zur Verfügung stehen wird.
Ich möchte hier skizzieren, wie diese wenigen Stunden gestaltet
werden könnten, wenn es sich um das Wahlfach Statistik im Rahmen
einer geisteswissenschaftlichen oder sozialwissenschaftlichen
Studienrichtung handelt, in der an mathematischem Vorwissen zwar
der AHS-Lehrstoff am Papier vorausgesetzt werden kann, in den Hir-
nen der Hörer aber meist nicht mehr verfügbar ist (sonst hätten
sie sich ja nicht für eine geisteswissenschaftliche Studienrichtung entschieden). Für Geistes- und Sozialwissenschaftler halte
ich (und hier stehe ich auch in Gegensatz zu einigen meiner eng-
sten Mitarbeiter) zunächst einmal ein gerüttelt Maß an deskriptiver Statistik für nützlich, die Lehre vom Umgang mit gegebenen Daten, deren Gliederung und Beurteilung. Erst im Anschluß daran
sollte ein Grundverständnis für die induktive Statistik geweckt
werden, aufgrund dessen dann einige der grundlegendsten Verfahren
des Schätzens und Testens gebracht werden könnten. Lassen Sie mich
dies illustrieren:Wenn - wie etwa für Volkswirte und Soziologen an
der Universität Wien - nur insgesamt 5 Vorlesungsstunden (3 im
Wintersemester, 2 im Sommersemester) zur Verfügung stehen, kann
ich mir nicht zum Ziel setzen, den zentralen Grenzwertsatz zu beweisen; ich kann angehenden Volkswirten schon deshalb die charak-
teristische Funktion nicht zumuten, weil sie im Komplexen nicht
rechnen können. Wohl aber kann ich ihnen das <u>Walten</u> des zentralen
Grenzwertsatzes sehr anschaulich machen: Einerseits theoretisch,
indem ich ihnen Schaubilder der Wahrscheinlichkeitsfunktion einer
ziemlich schiefen bernoulli-verteilten Zufallsgröße mit wachsendem
n vorführe (etwa $p = 0,1$ und $n = 5, 10, 50, 100$), andererseits empirisch, indem ich sie selbst eine Stichprobe vom Umfang 200 aus

einer (ebenfalls ziemlich schiefen oder sogar U-förmigen) Verteilung ziehen lasse und dann selbst die arithmetischen Mittel aus
je aufeinanderfolgenden 3, 5 oder 10 Werten errechnen und als Hi-
stogramm zeichnen lasse. Oder: Auch wenn ich mir nicht die Zeit
nehmen kann, angehenden Soziologen die Formel für die Varianz des
arithmetischen Mittels aus einer endlichen Grundgesamtheit exakt
abzuleiten, kann ich ihnen doch anhand dieser Formel die Auswir-
kung von Unterschieden im Stichprobenumfang einerseits, im Auswahl-
satz andererseits veranschaulichen, und kann, darauf aufbauend,
zeigen, warum in der Meinungsforschung üblicherweise mit einer
Stichprobe vom Umfang 2000 gearbeitet wird. Die Aussage, die bei
einer derartigen Stichprobe für die Anteilsschätzung getroffen
werden kann, kann ich ihnen exakt formulieren, darüber hinaus aber
auch aufzeigen, wie die Genauigkeit abnimmt, wenn der geschätzte
Anteil weit von 0,5 abweicht (also sehr klein oder sehr groß
wird). Und wenn ich dafür dann am Ende des Semesters die Varianzanalyse überhaupt auslassen muß, darf mich dies nicht kränken;
was ich dem Hörer bis dahin an Gespür vermittelt zu haben hoffe,
müßte ausreichen, daß er sich die Varianzanalyse bei Bedarf
selbst anlesen kann - hoffentlich aber aus einem Buch, das ihm
nicht nur die Formeln hinknallt, sondern ihn darüber hinaus in-
formiert, daß die Varianzanalyse gegenüber Verletzungen der Norma-
litätsannahme relativ unempfindlich ist, aber auf Verletzung der
Annahme gleicher Varianz in allen Stichproben viel empfindlicher
reagiert. Nur um allfälligen Mißverständnissen vorzubeugen: Auch
um dieses statistische Minimalprogramm vermittelt zu bekommen,
geht es nicht ganz ohne Mathematik; gewisse Grundkenntnisse der
linearen Algebra und der Differential- und Integralrechnung sind
einfach auch dazu vonnöten. Wenn derartige Grundkenntnisse gegeben
sind, müßten in der betreffenden Studienrichtung für das Wahlfach
Statistik zwei Semester genügen; wenn diese Grundkenntnisse nicht
zur Verfügung stehen, wenn also zunächst einmal ein mathematischer
Untergrund vermittelt werden muß, auf den dann erst aufgebaut werden kann, kommt das Normalhirn mit einer Zeitdauer von zwei Se-
mestern nicht durch. Daher ist auch meine Einstellung zu nachuni-
versitären Lehrgängen, wie sie etwa in England vielfach angeboten
werden, gespalten: Für Mathematiker und Techniker ohne weiteres,

für Geisteswissenschafter nur dann uneingeschränkt, wenn mindestens drei, besser jedoch vier Semester zur Verfügung stehen.

Soviel zu Statistik als Nebenfach. Aber zuletzt doch noch kurz: Statistik als Hauptfach.

Wie wird man Statistiker?

Um es gleich vorwegzunehmen: Ich glaube, es gibt keinen Königsweg. Kommt man von der Mathematik, so ist die Versuchung groß, sich zu wenig Gedanken über die Anwendbarkeit wunderschöner formaler Ergebnisse zu machen; kommt man von irgendeiner Substanzwissenschaft, so kann man später das zum wirklich fundierten Verständnis mathematisch-statistischer Literatur erforderliche Wissen meist nur mehr unvollständig nachholen. Als Faktum müssen wir aber davon ausgehen, daß auch der Hauptfachstatistiker nur in den wenigsten Fällen das Glück haben wird, zeitlebens in abstraktem Denken verbleiben zu dürfen; auch diesbezüglich möchte ich mich voll Walther Eberl anschließen, wenn er sagt: "Dementsprechend nimmt die Forschungstätigkeit von Stochastikinstituten technischer Universitäten - sehr oft im Rahmen interfakultärer Zusammenarbeit - ihren Ausgang von Fragen der Praxis, und versucht, sie in mathematisch einwandfreier Weise zu lösen".

Wenn ich schon nicht an einen Idealweg glaube, so könnte ich mir doch vorstellen, daß es im Prinzip zwei Hauptwege zum Hauptfachstatistiker geben könnte: Der eine, von solidem mathematischen Wissen, Maßtheorie, Wahrscheinlichkeitstheorie ausgehend, sodaß die mathematische Statistik dann etwa nach dem Schmetterer-Lehrbuch gebracht werden könnte; darauf aufbauend Teildisziplinen, eventuell wählbar, wie etwa Theorie der stochastischen Prozesse, Warteschlangentheorie, stochastische Approximation, Theorie des allgemeinen linearen Modells, Theorie der Punktprozesse, Versuchsplanung u.ä.m. Bei diesem Studium erschiene es mir allerdings dringend wünschenswert, durch eine möglichst große Zahl von wirklichkeitsnahen Praktika den Realitäts- und Anwendungsbezug herzustellen.

In gewisser Weise ist dieser Weg gar nicht mehr Wunschvorstellung, sondern bereits realisierbar und realisiert: In den ersten Jahren,

als in Österreich das Studium irregulare eingeführt worden war,
haben mehrere Studierende die Kombination Hauptfach Mathematik
mit Nebenfach Statistik (Studienabschluß: Dr.phil.) gewählt, von
denen einer, Helmut Strasser, heute schon Ordinarius ist; in den
letzten Jahren ist diese Kombination aber wieder in Vergessenheit
geraten.

Der andere Hauptweg zum Hauptfachstatistiker könnte organisch aus
unserer gegenwärtigen sozial- und wirtschaftsstatistischen Studienrichtung heraus entwickelt werden, die vorsichtig in Richtung
auf eine Studienrichtung "Angewandte Statistik" erweitert werden
könnte. Im Prinzip haben wir diese Ausbildung zum Hauptfachstatistiker ja schon; wie ich eingangs sagte, als scheinbares Vollstudium, bei dem wir gezwungen sind, aus der Not eine Tugend zu
machen. Bei unserer minimalen personellen Ausstattung einerseits,
bei der - im Vergleich zu Volkswirten und Soziologen - geringen
Zahl von Hörern der statistischen Studienrichtung andererseits,
können wir es uns einfach nicht leisten, für die Hauptfachstatistiker ab dem ersten Semester eigene Lehrveranstaltungen anzubieten. Es lernt daher auch der Hörer der sozial- und wirtschaftsstatistischen Studienrichtung im ersten Studienjahr bei uns haar-
genau dieselbe Statistik wie der Volkswirt, Soziologe und Be-
triebs- und Wirtschaftsinformatiker: Er lernt den Umgang mit Daten
und bekommt, wie vorhin skizziert, einen heuristischen Zugang z.B.
zum Verständnis des Wirkens des zentralen Grenzwertsatzes vermittelt. Was sein mathematisches Rüstzeug betrifft, erhält er im
ersten Studienjahr (gemeinsam mit den Betriebs- und Wirtschaftsin-
formatikern) eine knappe Einführung in die Differential- und Integralrechnung und in die lineare Algebra, im zweiten Studienjahr
einige darauf aufbauende Spezialkapitel. Dadurch hört er erst im
dritten Studienjahr eine mathematisch saubere Hauptvorlesung aus
mathematischer Statistik, in der etwa der zentrale Grenzwertsatz
in verschiedenen Varianten streng abgeleitet wird, und, wieder darauf aufbauend, im vierten Jahr einige Spezialvorlesungen und Se-
minare. Ich möchte keinesfalls so weit gehen zu behaupten, daß
dieser Weg etwa besser sei als ein umgekehrter, wie er vielleicht
an der TU beschritten werden kann; ich könnte mir allerdings vorstellen, daß Absolventen einer an der TU eingerichteten Studien-

richtung Stochastik und einer an der Universität eingerichteten
Studienrichtung Angewandte Statistik einander in ähnlicher Weise
sinnvoll ergänzen wie (reine) Informatiker (es bürgert sich der
Ausdruck "Kerninformatiker" ein) auf der einen Seite mit Angewandten Informatikern auf der anderen Seite. Was die Realisierungs-
möglichkeit einer Studienrichtung "Angewandte Statistik" betrifft,
so wäre der Schritt von der sozial- und wirtschaftsstatistischen
Studienrichtung zu einer solchen eigentlich nur noch klein: Es
bräuchten nur die Anwendungsfächer Wirtschaftsstatistik, Sozialstatistik, Demographie und/oder einige Wahlfächer um andere Wahl-
möglichkeiten, etwa Versuchsplanung, Statistische Methoden in der
Medizin, Zeitreihenanalyse, robuste statistische Verfahren, Biometrie, Statistik im Rechtswesen usw. ergänzt werden.

Einen Puristen mag meine Einstellung, daß es zur Statistik keinen
Königsweg gibt, stören. Vielleicht gibt es für die Ausbildung zum
Violinvirtuosen, zum Numismatiker, zum Völkerrechtler jeweils einen
idealen Weg. Warum nicht auch für einen Statistiker? Ich möchte
den Spieß umdrehen und behaupten: Wir würden viel verlieren, wenn
es eines Tages diesen Idealweg wirklich gäbe. Auch was die Lehrer
der Statistik betrifft, sollten sie nur eines gemeinsam haben:
Ein gerüttelt Maß an mathematischer Fundierung. Darüber hinaus
würde ich mir aber dringend wünschen, daß auch die nächste Generation von Lehrern der Statistik einen ähnlich bunten Haufen von
Absolventen der verschiedensten (und teilweise kuriosen) Ausbil-
dungswege darstellt wie die heutige. Denn nur dann können wir
versuchen, jener Definition der Statistik auch tatsächlich zu entsprechen, die Franz Ferschl, guter Freund von vielen von uns, einmal bei einem Glas Wein geprägt hat: Statistik ist das Betreben,
die Dinge so zu sehen, wie sie wirklich sind. Und vielleicht ist
diese Aufgabe überhaupt das schönste Ziel, das sich eine wissenschaftliche Disziplin stellen darf.

<u>BERICHTIGUNG:</u>

Im Inhaltsverzeichnis sollte der Titel des Vortrages von F.Ziegler
(S.85) richtig heißen:

"Einige Anwendungen stochastischer Prozesse in der Mechanik"